소금과
시즈닝의 예술

제임스 스트로브릿지 저 / 정연주 역

YoungJin.com Y.
영진닷컴

소금과 시즈닝의 예술

Salt and the Art of Seasoning: From Curing to Charring and Baking to Brining, Techniques and Recipes to Help You Achieve Extraordinary Flavours by James Strawbridge
Copyright © 2023 by James Strawbridge
Photography copyright © 2023 by James Strawbridge
Photographs on pages 40, 188, 281, and 288 copyright © 2023 by John Hersey
All rights reserved.
This Korean edition was published by Youngjin.com, Inc. in 2024 by arrangement with Chelsea Green Publishing UK Ltd through KCC(Korea Copyright Center Inc.), Seoul.

ISBN 978-89-314-6936-3

독자님의 의견을 받습니다.

이 책을 구입한 독자님은 영진닷컴의 가장 중요한 비평가이자 조언가입니다. 저희 책의 장점과 문제점이 무엇인지, 어떤 책이 출판되기를 바라는지, 책을 더욱 알차게 꾸밀 수 있는 아이디어가 있으면 팩스나 이메일, 또는 우편으로 연락주시기 바랍니다. 의견을 주실 때에는 책 제목 및 독자님의 성함과 연락처(전화번호나 이메일)를 꼭 남겨 주시기 바랍니다. 독자님의 의견에 대해 바로 답변을 드리고, 또 독자님의 의견을 다음 책에 충분히 반영하도록 늘 노력하겠습니다.

주 소 : (우)08507 서울특별시 금천구 가산디지털1로 128 STX-V 타워 4층 401호
이메일 : support@youngjin.com
※ 파본이나 잘못된 도서는 구입처에서 교환 및 환불해드립니다.

STAFF

저자 제임스 스트로브리지 | **역자** 정연주 | **총괄** 김태경 | **진행** 윤지선 | **디자인·편집** 황유림
영업 박준용, 임용수, 김도현, 이윤철 | **마케팅** 이승희, 김근주, 조민영, 김민지, 김진희, 이현아
제작 황장협 | **인쇄** 예림

목차

시작하며

노릇하게 잘 구운 스테이크에 흩뿌린 햇빛에 반짝이는 흰색 소금 플레이크. 버터 향을 풍기는 으깬 감자에 가미한 실크처럼 고운 훈제 해염. 손끝에서 우아하게 떨어져 그릴에 구운 아스파라거스에 올라앉은 무작위한 형태의 완벽한 가니시. 한 꼬집 넣을 때마다 식재료의 맛은 달라지고 우리가 먹는 방식도 변화한다.

나는 소금이 특별한 존재로 여겨지기를 바란다. 저렴한 양념 그 이상의 존재로 인식되면서 요리사의 칼만큼이나 중요하고, 요리할 때 팬을 뜨겁게 달구는 것만큼이나 필수적인 미식가의 식재료로 간주되길 원한다. 여러분을 흥분시키는 요소이자 맛이 밋밋한 음식에 뿌리는 최후의 수단이 아니라 맛을 개선시키는 양념으로 쓰이길 바란다.

과거에는 소금이 우리 식탁에서 매우 귀한 대접을 받았으며 화폐나 종교적 선물, 겨울철의 음식 보존용 재료, 축하연 요리의 핵심 재료 등 다양한 방식으로 활용되었다.

그러나 오늘날 소금은 공중 보건을 위협하는 존재로 비난받으며 우리 식단에서 제외되고 있다. 현대의 많은 소금은 유익한 미네랄을 제거하고 고결 방지제를 입힌 다음 판매하는, 과잉 가공된 염화나트륨 결정 또는 고가의 식품 보조제에 지나지 않는다. 실제로 정제하지 않은 형태의 천연 해염(천일염)이 함유한 미네랄은 우리 신체가 포함한 것과 상응하며 요구하는 바와도 완벽하게 일치한다. 이처럼 소금은 살아가기 위해 반드시 필요한 존재다.

소금은 나트륨 수치를 높이지 않고도 우리 음식의 풍미를 높일 수 있다. 필수 미네랄이 층층이 쌓인 좋은 천일염은 구조와 맛, 모든 측면에서 요리의 수준을 향상시킨다. 콘월의 염지 정어리에서 동유럽의 사워 피클과 발효시킨 양배추, 아메리카 원주민의 절인 생선, 뉴펀들랜드의 염장 대구에 이르기까지 전 세계에 걸쳐 소금을 더욱 창의적으로 활용하는 방법을 보여주는 요리 지도를 수없이 많이 찾아볼 수 있다. 〈소금과 시즈닝의 예술〉에서는 요리의 경계를 쉽게 넘나드는데, 소금은 요리의 모든 영역에 사용할 수 있기 때문이다. 우리가 맛을 보는 방식을 정의하는 데에는 특정 나라의 요리나 유행하는 다이어트, 지역 전통과 관계없이 보편적으로 적용시킬 수 있는 원칙이 있다.

'양념하다(seasoned)'란 음식에 소금과 향신료, 허브 등을 적정량 가미하는 것을 뜻하며, 특정 조건을 경험해서 익숙해진 상태를 의미하기도 한다. 나는 이처럼 정확한 순간에 정확한 양의 소금을 알맞은 방식으로 첨가하는 것이 노련한, 'seasoned' 셰프가 되는 조건이라고 생각한다.

나는 근본적으로 여러분이 집에서 사용할 수 있는 장인의 필수 재료인 소금에 대해 더 많이 공부하고 다시 받아들일 수 있도록 영감을 선사하고 싶다. 이에 성공한다면 이 책을 읽은 여러분은 소금을 음식의 풍미와 질감을 강화하는 양념이자 식재료를 보존하고 절이고 발효시키는 도구, 모든 숨겨진 깊은 맛을 끌어내는 역할로써 활용하는 법을 알게 될 것이다.

소금의 힘

우리 신체는 언제나 필요한 만큼의 소금을 갈망하고 이를 섭취하도록 설계되어 있으므로, 소금은 반드시 이해해야 할 놀랍도록 중요한 성분이다.

소금은 요리를 완성할 수도, 망칠 수도 있다. 그 어떤 다른 재료도 이와 같은 방식으로 풍미를 변화시키거나 맛을 향상시키는 힘을 가지고 있지 않으므로, 나에게 있어서 소금을 사용하는 법을 터득하는 것이란 요리적 성공의 열쇠나 다름없다. 올바른 종류의 소금을 적절한 타이밍에 적절한 양으로 첨가하면 음식을 괜찮은 수준에서 환상적인 영역으로 끌어올릴 수 있으며, 내가 볼 때 이 부분이 바로 좋은 요리사와 훌륭한 요리사를 구분하는 포인트다.

따라서 우리가 소금을 어떻게 사용하는지는 우리의 건강과 우리가 요리하는 모든 음식의 풍미에 중요한 영향을 미친다. 수년 간의 연습과 연구를 통해서 소금을 하나의 재료로 활용할 수 있게 되는 은밀한 방법은 분명히 존재한다. 이 책을 읽으면서 손으로 소금이 어떻게 느껴지는지를 익히고, 손가락 사이에서 문질러지는 플레이크 해염의 감각을 제대로 느끼고, 마지막으로 촉감으로 받는 계시를 받아들이면 수 주일 안에 음식의 수준이 달라질 것이라고 약속할 수 있다.

나는 수년에 걸쳐서 맛있는 음식을 요리하는 방법에 여러 가지가 있다는 사실을 알게 되었다. 양념은 요리가 여러분의 혀에게 이야기를 전달하는 방식이다. 이 메시지는 우리의 타액에 용해되는 전해질이 작성한 전기 경로를 통해 변환된다. 소금을 다 똑같은 소금이라고 생각한다면 전 세계의 다양한 소금이 제공하는 다양성의 깊이를 놓치게 된다. 예를 들어 플뢰르 드 셀 한 꼬집은 빻은 히말라야 핑크 암염 한 알과는 기술적으로 서로 다른 밀도와 결정 구조를 지니고 있으므로 느낌도 다르다. 나는 여러분이 온전한 통제권을 지닐 수 있도록 응원하고 싶다. 전문 지식과 올바른 방향성으로 무장해서 조리 과정을 제대로 지배하면, 완전히 새로운 방식으로 음식에 소금 간을 할 수 있다.

하지만 아무리 경험이 많고 신경을 쓴다 하더라도 소금을 너무 많이 넣거나 적게 넣어서 요리를 망치는 일은 흔하게 일어난다. 나도 아직 종종 짜거나 밍밍한 음식을 만들어내곤 한다는 사실을 고백해야겠다. 이러한 실수가 소금을 넉넉하게 한 꼬집 넣는 것과 살살 뿌리는 것과의 차이와 그 저력을 이해하는 데에 결정적인 역할을 했으므로, 우리가 소금을 반 작은 술 넣든 한 꼬집 넣듯 결과가 달라질 것이 없다는 식은 이 책에서 추구하는 바가 아니다. 음악가가 조화로운 화음을 연주하기 위해 노력하는 것처럼 셰프는 손목을 가볍게 꺾는 것만으로 어울리는 만큼 간을 하여 훌륭한 음식을 만들어낼 수 있다. 소금을

너무 많이 넣는 실수를 하면 실제로 요리를 다시 살려낼 수 있는 방법이 거의 없다. 이 책에서 몇 가지 해결책을 제시하기는 하겠지만 가장 먼저 할 조언은 소금은 요리하는 동안 조금씩 간격을 두고 넣어야 하며 더 넣기 전에 항상 간을 먼저 보라는 것이다. 가장 좋은 방법은 요리하는 음식을 작은 숟가락으로 떠먹어 보는 것이다. 맛을 보자. 영 밍밍해서 제맛을 내려면 더 많은 자극이 필요한 것 같다면 소금을 작게 한 꼬집 넣어 보자. 그리고 다시 맛을 보자. 그러면 소금을 더 넣어야 할지, 얼마나 더 넣어야 할지 알 수 있다. 정성을 다해 간을 해서 음식의 풍미에 방점을 찍어 보자.

내 소금 공예

이 책은 본질적으로 내 모든 소금 마법 주문 모음집이다. 여러분과 공유하기 위해 수년간 축적해 온 나만의 보물이다. 제대로 된 손만 만나면 소금은 요리의 연금술이 되어 준다. 풍미 측면에서 가장 변형을 쉽게 주는 재료이며, 내가 주목할 장인의 기술은 주방에서 일어나는 마법이라는 형태이다.

내 소금 공예는 완벽하게 개인적인 경험으로 빚어낸 것이다. 나는 소금 역사가나 자격을 갖춘 영양사가 아니다. 수년간 소금을 깊이 탐구해 온 셰프다. 나는 주방에서 처음

(상단) 우리 집 인근의 콘월 플레이크 해염

일을 시작한 이후 셰프로 일하면서 직접 익히기 시작하여 때로는 그 원리를 머리로 배울 필요도 없이 소금의 중요성을 터득하며 수년간 공부했다. 총주방장의 위치까지 오르고 나니 마침내 식탁용 소금이 아니라 양질의 해염 사용에 대한 내 열정을 들어주는 상대를 찾을 수 있게 되었다. 나는 모든 경우에 어울리는 가향 소금을 개발해서 조리대에 놔두고 요리에 마무리 풍미를 가미하는 식으로 내 소금에 대한 열정에 불을 붙이기 시작했다.

그리고 이제는 소금 생산자와 식품 제조업체, 셰프와 긴밀하게 협력하여 모든 종류의 요리에서 소금을 효과적으로 사용하는 방법을 가르치고 있다.

(상단) 큼직한 스코틀랜드산 블랙손 소금 플레이크

내 소금 선언문의 다섯 가지 기초 사항

첫째, 모든 소금은 다른 맛이 나야 한다. 그렇지 않다면 고도로 가공되어 식탁용 소금으로 정제된 것이다. 즉 전적으로 염화나트륨으로 구성되어 있어서 우리 신체가 더 이상 유익한 것으로 인식하지 않는 물질이라는 뜻이다.

둘째, 비정제 소금, 즉 천연 소금은 우리의 적이 아니다. 지역 장인의 해염과 화학적으로 가공한 식탁용 소금, 즉 PDV(순수 진공건조) 소금 사이에는 엄청난 차이가 있다.

셋째, 소금을 넣는 방식을 논하자면 사실상 넣은 소금을 제거하는 것은 불가능하므로 한번에 소금을 너무 많이 넣지 않아야 한다. 소금을 다룰 때는 자신이 한쪽 팔에는 가상의 추를 얹고 다른 쪽 팔에는 점점 늘어나는 소금 더미가 놓인 구식 저울의 받침점이 되었다고 생각해야 한다. 요리를 하면서 주요 단계마다 소금을 천천히 추가하면 조금씩 완벽한 균형을 잡게 된다. 우리는 언제나 정확하게 조율된 상태로 만드는 것이 목표다. 눈에는 보이지 않는 딱 맞는 간이 어느 정도 수준인지 알 수 있을 때까지 처음부터 주의를 기울여서 신중하게 간을 하도록 하자. 자신이 붙으면 점점 더 화려하게 소금 간을 하게 되는데, 시간이 지나면 집에서 TV 셰프처럼 움직이면서 베테랑다운 화려한 몸놀림으로 소금을 뿌리는 스스로를 발견할 수 있을 것이다. 소금은 재미있고 과시적이면서 연극적일 수 있다. 수년 전 터키의 푸주한이자 유명 요리인 겸 셰프인 누스레트 괵체(Nusreot Gökç)가 시작한 팔꿈치를 따라 요리에 소금을 뿌리는 자세인 '솔트배(Salt Bae)' 트렌드는 곧 센세이션을 일으키며 유행이 되었다. 누스레트

셰프는 현재 연간 수백만 파운드를 벌어들이는 레스토랑을 운영하고 있으니 우리도 나만의 소금 간 하는 자세를 개발해 볼 만한 가치가 있을 것이다.

넷째, 레시피에 따라 정확한 계량이 기재되어 있을 수도 있지만 그보다 나 자신의 한 꼬집이 어느 정도인지 깨닫고 뿌리는 소금양을 조절할 줄 알게 되는 것이 중요하다. 이 책은 본질적으로 모든 것을 단순한 양으로 균질화하는 경향이 있는 낡은 계량법에 의존하기보다 맛과 관찰, 경험, 접촉을 통한 경험적 요리를 지향하고 있다.

마지막으로 우리 모두가 현지의 소규모 제염업자에게 의지해야 한다고 생각한다. 나는 스스로 '지속 가능성'이라는 목표를 세우고 그것에서 영감을 받아 노골적으로 푸드 마일리지(식량의 환경 영향을 평가할 때 사용하는 요소 중 하나로, 식재료가 생산지에서 식탁에 오르기까지의 이동 거리를 뜻한다 ─옮긴이)에 대한 편견을 드러내게 된 것을 나름 자랑스럽게 생각한다. 모두가 현지 소규모 제염업자가 생산한 소금을 사용하게 된다면, 나는 이 책에 실린 다양한 소금을 모두 사랑하므로 사죄하지 않고 계속해서 전 세계의 소금을 활용하며 요리를 할 것이다.

이 책에서는 모든 음식에서 최상의 결과를 이끌어낼 수 있는 일련의 접근 가능한 기술과 방법, 요령, 팁을 제공한다. 이 책에 실린 모든 소금은 나에게 개인적으로 깊은 의미를 지닌다. 전 세계적으로 인기가 높고 중요하게 대접받는 소금도 있지만 조용히 묻혀 사는 소금도 있으며, 그 모든 특징이 참으로 매력적이다. 계속해서 늘어나는 찬장 속

컬렉션의 모든 소금을 맛본 후 나는 그들의 강력한 맛이 그 자체의 매력을 발휘할 뿐만 아니라 다른 모든 재료의 고유한 잠재력을 일깨운다는 사실을 알게 되었다.

이 책의 힘을 과소평가하지 말고 여기 실린 요령과 손기술, 레시피를 연습한 다음 친구와 가족, 저녁 식사에 초대한 손님과 공유하기를 바란다. 즐거운 시간을 보내되 좋은 마술 트릭의 포인트는 세부적인 내용에 집중하면서 약간 으스대는 태도로 수행하는 것이라는 점을 잊지 말자. 스타일 넘치는 태도에 약간의 감각을 첨가한 요리로 즐거운 시간을 보내기를.

토마토 테스트

나는 소금을 식재료에서 최상의 결과를 이끌어내는 도구로 본다. 소금은 고유의 맛이 있지만 그보다도 다른 풍미를 드높이고 증폭시키는 역할을 한다는 것이 가장 큰 강점이다. 소금은 쓴맛과 신맛을 중화할 수 있으며 단맛과 짠맛에 다시 단맛과 짠맛이 이어지는 중독성 있는 반복 리듬에서 단맛을 강화하는 능력이 있다.

전체적인 요리 과정을 음악 제작이라고 생각해 보자. 당신은 작곡가이자 프로듀서, 가수이자 작사가다. 일정 수준을 유지하면서 소금을 첨가해 보자. 소금을 증폭시키고 압축시키며 쥐어짜고 멋지게 울려 퍼지게 만드는 역할로써 보자. 대담하고 용감하면서 시끄럽게 행동하되 소금이 녹음이 끝나갈 즈음에야 적용하는 이펙트 효과가 아니라는 걸 기억하자. 소금 간은 모든 것을 하나로 묶는 리듬처럼 재료들을 엮어 낸다. 저울부터 시작하자. 초보자처럼.

오케스트라를 지휘하기 전에 한정된 재료들을 조합해서 간을 해보자. 이것이 내가 여러분이 본격적으로 시작하기 전에 토마토 테스트를 권장하는 이유다.

토마토에게 있어서 소금이란, 춤에게 있어서 음악과 같은 존재다. 나는 미쉐린 스타 셰프와 슈퍼마켓의 개발팀, 언론사 기자, 인플루언서, 작가 등과 함께 이 간단한 맛 테스트를 진행한 적이 있다. 아주 간단한 테스트로, 이와 관련된 미각의 과학적 요소는 나중에 다시 자세히 살펴볼 것이다. 지금은 나를 믿고 천연 해염과 평범한 식탁용 소금, 잘 익은 토마토를 준비해 보자.

1. 토마토를 얇게 썬다.

2. 토마토 한 조각에 식탁용 소금을 뿌린다.

3. 다른 토마토에 동량의 해염을 뿌린다.

4. 식탁용 소금을 뿌린 토마토를 먹어 보고 그 맛을 설명해 보자. 소금 맛이 나는가? 달콤쌉싸름한가 혹은 날카로운가? 뒷맛은 어떠한가?

5. 이제 해염을 뿌린 토마토를 먹어 본다. 그 맛을 비교해 보면 어떠한가?

감탄했는가? 더욱 자세한 내용을 알고 싶다면 계속 읽어 보자.

(상단) 섬세한 플레이크 해염은 손가락으로 비비면 쉽게 부서져서 작은 조각이 된다.

소금에 대하여

Part 1

Chapter 1
소금이란 무엇인가?

나는 콘월 남동부의 해안 근처에 살고 있다. 차갑게 부서지는 파도와 바다로 가파르게 뻗은 기암절벽을 응시하면 나를 기다리는 음식의 연금술이 겹쳐 보인다. 바닷가에 살기로 결정한 결과 나는 감각적인 기쁨, 강렬한 계절의 순환, 그리고 평화로운 영혼을 손에 넣었다. 바다의 조수는 시간과 여행 계획을 지배한다. 바닷바람이 얼굴을 스치면 가시금작화 꽃과 먹구름이 더욱 생동감 넘치게 느껴진다. 바다 옆에 사는 것은 사람을 더욱 행복하게 만든다고 하는데, 나에게 있어서 이는 전혀 통계나 여론 조사, 과학의 뒷받침이 필요한 가설이 아니다. 바다는 더욱 깊고 밝고 군침이 돌게 만드는 다채로운 색상으로 삶을 채워 나간다.

소금이라는 물리적인 기초 물질은 삶의 필수 요소인 것은 물론 나에게 있어서 가장 중요한 식재료다. 어시장 바깥에서 벤치에 앉아 먹는 피쉬 앤 칩스가 입은 고운 모래 같은 소금조차 맛을 강화하고 변형시키는 능력에 있어서는 따라올 자가 없다.

간단히 말하자면 모든 소금은 바다에서 나온다. 모든 소금은 해수를 이용해서 바로 생산하거나 수백만 년간 엄청난 지각 압력으로 지하에서 압축 및 건조된, 오랫동안 잊힌 바다에서 형성된 암염 퇴적물에서 만들어 낸다. 바닷물을 증발시켜서 해염을 만들거나 고대 호수에서 암염을 채굴하는 방식으로 채굴하는 것이다.

바다의 소금은 용해된 암석에서 자연적으로 발생한 것이라 해안선의 지질학적 생태에 따라 광물 구성이 달라진다. 이 때문에 전 세계의 소금이 독특한 지역적 테루아를 갖는 것이다. 천연 염수에서 발견되는 가장 일반적인 형태의 소금은 염화물과 결합된 나트륨(염화나트륨NaCl)이며, 이를 수용액으로 만들면 자연적으로 직육면체 구조를 형성한다. 그 외의 소금은 다른 미네랄 원소 화합물로 구성되어 있지만 항상 금속이 산을 결합시킨 형태로 용액에 용해되어 있다. 그리고 수분이 증발될수록 염수가 증발되면서 결정화되어 일련의 천일염이 된다. 이 결정화 과정은 서로 조금씩 다른 시간과 농도에서 발생하기 때문에 일부 암염에서는 고대 바다의 소금이 다른 증발 단계에서 결정화되어 생성된 성층화를 볼 수 있다. 바닷물의 염도는 3.2%에서 4%다. 염천(塩泉)은 그보다 높아서 최대 33%까지 나올 수 있다.

오늘날 전 세계 대부분의 소금 생산은 거의 대규모 형태로 표준화되어 있다. 식탁용 소금을 만드는 과정에서 거의 모든 기타 미네랄이 제거되어 제품에는 99.8% 이상 염화나트륨만이 남는다. 반면 이 책에서 내가 사용하는 것 같은 훌륭한 장인이 만들어 낸 천일염의 염화나트륨 비율은 85%까지도 낮아지고, 유익한 해양 미네랄 성분이 60가지 이상 들어가서 결정 속에 층층이 쌓인다. 이 소금이 선사하는 더 풍부한 풍미와 더 나은 균형 잡힌 맛을 비교해 보면, 식탁용 소금은 요리에 어떤 소금을 사용하면 좋을지 결정해야 할 때 선택지에도 포함되지 않을 것이다.

현미경 아래에서

소금 결정은 본질적으로 두 개의 하전 입자(이 경우 철분과 나트륨, 산과 염소)로 구성되어 있다. 이온 또는 전해질이라고도 불리는 이 입자는 함께 결합해서 흔히 소금이라고 불리는 구조를 형성한다. 모든 소금에는 11개의 주요 이온이 함유되어 있으며, 이러한 이온의 존재는 필수 부분인 나트륨과 염화물만 남기도록 심하게 정제한 소금이 아닌, 자연적으로 생성된 소금이라는 좋은 증거다.

과학적으로 말하자면 소금은 기본 나트륨과 산성 염화물의 반응으로 인해 생성되는 전기적으로 중성인 결정질 물질이다. 양이온과 음이온이 결합하여 중성 화합물을 형성한다. 소금이 물에 녹으면 전해질이 되어서 신호를 전도하고 몸 전체에 정보를 전달하는 전기 경로 역할을 한다. 우리 세포는 수분을 보유하고 있으므로 이는 수많은 신체 기능의 핵심이자 우리 식단의 중요한 부분을 차지한다.

(상단) 북극 플레이크 해염

소금은 모두 고유한 지질학적 광물 구성을 지닌 용해된 암석으로부터 생성된다. 일단 바닷물에 용해되면 암석은 수용액 내에 부유하는 전하를 띤 소금 이온이 되고, 이후 염수를 증발시켜서 농축되면 각자가 기원한 해안선의 특정 풍미와 지질학적 구조를 반영하는 고체 소금으로 결정화된다. 맛을 보면 지역의 암석 구성에 따라 나트륨과 마그네슘, 칼슘, 포타슘 등 여러 미네랄이 다양한 비율로 함유되어 있음이 드러난다. 이처럼 미네랄의 미묘한 차이는 서로 다른 소금을 비교해서 맛볼 때 혀에서 감지되는 독특한 맛을 제공한다. 마그네슘과 칼슘 함량이 높으면 소금의 단맛이 강해지는 원인이 될 수 있고, 포타슘은 독특한 쓴맛을 제공할 수 있다.

이 책에서 소금을 언급할 때는 황산마그네슘이나 염화칼슘 같은 종류의 소금이 아니라 주로 염화나트륨 함량이 85~99.8%인 식용 소금을 뜻하며, 나의 목표는 소금에 대한 인식을 양질의 해염에 자연적으로 함유되어 있는 포타슘이나 마그네슘, 칼슘 등의 미네랄까지 확장시키는 것이다. 나는 우리가 건강 문제와 관련해서 수많은 나쁜 기사가 쏟아져 나오게 하는 원인인 단순한 나트륨과 염화물의 조합, 그 이상을 논할 수 있기를 바란다. 그 대신 다양한 해양 미네랄이 함유된 종류의 소금이 예를 들어 식탁용 소금처럼 주로 염화나트륨으로 구성된 소금보다 낫다는 균형 잡힌 견해를 취해야 한다.

소금은 어떻게 만들어질까?

소금을 생산하는 방식은 다음과 같이 구분할 수 있다.

천일염 : 일반적으로 만조일 때 바닷물이 얕은 염전의 수문 안에 모이도록 한 다음, 태양 아래에서 수분을 증발시켜서 농축시켜 만든다.

(상단) 장미 소금

자염 : 수분이 증발되어서 염수가 농축될 때까지 가열해서 만든다.

암염 : 히말라야 핑크 소금처럼 지하에서 덩어리로 채취한 다음 분쇄해서 가공하지 않은 상태로 판매하는 채광한 소금, 또는 지하에서 용해시킨 다음 지표면에서 펌프로 퍼내 순수 진공건조(PDV) 소금으로 가공한 소금이다.

진공 증발 소금은 효율적인 과정을 통해 대규모로 만들어지며 농업 및 제약 분야에서 빙판에 뿌리는 용도, 비누 제작에 이르기까지 수천 가지의 상업적 용도로 활용하는 저렴한 상품이다. 용해된 염수를 가열하면 증기가 방출되면서 농축되고, 이후 대형 결정화 탱크로 옮겨서 추가 가공을 거친다. 이 염수 또한 종종 다양한 식품 및 음료 제조 과정과 화학 및 제약 산업 등에 사용하기 위해서 액체 형태로 판매한다. 염수는 전기 분해를 통해 염소와 수소, 나트륨 등 많은 화학물질을 추출해 내는 원료가 된다.

식탁용 소금을 만들려면 다른 모든 귀중한 해양 미네랄을 제거하고 염수에 남은 순수한 염화나트륨만 결정화시킨다. 그런 다음 건조해서 응결 방지제를 입힌다. 앞서 제거된 염분 종류는 흡습성이 특히 강해서 수분을 끌어당기기 때문에 가공 처리하기가 까다롭다. 순수 진공건조 소금은 건조하면서 잘 흘러서 양념하기 쉽지만 복합적인 해양 미네랄은 존재하지 않도록 설계되었다. 맛보다는 기능에 집중한 소금이다.

하지만 좋은 해염을 만들기 위해서는 소금물을 농축시키는 과정에서 해양 미네랄이 또다시 그 위에 덮일 수 있도록 소금 결정을 일부러 천천히 수확한다. 염수의 수분이 많이 증발하면 자연스럽게 결정화 현상이 일어난다. 이는 염을 형성하는 이온을 수용액에 붙잡고 있을 만큼 수분이 충분하지 않아서 이들이 서로 결합하여 결정을 형성하기 때문이다.

이 단계를 1차 핵 형성이라고 한다. 먼저 수용액 내에 소금 핵이 형성된 다음, 두 번째 단계에서 농축된 염수에 남은 이온이 주변의 물보다 서로를 더 많이 끌어당기면서

처음 생긴 소금 핵 위에 차곡차곡 쌓여서 작은 결정을 형성한다. 2차 핵 형성 즈음에 염수를 저으면 입자가 더 크고 아름다운 형태의 결정이 형성되는 데에 도움이 된다. 해안에 위치한 노천 염수 탱크는 바람을 직접 받기 때문에 자연적인 결정 형성에 유리하다. 제염업자 사이에는 일부 바닷물에 존재하는 염생세균(塩生細菌)이 핵 결정 형성에 도움을 준다는 이야기도 있다. 염생세균은 염분 농도가 높은 지역에서 잘 자라고 소금 핵 결정 형성을 위한 닻을 제공하며 염분을 좋아하는 무해한 박테리아의 일종이다.

결과적으로 형성된 플레이크 소금과 소금 결정은 간수라고도 불리는 농축된 염수로 헹구면서 동시에 더 가치 있고 흡습성(수분을 좋아하는)인 염분을 입히듯이 하여 마무리한다. 광택이 나면 건조시켜서 포장해 판매한다.

제염 과정은 지역의 기후와 계절에 따라 매우 달라질 수 있다. 예를 들어서 조개껍데기는 겨울보다 여름에 더 빨리 성장하면서 칼슘을 빨아들이기 때문에 겨울 바닷물로 만든 소금물에 칼슘이 더 많이 함유되어 있다.

(상단) 플뢰르 드 셀

소금 결정이 자라는 방식

미네랄이 풍부한 플레이크 소금은 결정화 탱크의 표면에 거꾸로 매달린 피라미드처럼 자란다. 계속 매달려 있다가 표면 장력을 깨고 천천히 바닥으로 가라앉는다. 작은 소금 핵에 염화나트륨 결정이 형성되면서 전하를 띤 이온이 균형을 이루는데, 덕분에 정확한 직각 형태를 형성한다. 순수한 염화나트륨 결정은 직육면체에 정사각형 모양이지만 발달할수록 피라미드 구조를 이룬다. 염화나트륨 및 기타 미네랄층이 하전된 표면에 결합되기 때문이다. 이렇게 각 층이 서로 결합되고 무거워지면서 새롭게 형성된 소금 결정이 가라앉게 된다. 이 모든 과정은 한 번에 0.5mm씩 이루어지면서 총 4개의 모서리를 따라 반복적으로 형성된다.

현미경으로 관찰하면 역피라미드 모양이 보이는데, 이 때문에 호퍼 결정이라고도 부른다. 천연 해염은 기하학적인 모양을 띠지만 자세히 들여다 보면 모든 플레이크는 저마다 고유한 모양으로 이를 형성한 원소와 인간의 영향을 드러내는 미네랄 및 결정 각인 자국을 보여준다. 손바닥에 소금을 조금 올려보면 피라미드와 부서진 파편으로 이루어진 혼란스러운 프랙탈 세상을 관찰할 수 있다. 이를 통해 소금이란 혼합되어 겹겹이 쌓여 있는 여러 해양 미네랄로 구성된 좋은 물질임을 알 수 있다. 슬프게도 오늘날 찾아볼 수 있는 대부분의 소금은 균질화된 직육면체 모양으로, 미네랄이 부족해서 특징이 없고 우리 신체가 소화하기 어렵다. 지구상 어디에도 순수한 염화나트륨은 자연적으로 발생하지 않는데, 이 말은 단순하게 말해서 우리 또한 이를 소화시키도록 설계되지 않았다는 뜻이다.

소금 만들기

인근 해변에서 바닷물을 길어와서 집에서 직접 천일염을 만들어보자. 아이들이 관찰하기 좋은 훌륭한 과학 실험으로, 시간을 들이면 바닷물 약 2L에서 약 20~30g의 소금을 얻을 수 있다.

1. 깨끗한 바닷물을 담자. 영국에서는 바닷물이 얼마나 깨끗한지에 따라 등급을 매긴다. 종종 조개류를 날것으로 섭취할 수 있는지 혹은 가공이 필요한지를 나타내는 용도로 쓴다. 인근에 농지나 폐수관이 있어서 살충제나 동물의

배설물이 유출될 수 있는 곳의 바닷물은 사용하지 않는다. 소금을 만들기 전에 먼저 인근의 바닷물이 얼마나 깨끗한지 기본 상식과 조사를 통해 알아 보자. 의심스럽다면 지역 자치구에 조언을 구해 보자.

2. 바닷물을 길어온 다음 1시간 정도 그대로 둔다. 바닥에 가라앉은 침전물은 그대로 두고 위의 깨끗해 보이는 바닷물만 빨아들이거나 조심스럽게 따라낸다. 그리고 면포를 이중으로 깐 체에 두 번 거른다.

3. 거른 바닷물을 바닥이 묵직한 스테인리스 스틸 냄비에 붓고 중간 불에 10시간 또는 약한 불에 최소 15시간 정도 뭉근하게 끓여서 수분을 증발시킨다. 절반 정도가 줄어들 때까지 끓인 다음 불 세기를 바로 낮춘다. 표면에 약간의 기포가 올라오는 정도는 괜찮지만 기본적으로 천천히 뭉근하게 가열해야 한다. 환풍기를 켜 놓으면 수분을 증발시키는 동안 주방의 습도를 낮춰서 수면에서 증기가 더 쉽게 증발해 바닷물을 더 빨리 농축시킬 수 있다.

4. 10~15시간 후 바닷물이 졸아들어서 원래 부피의 3분의 1 정도만 남고 나면 불 세기를 높인다. 이때 흔들거나 휘젓지 말고, 바글바글 끓여서 완전히 말라버리게 해서도 안 된다.

5. 냄비에 소금 결정이 생겨나면서 점점 커지기도 하고 바닥으로 가라앉기도 할 것이다. 물이 조금만 남으면 해염 결정을 수확할 때다. 숟가락으로 조심스럽게 건져내서 깨끗한 행주나 종이 타월 위에 얹는다. 모든 해염 결정을 긁어내고 나면 냄비 옆면을 싹 닦아내서 버린다. 여기 붙은 소금은 칼슘염일 수 있다(먹을 수는 있지만 불쾌할 정도로 쓴맛이 나기 때문에 실제로 요리에 사용하고 싶지는 않을 것이다).

6. 수확한 해염 결정은 수 분간 말린 다음 베이킹 시트에 조심스럽게 펼쳐 담아서 건조기(50~75℃)에 넣거나 유산지를 깐 베이킹 트레이에 담아서 예열한 오븐(50~75℃)에 넣어서 완전히 건조시킨 다음 보관한다. 약 1~2시간 정도면 건조해질 것이다. 식힌 다음 병에 담아 밀봉하면 건조한 상태를 유지하는 한 계속 보관할 수 있다. 소금은 분해되지 않는 무기 화합물이기 때문에 무기한 보관할 수 있으며, 따라서 보관 기간은 일반적인 보존식품과 달리 얼마나 건조한 상태를 유지하느냐에 달려 있다.

Chapter 2
두 가지 종류의 소금

전 세계에는 온갖 종류의 소금이 존재하며, 그 사용법을 이해하려면 특유의 피라미드 구조를 면밀하게 살펴보고 결정화 과정을 이해하면서 미네랄의 적층 형태가 풍미에 미치는 영향을 이해해야 한다.

소금은 원칙적으로 순수 진공건조(PDV) 식탁용 소금(해수를 이용해 만들지만 대량 생산과 과잉 가공 과정으로 염화나트륨을 제외한 모든 것이 제거된 해염)과 암염으로 나눠지지만 그 외에도 플뢰르 드 셀과 셀 그리, 코셔 소금, 용암 소금 등 저마다 독특한 모양과 풍미를 지니고 있는 소금이 있다.

소금에 대해 제대로 탐구하기 시작하기 전에, 여태 모른 척 해온 가장 중요한 문제에 대해 먼저 논해 보자. 식탁용 소금은 해염이나 질 좋은 암염과는 다르다. 식탁용 소금은 빙판길에 뿌리거나 아이들이 가지고 노는 소금 반죽 장난감을 만드는 데에나 알맞다. 직설적으로 말하자면, 식탁용 소금은 식용이 아니다. 나는 식탁용 소금을 요리에 사용하기는커녕 갖고 있지도 않다. 식탁용 소금의 평면적인 화학적 짠맛보다 좋은 소금이 주는 맛과 깊이를 선호하기 때문이다.

식탁용 소금은 과잉 가공된 소금으로 미네랄이 풍부해서 염화나트륨 비중이 85%까지도 낮아지곤 하는 해염에 비해 거의 99.8%가 염화나트륨이다. 나에게 있어서는 노련한 셰프에게조차 단조롭고 극단적인 맛만을 제공하는 신성 모독과 같은 양념이어서, 나는 파스타나 채소를 삶는 물에도 식탁용 소금을 사용하지 않는다. 천연 해염에 포함된 60가지 이상의 유익한 바다 미네랄 성분이 모두 함께 어우러져 맛을 이끌어내면서 미각의 더욱 많은 부분을 활성화시키고 여러 경로로 맛의 메시지를 전달해 식사 경험을 멋지게 끌어올린다. 다양한 방식으로 미식가용 소금과 장인 소금을 생산하는 전 세계인의 독창성은 언제나 나를 놀라게 한다. 주방에서 소금을 가장 잘 활용하는 법을 배우기 전에 우선 다양한 소금을 맛보면서 모험을 해 보자.

소금의 형태

플레이크 해염은 소금물의 수면에서 자라난 소금이다. 많은 문화권, 특히 온대 기후로 천일염을 만들기에 가장 적합한 북부 프랑스 지역에서 생산하는 결정화된 꽃잎 같은 플레이크 모양으로 형성되는 화려한 모결정인 소금의 꽃(플뢰르 드 셀)은 매우 고급으로, 기상 조건이 완벽할 때 염수가 순환되는 특정 시간에만 모이는 천연 염수에서 생성된다. 예를 들어 완벽하게 균형 잡힌 미풍과 내리쬐는 태양으로 인한 적절한 온도가 결합되었을 때 달의 조수가 염전을 범람시키는 식이다. 미네랄 복합체를 유지하면서 염수 표면에 매달린 소금 결정을 키우는 예술(또는 과학)적인 과정은 완벽해지려면 시간이 반드시 필요하고, 날씨와 염수의 온도 및 지역의 염분의 영향을 크게 받는 극도로 변덕스러운 제염 세계에는 많은 비밀이 숨어 있다.

미식가용 소금 시장에서는 식염 같은 직육면체의 염화나트륨 결정보다는 납작하고 편편한 플레이크 소금이나 속이 텅 빈 피라미드 모양의 결정 구조를 더 선호한다. 이 미식가용 소금의 모양과 느낌은 셰프와 식도락가 사이에서 마무리용 소금으로 인기를 누리지만, 그 외에도 플레이크 소금과 속이 빈 결정형 소금은 요리에도 큰 기능적 이점을 발휘한다. 이렇게 더 가벼운 형태의 결정 구조는 표면적이 훨씬 넓고 구조적인 밀도가 낮아서, 수분에 접촉하거나 혀에 닿으면 빠르게 용해되고 음식이 입안에 있는 동안 맛을 미뢰에 즉시 전달해서 전체적으로 풍미의 물결을 일으킨다. 이와 대조적으로 프레첼 등에 올라가는 암염은 일단 혀를 빠르게 때리지만 꼭꼭 씹어서 아삭아삭하게 부숴 먹어도 입안에 잠깐 동안 풍미의 폭발을 선사할 뿐 크게 맛을 선사하지는 못하고 장으로 내려간 후에나 용해된다.

잘 알려지지는 않았지만, 이처럼 방대한 역 피라미드 구조가 해염 생산에 있어서 갖는 또 다른 커다란 장점이 있다. 바로 수용액 속에 존재하는 기타 미네랄 성분이 플레이크 표면에 한 층 입혀지거나 적층식으로 착착 쌓일 수 있도록 하는 플랫폼 역할을 한다는 것이다. 이렇게 다른 미네랄이 첨가되면 풍미의 균형을 잡는 데에 이점이 있을 뿐만 아니라 칼슘과 마그네슘, 포타슘을 포함한 기타 수많은 필수 전해질이 소금 결정의 표면에 존재할 수 있게 된다. 이러한 필수 미네랄과 아연, 붕소, 철분, 인 등의 미량 원소는 우리 신체에 필수적인 요소다. 미네랄 결핍은 나트륨 과잉 섭취만큼이나 장기적으로 우리에게 해로운 결과를 초래할 수 있다. 마그네슘이나 포타슘 보조제를 구입하는 것보다 우리에게 필요한 미네랄이 함유된 소금을 선택하는 것이 더욱 합리적이지 않을까?

이는 자연적으로 생성된 암염에서 채취한 더욱 조밀한 결정 구조에도 마찬가지로 해당하는 내용이지만, 암염은 주로 다양한 소금 퇴적물이 뚜렷하게 구분된 층을 형성하고 있어서 구조적 밀도와 뚜렷한 층화라는 점에서 해염과 같은 비율을 유지하고 있지는 않다.

소금의 다양한 맛

소금 자체의 맛은 쌉싸름한 짠맛이 감도는 여름 바다와 같거나 유황 풍미의 톡 쏘는 금속성 맛이다. 해염을 개성 없는 단일한 존재가 아니라 매력적인 바닷가 마을 이야기 속에 등장하는 개별 인물로 새롭게 보기 시작해 보자. 각 고유하고 독특한 식도락 문화를 지니고 있어 좋은 소금에서는 서로 다른 맛이 난다는 사실을 이해하게 될 것이다. 미묘한 차이를 알아차리는 것은 맛을 감상하는 법과 요리 방식을 변화시키는 진정한 첫걸음이 된다.

음식에 대한 나의 모든 접근 방식은 현지 식재료, 제철 및 유기농 식재료에 초점을 맞추고 있기 때문에 대량 생산한 제품보다 장인의 생산품에 훨씬 관심을 가지고 있다는 점은 말할 필요도 없을 것이다. 여기서는 독특한 미네랄 구성과 색상, 풍미 등을 갖춘 일부 암염도 다루지만 주로 고품질 재료를 생산하는 소규모 제염업체와 결정화된 저수지를 손으로 조심스럽게 긁어서 소금을 수확하는 비기계화 생산 방식을 조명한다. 제철 현지 식재료를 사용

하는 것과 장인의 소금으로 간을 하는 것에는 매우 의미
깊은 상관관계가 존재한다. 이 둘은 완벽하게 어우러진
다. 이 책의 후반부에서는 소믈리에 모자를 쓰고 특정 레
시피에 어울리는 소금을 고르는 법에 대해 논할 것이다.
정밀한 과학적 내용도 아니고 결국에는 분명 독자 모두
자신이 선호하는 조합을 추구하게 될 것이라고 확신하지
만, 그래도 장인의 소금은 음식에 곁들이기 적합한 와인
을 고르는 것만큼이나 큰 영향을 미치는 재료다. 수제 맥
주나 소규모 양조장을 인지하는 것과 같은 방식으로 장인
의 소금을 인식하도록 노력해 보자. 다행히도 해안 주변
에 점점 더 소규모 소금 생산자가 생겨나고 있으며, 계속
해서 증가하는 추세가 이어지기를 바란다. 고유한 맛을
지닌 세계 각국의 소금은 셰프에게 마치 향신료처럼 무한
한 다양성과 영향력을 발휘한다. 진정으로 음식의 수준을
높여준다.

(좌측) 레드 와인과 화이트 와인 소금
(상단) 위스키 소금

재래식 소금의 부활

지난 수백 년간 채염 기술이 발달하면서 수많은 소규모
제염소가 문을 닫았다. 암염을 채굴해서 갈아 쓰거나 거
대한 고체 소금 덩어리를 염지액에 담가 녹여서 수면 위
로 끌어올린 다음 진공 증발시키는 방식으로 지금 우리가
알고 있는 정제된 소금을 만드는 것이 훨씬 저렴하고 효
율적인 방식으로 자리 잡는 중이다.

그러나 운 좋게도 독특하고 훌륭하며 독창적인 일부 재
래식 제염법이 시간이라는 시험대에서 살아남았거나 전통
의 부흥기를 누리고 있다. 현재의 제염 풍경에서 마음에
드는 부분은 오래된 장인의 소금 생산법이 다시 살아나고
있다는 점이다.

소금이라는 장르에서 일본은 앞서 나가고 있다. 소금의
출처를 밝히는 것이 유행하기 전부터 일본인은 복합적인
과정으로 균형 잡힌 미네랄과 특별한 맛을 갖춘 소금을 생
산하는 장인의 전통을 재건해 냈다. 소규모 제염 산업은
일본의 소금 문화를 번성하게 만들었으며, 내가 알기로 일
본의 소금과 경쟁이 가능한 곳으로는 포르투갈 해안을 따
라 아베이로 근처에서 발견할 수 있는 독특한 대규모 직사
각형 염전, 살리나(salina) 정도를 꼽을 수 있을 정도다.

스코틀랜드에는 내가 가장 좋아하는 소금이 난다. 거대한 산사나무 울타리 안에 고인 해수가 거친 북해의 바람에 의해 증발되어 만들어지는 소금이다. 북유럽 지역의 많은 소금 생산자들은 자연적으로 발생하는 지열 온천의 따뜻한 물을 사용해서 아직 결정화되기 전의 염수를 농축시키며, 프랑스에서는 팔루디에사가 수백 년간 거의 동일한 방식을 유지하며 플뢰르 드 셀을 생산하는 중이다.

소금의 다음 행보가 어떻게 될지 추측하기란 불가능하지만, 대량 생산 및 과잉 가공으로 대표되는 저렴한 소금에 계속 의존하기보다는 이런 소규모 제염소로의 복귀가 이루어지기를 바란다.

유기농 소금

소금은 본질적으로 식물이나 동물의 살아 있는 부분을 포함하고 있지 않은 비유기 화합물이라, 정확히 유기농으로 분류하기 힘들다는 점에서 유기농 소금이란 모순적인 개념이다. 유기농 환경을 고려해서 구입하기보다는 지속 가능한 과정을 제조 설비에 반영하려고 노력하며 환경을 의식하는 회사에서 깨끗한 물을 이용해서 생산한 소금을 구하는 것이 좋다.

소금을 구입하려면?

이제는 마트와 식료품점에만 가도 다양한 소금을 비축하고 있는 곳이 많다. 하지만 셰프에게는 갈수록 출처가 중요해지고 있으므로 좋은 소금을 구입할 수 있는 방법을 찾아 보자. 나는 대기업보다는 전통 지역 경제와 장인을 지지하려고 노력한다. 그래서 영국 전역에서 다양한 장인 제염업자가 등장하는 모습을 볼 때마다 매우 기쁘다. 현재 장인 제염업자는 산업 공장에게 빼앗겼던 기반을 되찾고 있다. 혁신 가득한 영혼이 눈부시게 빛나고 있으며, 염수 테스트부터 완벽한 증발 기술 등 제염 과정을 끊임없이 손보고 갈고 닦는 덕분에 우리가 맛봐야 할 소금이 갈수록 세상에 더욱 많아지고 있다.

우리는 온라인에서 정말 많은 소금을 구매할 수 있으며, 비교적 큰 제염업자와 소규모 틈새 제염업자를 다양하게 큐레이션해서 선보이는 소금 전문 업체와 유통업자, 수입업자 등도 찾아볼 수 있다. 나에게 소금이란 새로운 명절 선물이자 친구 집에 방문할 때 와인 대신 준비하는 물건이며, 내 거주지에서 가장 가까운 제염업자가 어디에 있는지 정기적으로 면밀하게 살펴보는 것도 잊지 않는다.

천일염

바다의 해수나 호수, 조수가 흐르는 강, 염도 높은 샘물 등을 이용해서 만드는 천일염은 건조하고 온화한 기후가 필요하며, 최상의 결과를 얻으려면 보통 더운 날씨에 작업해야 한다. 야외와 온실, 비닐하우스 등에 적용할 수 있으며 태양에 의존해서 수분을 증발시키고 소금물을 농축시켜 해염을 생성하는 방식이다.

유명한 천일염으로는 플뢰르 드 셀과 셀 그리, 플레이크 해염, 전통적인 결정화 소금 등이 있다. 천일염의 미네랄 성분 구성에는 바다의 미네랄이 적절히 혼합되어 있어 복합적인 풍미를 갖는 경향이 있다. 또한 자연적으로 나트륨 비율이 낮은 편이다.

(상단) 플레이크 해염
(우측) 플뢰르 드 셀

플뢰르 드 셀

플뢰르 드 셀은 프랑스에서 수백 년간 장인 기술을 이어 오며 생산하는 소금이다. 여러 훌륭한 프랑스 요리의 성공 사례와 마찬가지로 플뢰르 드 셀은 자신들 외의 다른 소금은 거의 비난할 듯한 자부심으로 한 자리를 차지하고 있다. 개인적으로 뿌리 깊은 현지 음식 전통을 기리는 것은 존중하지만, 플뢰르 드 셀이라는 라벨을 붙이지 않았을 뿐 유사한 방식으로 만드는 훌륭한 소금을 많이 찾아볼 수 있다. 이제는 영국인도 맛있는 스파클링 와인을 생산할 수 있다는 사실을 받아들이는 프랑스의 샴페인과 마찬가지로 스페인과 포르투갈, 이탈리아를 비롯한 전 세계의 소금도 대접을 받아야 한다.

플뢰르 드 셀은 마그네슘염이 형성되기 전에 얕은 염전에서 소금을 긁어모아 수확하기 때문에 마그네슘이 거의 함유되어 있지 않다. 매우 노동집약적인 과정이지만 이 핑크빛이 도는 은색 플레이크 소금에는 그럴 만한 가치가 있다. 아주 곱고 섬세해서, 자칫 바닥의 회색 고령토를 건드려 플뢰르 드 셀의 색이 망가지는 일이 없도록 얕은 염전의 표면에서 조심스럽게 걷어내야 한다.

소금은 오후에 수확해야 한다. 타이밍을 놓치면 새롭게 형성된 결정이 더 차가운 염전 바닥에 가라앉아서 회색 점토의 미네랄을 흡수하여 셀 그리로 변형될 수 있다. 염전 일꾼들에게는 매 순간이 소중하다. 적절한 타이밍이 모든 것을 좌우하기 때문이다. 바람 또한 염전 전체의 증발을 돕는 데에 중요한 역할을 해서 여러 가지 이유로 플뢰르 드 셀은 따뜻한 날씨 조건과 지역 기후에 따라 달라지는 궁극적인 미세 제철 소금이 된다. 매우 불규칙적인 모양의 고운 결정에 적당한 수준의 잔류 수분이 남아있어서 음식에 뿌려도 즉시 용해되지 않으므로 식사를 할 때 사랑스러운 아삭아삭한 식감을 느낄 수 있다.

플뢰르 드 셀은 큰 플레이크가 강렬한 짠맛을 선사하면서 작은 플레이크가 타액에 빠르게 용해되며 풍미를 입안에 가득 터트려 맛이 느껴지도록 하기 때문에 사용하기에도 매우 만족스러운 소금이다. 다양한 미량 미네랄이 복합적으로 함유되어 있어 풍미가 더욱 깊기 때문에 궁극의 마무리용 소금 중 하나다.

(상단) 셀 그리

셀 그리

천일염 또는 더 아삭한, 그로 그리(gros gris)소금이라고도 불리는 이 회색 소금은 전통적인 방식으로 만들어지며, 수확하기까지 염전 일꾼들의 강력한 주의와 노력이 필요하다. 소금 습지로 둘러싸인 반짝이는 수확용 연못을 따라 미풍이 스치고 지나가며 은빛 수면에 피어난 소금꽃에 생명을 불어넣는 그림을 떠올리게 하는, 진정으로 낭만적인 소금이라고 생각한다. 플뢰르 드 셀을 수확하고 나면 염전의 상단에 형성되어 있던 더 굵고 축축한 결정이 소금물의 표면 장력을 깨뜨리면서 바닥으로 떨어진다. 이 결정화된 소금을 긁어내면 균형이 제대로 맞춰진다. 셀 그리의 아주 다양한 회색톤은 특유의 소박한 매력의 핵심이다. 특징이자 전통의 일부를 이루지만 너무 진한 회색을 띠면 지저분해서 보기 좋지 않다. 그러나 사실은 그 속에 미네랄이 엄청나게 함유되어 있어 풍미가 깊으며 뚜렷하게 아삭한 질감을 선사한다.

주방에서 적재적소에 셀 그리를 사용하려면 약간의 프랑스적 감각이 섞인 상당한 자신감과 태도가 필요하다. 나에게 셀 그리는 제대로 다루려면 어느 정도 성숙함이 필요하다는 점에서도 회색 소금이라고 불릴 만하다고 생각한다. 이 은색 소금은 요리에서 탁월한 재능을 발휘하지만 염지나 럽(요리하기 전에 고기 등에 문질러 발라 속까지 흡수되도록 하는 양념의 일종 –옮긴이)으로는 적합하지 않으며 개인적으로는 마무리용으로도 잘 쓰지 않는다. 수분 함량이 높기 때문에 삼투압 효과가 낮고 음식에 닿아도 빨리 녹지 않기 때문이다.

결정화 소금

단순히 전통 소금이라고도 부르는 훌륭한 소금이다. 내가 좋아하는 결정화 소금은 아삭아삭하고 굵기 때문에 주로 갈아서 쓰는 편이다. 일반적으로 결정화 소금은 야외에서 생산할 경우 일 년에 한두 번 정도 수확하는 천일염이거나 더 효율적인 규모로 산업 생산하는 가열 소금 탱크를 이용해 만든 것이다. 결정화 소금은 자갈 같고 바삭바삭하지만 아주 맛이 좋다. 소금물 속에서 결정화되어 생산된 전통 소금의 겉면에는 미량 미네랄이 풍부해서 서양에서는 가끔 케이크라고 부르기도 한다. 두터워서 손으로 긁어낼 수도 있으며, 규모가 큰 경우에는 장인 제염업자라 하더라도 기계의 도움을 받는다. 천천히 형성된 소금 결정은 무작위의 덩어리 모양일 수도 있고 건설 중인 피라미드처럼 완벽한 형태일 수도 있지만 플레이크 소금보다는 덜 기하학적이다. 결정화 소금은 갈아서 파편으로 만들거나 곱게 빻기도 하지만 질감을 유지하기 위해 굵은 상태 그대로 쓸 수도 있다. 기능적이면서 맛있고, 사용하기 편해서 내가 요리에 주로 사용하는 소금이다. 요리를 할 때면 항상 오븐 옆에 소금 결정 단지를 두고 요리에 질감을 더하거나 간을 하고 싶을 때 사용한다.

플레이크 소금

플레이크 해염은 곧잘 주인공 자리를 꿰차곤 하는 매력적인 소금이다. 마치 얼음 조각 작품이나 얼어붙은 바다처럼 보인다. 접사 렌즈나 현미경을 통해 본 플레이크는 사람의 마음을 완전히 사로잡는다. 고운 플레이크 혹은 초대형 플레이크 등으로 구분해 구입할 수 있으며, 속이 빈 상자를 뒤집은 것처럼 뚜렷한 윤곽에 가장자리가 날카로운 편이다. 표면적이 넓어서 혀 위에 올리면 빠르게 녹으며, 시각적인 충격을 주기 때문에 요리 마무리에 장식으로 쓰면 활기를 불어넣는다. 플레이크 천일염을 맛보면 혀에 전기가 통하는 것 같은 느낌이 든다.

플레이크 소금은 바로 지금 주목받고 있다. 전 세계에서 비밀스럽고 다양한 방법으로 생산되는 중이다. 수온과 증발 속도, 염도, 모양과 크기를 형성하기 위한 2차 빙정 형성 중의 교반 과정 등 모든 요소가 최종적인 플레이크의 모양에 영향을 미친다. 내가 소금으로 문신을 한다면(아마 이 책을 축하하기 위한 목적으로) 거의 반드시 이 독특한 플레이크 소금을 택할 것이다.

자염

불로 열을 발생시켜서 수분을 증발시켜 얻어내는 자염은 천일염과 동일하게 바다, 호수, 샘 등의 해수를 이용해서 만들지만 일반적으로 강수량이 많고 일조량이 적은 서늘한 지역에서 생산한다. 주로 가열을 시작하기 전에 어느 정도 천일염화를 시키는 공정을 진행한다. 우선 일반

적으로 필요한 농축 염수를 만들기 위해 해수를 먼저 온실이나 비닐하우스에 보관한다. 그런 다음 대형 통이나 가마솥을 이용해서 불에 올려 결정화시키는 것이다.

이 과정에서는 농축된 염수에 열을 더욱 천천히 공급해서 효과적으로 결정화되도록 한다. 내가 거주하는 콘월의 리자드반도에서는 가시금작화로 불을 지펴서 소금을 만들었던 로마 시대의 점토 항아리 잔해가 발견되었다. 열원은 계속 진화해서 일부 스칸디나비아 제염업자는 지열을 이용하기도 하고, 불 대신 전기 분해 기술을 적용하기도 한다. 전류가 용매, 즉 해수를 통과할 때 결합된 이온과 화합물이 분리되는 공정인 이온 분리를 용이하게 활용하여 이렇게 용해된 이온을 소금 생산에 사용하는 것이다.

시오

일본의 시오는 가장 유명한 자염이다. 염수를 바글바글 끓이면 층층이 쌓은 양피지 같은 피라미드 형태의 플레이크가 형성되지만 천천히 끓이면 시오가 된다. 일본 제염업자가 장인 기술로 만들어낸 고운 해염이자 가장 섬세한 소금 결정체다. 진한 염수가 마그네슘으로 포화되어 있어서 생산의 중요 단계에서 딱 필요한 만큼 교반하면 일본의 기준으로도 정밀하고 자그마한 소금 결정이 형성된다.

(상단) 플레이크 해염

소금을 교반하면 간수에 민들레씨가 떠다니는 것처럼 보이는 고운 소금 다발이 생겨난다. 그러면 소수의 장인들이 이 귀한 소금을 틀에 넣고 모양을 잡아 말린 시오 소금 덩어리를 만들어낸다. 이 마법이 실제로 이루어지는 모습을 가서 보는 것이 내 버킷리스트에 올라 있다. 미세한 소금 플레이크는 계절에 따라 쌉쌀하고 달콤한 마그네슘 색종이 조각 같은 모양을 띤다. 팝콘이나 풋콩처럼 건조한 음식에 뿌리기에 딱 좋은 소금이다. 시오로 요리를 하면 입을 벌리고 혀에 부드러운 눈송이를 뿌리는 것처럼 명상 같은 완벽함으로 녹아내린다. 전통 기술이 아직도 가장 현대적이면서 세련된 취향을 충족시킨다는 사실을 상기시키는 섬세함이다.

암염

암염에 대한 내 사랑은 매일 변한다. 가끔은 보석 같은 색과 조각된 표면에 감탄하고 놀라운 암염 조각의 기적적인 풍미에 대해 열광한다. 하지만 채광 과정에서 종종 중장비와 시끄러운 발파, 안전하지 않은 작업 조건에 의존

하기 때문에 암염을 사용하는 것이 환경에 미치는 영향에 대해 조용히 부끄러워하기도 한다.

암염은 전 세계 소금 생산량의 3분의 1을 차지한다. 또다른 3분의 1은 염수, 나머지는 순수 진공건조 소금(PDV)과 자염, 천일염으로 구성된다. 암염은 수백만 년에서 수억 년 전에 형성된 바싹 마른 바다에서 생성된 것이다. 주로 지하에 파묻힌 거대한 일체형 덩어리로 수분이 함유되어 있지 않다. 때로는 아주 깊지는 않지만 대지 아래 수평으로 넓게 펼쳐진 소금판 덩어리로 발견되기도 하고, 표면에서 솟아오른 소금 돔으로 나타나기도 한다. 가끔은 소금 암석층이 지표면에 너무 가까워서 염도가 높은 연못이나 가축이 소금을 핥으러 가는 곳이 생겨날 때도 있다. 소금핥기 기둥으로 이어지는 동물의 발자국 덕분에 사냥감을 쫓아간 인류가 정착지를 형성하게 되기도 했다. 미국의 버팔로 시티는 잘 다져진 소금핥기 기둥로(路)의 막다른 곳에 세워진 도시라고 한다.

암염은 일반적으로 채석하여 생산한다. 지하의 거대한 퇴적물로부터 채굴하는데, 제일 상단에는 결정화된 칼슘염이 있고 거대한 가운데층은 거의 염화나트륨으로 이루

(상단) 일본 시오

어져 있으며 가장 깊은 지하에 파묻힌 층은 제일 천천히 결정화된 마그네슘 및 포타슘염이다. 채광 과정은 많은 전문 장비와 폭발물, 상업용 분쇄기 등으로 연료를 많이 소모한다. 식용으로 사용되는 암염 비중은 매우 적은데, 펌프를 이용해서 지하의 암염 퇴적층으로 물을 내려보내 염수를 만든 다음 다시 수면으로 퍼내서 진공 증발시키고 99.8%의 염화나트륨으로 정제하는 것이 가장 흔한 방식이다. 대부분의 식탁용 소금이 이런 식으로 생산된다.

보석처럼 생긴 암염 덩어리는 실로 다른 세상에서 온 듯한 아름다움을 지니고 있지만 먹기 위해서는 녹이거나 갈아야 한다. 암염은 다양한 형태로 판매되며 암염 그레이터를 이용해서 아주 곱게 갈거나 분쇄기에 넣어서 테이블에 차려 놓거나 소금판으로 가공해서 조리를 할 수 있다.

암염의 기원은 여러분이 요리에 사용하는 실제 소금과는 크게 관련이 없다. 광범위한 미네랄 구성은 기대할 수 없는 경우가 많지만 예를 들어서 산화철이 히말라야 핑크 소금에 특유의 색상을 부여하는 것처럼, 소금에 함유된 불순물 덕분에 특이한 색을 띠기도 한다. 소금의 한 종류인 히말라야 핑크 소금은 기능적이면서 작고 고운 입자로 쉽게 갈아낼 수 있어 고르게 뿌리기에 적합하다.

(상단) 암염

요리 레시피에서도 그 이름 때문에 더 맛있을 것이라고 생각해서 코셔 소금을 지정하는 경우가 있는데 꼭 쓰고 싶다면 천연 해염으로 만들었거나 코셔 처리를 거친 미네랄 복합 암염인 코셔 소금을 따로 찾아서 쓰는 것이 좋다.

식탁용 소금

식탁용 소금은 해염이나 암염을 정제해서 만든 것으로 대부분의 수분이 제거되어 있는 상태다. 그 때문에 갈증이 난 상태라 흡습성이 높아서 소금 자체가 수분을 끌어당기기 때문에 그대로 두면 서로 뭉치게 되어 고결방지제(固結防止劑)를 첨가한다. 이러한 알루미늄 기반 화합물은 건강에 좋지 않고 신체가 처리하기 힘든 물질이다.

코셔 소금

코셔는 소금 종류와 직접적으로 연관된 분류가 아니라 유대교의 섭식 관련 율법에 따른 적합한 식품 계율인 카슈루트(kashrut)와 관련이 있다. 건강이나 품질과는 전혀 상관이 없으므로 가게에서 코셔라는 이름만으로 돈을 더 내야 할 필요는 없다. 코셔 소금은 완전한 정제염일 수도 있고 천연 해염일수도 있다. 덮어 놓고 구입하기 전에 소금 결정 상태를 면밀히 살펴보거나 미리 자료를 찾아보자.

간수

소금을 만든 후에 남아 있는 나트륨이 제거된 염수다. 일본에서는 쓴맛이라는 뜻의 일본어에서 유래하여 니가리(苦鹽塩)라고 부르는데, 엄청난 풍미를 보유한 미네랄 화합물이 가득하고 요리에 응용하기 좋은 굉장한 부산물이다. 간수의 염분은 물에 아주 잘 녹고 흡습성이 있어서 수분을 끌어당기기 때문에 흔히 액체나 페이스트 형태로 판매한다. 온라인 쇼핑몰에서 분말형 간수 또는 염화마그네슘염을 쉽게 구입할 수 있으며, 일부 제염업체에서 저나트륨 양념을 위해 간수를 액상 병입 형태로 판매하기 시작했다. 건강상 이점이 많고 염화 마그네슘과 황산마그네슘이 풍부하기 때문에 미용 제품으로도 인기가 있다. 두부 등 식물성 단백질의 응고제로도 사용한다.

Chapter 3

역사 한 꼬집

소금은 초기의 인류 문명이 신체적으로 필요한 염분을 육류에서 얻는 수렵채집 유목민 집단이 일 년 내내 식재료를 저장하는 농업 공동체 문화에 적응하는 데에 도움을 줬다. 기원전 6,500년 경의 고대 이집트와 6,000년 전의 고대 중국까지 거슬러 올라가면 소금 생산 과정을 개발하고 제철 음식에 대한 의존도를 줄이기 위해 소금을 활용하는 인류의 모습을 관찰할 수 있다. 소금을 통해 우리는 음식을 먼 거리로 운송할 수 있는 능력을 개발하여 세계를 탐험하고 제국을 건설할 수 있었다. 인류는 언제나 전 세계로 영역을 확장시켜서 소금을 채굴하거나 생산하고자 하는 도전을 계속해 왔다. 내 관점으로는 소금 탐사에 있어서 중요한 요소는 이를 생산하고자 하는 확고한 상상력이었다. 이처럼 소금은 문명을 형성한 핵심 식품 중 하나라고 주장할 수 있다.

유럽에서 소금은 언제나 성장과 무역의 도구였다. 주요 해염 생산업자가 처음 자리를 잡은 곳은 지중해이다. 로마인과 베네치아인은 제염소를 세우고 독점권을 발휘해서 정치적인 지배력을 강화했다. 소금을 구할 수 있다는 것만으로 제국을 세울 수 있었던 것은 아니지만, 확실히 도움이 되기는 했다. 로마인은 군대와 말을 부리기 위해 소금이 많이 필요했으므로 로마 제국 주변에 60곳 이상의 제염소를 건설했다. 로마에서 아드리아 해안까지 242km를 잇는 소금로(The Via Salari)는 위대한 로마 최초의 도로 중 하나다. 제국 건설과 긴밀하게 이어진 전략적 위치에 자리했으며, 이러한 생산성이 높은 제염소와의 접근성 강화는 수천 년간 계속해서 지속되어 왔다. 영국에서 낸트위치(Nantwic)나 드로이트위(Droitwic)처럼 위치(-wich)로 끝나는 마을은 오래된 제염소가 있었던 곳을 나타낸다.

로마 제국이 결국 쇠퇴하면서 권력은 그 이후 두각을 드러낸 대서양 소금 생산국으로 이동했다. 포르투갈과 영국, 네덜란드, 프랑스에서 생산한 소금은 1500년대와 1600년대 아메리카 대륙 탐험의 원동력이 되었다. 북아메리카가 식민 대상이 되면서 17세기와 18세기에 걸쳐 카리브해 섬에서 소금이 생산되었으며, 이는 종종 해적 행위와 통제권 분쟁의 대상이 되었다. 그러나 1860년대에 영국의 소금 가격 상승에 대응하고 막대한 세금이 부과되는 수입품의 규모를 줄이기 위한 대책 삼아 미국 동부 해안에 줄줄이 제염소가 생겨나기 시작했다. 이들은 엄청난 양의 소금을 생산하면서 결국 자율성을 확보해 유럽 소금에 대한 의존도를 줄일 수 있게 되었다.

신분의 표시

역사적으로 식탁 위에 놓인 소금 통 선반은 화려한 지위를 상징하는 요소였다. 테이블에서 소금에 얼마나 가까이 앉는지가 사회적 지위를 나타내는 지표 역할을 했다. 가난한 가정이라면 소금은 그냥 조개껍데기에 담아서 차려두었을 것이다.

나는 오늘날의 우리도 과거와 크게 다르지 않다고 생각한다. 사실 우리가 소금을 사용하고 전시하는 방식은 아직도 지위와 부, 스타일을 드러낸다. 지금은 오븐 옆의 중요한 위치에 장인의 플레이크 소금을 담은 돼지 모양 도기 소금 통을 장식하거나 식탁에 화려한 암염 그라인더를 올려두는 식으로 취향을 드러낼 수 있다.

소금의 상징적 가치

봉급(salary)이라는 영어 단어는 소금을 뜻하는 라틴어 살(sal)에서 유래했다. 로마 군인은 급여를 소금으로 받았으며, 그렇지 않더라도 최소한 '소금 가치는 하는' 사람으로 대접받았다. 소금을 가치와 연관시키는 개념은 언어 속에서 여럿 찾아볼 수 있다. 프랑스어로 봉급을 뜻하는 솔드(solde)는 지불한다는 뜻의 살(sal)에서 유래했으며, 영어 단어 군인(soldier)의 어원도 소금이다.

또한 역사적으로 소금은 계약을 구속하는 용도로 꾸준히 활용되었다. 상징적인 결혼 선물에 소금이 들어가는 것처럼 조약을 맺는 상황에 소금이 등장하는 경우가 많다. 이스라엘과 시리아, 이집트에서는 소금을 환영과 축하, 계약의 일부로 사용해서 서로의 주머니에서 소금 한 꼬집씩을 주고받는 전통이 있었다. 아마 상대방의 주머니에서 정확히 자신의 소금 알갱이만을 회수할 수 있지 않는 이상 거래를 깰 수 없었을 것이다. 중세 영국에서는 무역 거래에 금과 더불어 소금을 사용했다.

누군가를 '세상의 소금'이라고 칭하면서 찬미하는 것은 겸손하고 근면하며 친절함을 의미하는 성경 구절에서 비롯된 표현이다. 또한 '소금만 한 가치가 있다'란 정직하고 성품이 좋다는 뜻이 된다.

셰프라면 누구나 소금을 조절해야 한다는 말의 뜻을 이해할 것이다. 우리는 소금이 가진 힘을 알고 있기 때문이다. 이것이 레스토랑에서 소금 통을 주로 셰프 바로 옆에 두는 이유다. 역사적으로 제국주의 국가와 식민주의자, 폭군이 모두 소금을 독점하려던 것과 꽤 비슷한 모습이다. 때때로 소금 반란이 일어나기도 했는데, 그중 가장 유명한 것은 인도에서의 사건이다. 마하트마 간디는 당시 영국의 소금 독점에 자극을 받아 독립운동을 일으켰다. 간디와 그의 추종자는 영국의 정책에 항의하기 위해 법을 어기고 소금을 수확하기 위해 바다까지 약 386km를 걸어갔다. 처음에는 12명이었지만 그 규모는 수천 명까지 늘어났고, 1931년 인도인은 결국 자국에서 소금을 생산할 권리를 얻을 수 있게 되었다. 이 거래를 성사시킬 당시 간디는 인도의 총독으로부터 화해의 손짓이자 회유의 시도로 차 한 잔을 제공받았다. 이때 그가 이를 거절하고 물과 레몬, 소금 한 꼬집을 요구한 사건은 지금까지도 유명하다.

마지막으로, 소금은 섹시하다. 로마인은 정욕에 빠진 사람을 살락스(sala)라고 불렀고, 소금에 절인 상태라는 의미에서 외설스럽다(salacious)라는 단어가 탄생했다. 스페인에서는 신혼부부가 발기 부전을 예방하기 위해 왼쪽 주머니에 소금을 넣은 채로 교회에 방문하고, 독일에서는 신부의 신발에 소금을 뿌린다.

필수 요소

우리 신체에는 약 250g의 염분이 존재한다. 우리가 생존하는 데에 필수적인 요소로, 세포 내 수분 유지에 도움을 주고 전해질에 용해되면서 두뇌에 신호를 전달한다. 육류는 천연 염분 공급원이지만 채소는 그렇지 않다. 북아메리카의 수렵채집인이 농업인처럼 소금을 만들거나 거래하지 않았던 이유가 여기에 있다.

흥미롭게도 마사이족 유목민은 가축의 피를 내서 마시

면서 필요한 염분량을 충족시킨다. 지금 여기서 소금 필요량을 육류에 의존하던 방식으로 돌아가야 한다고 제안하는 것은 아니지만, 소금과 인류의 관계가 어떻게 변화해 왔으며 식물성 식단을 택함으로써 미네랄이 결핍될 수 있는 위험이 있을 수 있다는 부분을 생각하는 것 또한 흥미로운 일이라고 생각한다. 식단에서 육류와 생선을 제거한다면 채소에 소금을 치는 양을 늘려서 전체 섭취량을 늘려야 할 수도 있다. 야생 초식동물은 적극적으로 소금을 찾아다닌다. 야생에서 일련의 동물 발자국을 따라가면 종종 천연 소금을 핥을 수 있는 곳이나 소금물이 샘솟는 샘으로 이어지곤 한다.

식품 보존

냉장 시설이 발달하기 이전에는 주로 사료로 줄 작물이 부족한 겨울에 가축을 도축해서 소금에 절였다. 소금의 음식 보존은 대단한 기능이었기 때문에 식량의 수요와 수급, 인류의 이동에 큰 역할을 했다. 생선을 기반으로 한 발효 음식으로 짠맛이 강한 가룸 소스는 로마와 베네치아 제국 시대에 매우 인기가 좋았지만 그 맛과 향이 너무 강렬해서 점점 선호도가 떨어져 갔다. 하지만 최근 들어서 염지 발효 생선에 대한 관심이 다시 부각되는 것을 보았으므로, 곧 점점 더 많은 식당에서 음식의 수준을 끌어올리기 위해서 감칠맛이 풍부하고 짠 가룸 소스를 만들게 될 것이라고 예측한다.

과거에는 소금이 여행을 갈 수 있는 티켓 같은 존재였다. 음식을 보존할 수 있게 되면 더 오랫동안 항해와 탐험을 할 수 있었다. 소금에 절인 돼지고기와 소고기는 해양 탐험과 식민지 시대에 식량을 운반하는 데에 큰 역할을 했다. 소금에 절인 생선은 또한 기독교 달력이 금식으로 뒤덮여 있을 때 유럽에서 큰 인기를 끌었다. 청어와 대구를 소금에 올려서 절이면 식탁 위에 고기를 올릴 수 없을 때 단백질과 함께 단식을 피해 갈 수 있는 방법이 되어줬다. (기독교 금식에서 소나 돼지, 닭 등의 육류는 엄격하게 금지되었지만, 생선은 해당되지 않아 먹을 수 있었다. −편집자 주)

오늘날의 소금

오늘날 소금은 수백 가지 용도로 사용된다. 현대의 소금 산업은 제약에서 얼어붙은 도로 녹이기, 비누 만들기, 섬유 산업의 다양한 과정, 여러 농업 역할은 물론 나에게 가장 중요한 음식 준비와 요리에 이르기까지 14,000개 이상의 광범위한 영역에서 응용되고 있다.

역사적으로 소금은 주로 음식을 보존하는 데에 사용했으며, 그 가격을 감당할 수 있는 소수의 사람들은 풍미를 향상시키는 데에 썼다. 이제는 소금을 활용하는 방식이 엄청나게 확장되면서 소금은 스스로 성공의 희생양이 되었다. 더 많은 소금을 향한 욕망 때문에 우리는 빙판길을 녹이려고 뿌리는 데에 쓰는 제품을 음식에도 넣기 시작했다. 많은 산업 분야에서 소금이 얼마나 유용하게 쓰이는지를 보면 놀랍지만, 요리의 경우에는 세월을 거슬러 올라가서 훨씬 자연적으로 생산되어 맛있는 미네랄이 가득한 소금으로 되돌아가야 한다. 더 저렴하다는 이유만으로 정제된 식탁용 소금을 먹는 것은 그만두어야 하며, 건강을 위해 자연스럽고 나트륨 함량이 낮은 소금을 섭취해야 한다.

Chapter 4
친구인가 적인가?

소금은 건강 전문가와 영양사, 요리 작가들 사이에서 격렬한 논쟁의 대상이다. 여기서 확실하게 밝히건대 나는 영양사나 의사가 아니다. 하지만 내 신체가 어떻게 작동하고 좋은 음식에 어떤 식으로 반응하는지에 대한 정보를 얻는다. 소금은 우리의 신체 기능에 매우 중요하므로 적절하게 사용하는 방법을 이해해야 한다. 나트륨과 포타슘은 두뇌에 신호를 전달하기 위해 필수적으로 갖춰야 할 영양소이며 세포의 수분 흡수에도 주요한 역할을 한다. 우리의 전해질 균형은 전압과 비슷하다. 그러나 소금에서 파생된 전류를 우리 몸에 저장할 방법은 없다. 우리는 배터리에 저장되기보다 계속 충전을 해줘야 하는 방식으로 흐르는 전류를 가지고 있다.

나는 나와 우리 가족을 위해서 거의 언제나 손수 요리를 할 수 있다는 점에서 정말 운이 좋은 편이다. 이는 우리의 식사에 좋은 천연 소금을 어떻게, 그리고 언제 넣을지 내가 결정할 수 있다는 뜻이다. 천연 소금은 염화나트륨만으로 이루어져 있지 않고 우리가 생존하는 데에 필요한 기타 미네랄을 함유하고 있으며, 우리 음식의 나트륨 수치는 아주 중요한 요소다. 물론 나트륨을 너무 많이 섭취하면 건강에 매우 해롭다. 좋은 것도 너무 과해지면 해를 끼칠 수 있다는 것을 명심해야 한다. 이 문제의 핵심은, 다른 필수 미네랄이 함유되어 있어서 자연히 나트륨 함량도 낮은 맛있는 소금을 사용하면 적은 양으로도 음식의 간을 효과적으로 맞출 수 있다는 것이다. 미네랄 풍미 덕분에 녹아서 미뢰에 닿을 때 맛이 나기 때문에 소금을 적게 넣어도 더 많은 풍미를 전달할 수 있다.

나는 제품과 메뉴에서 소금량을 줄이려는 영국의 수많은 식품 제조업체와 함께 일하면서 단순하게 레시피에 소금이 얼마나 들어가는지가 아니라 생산에 사용하는 기존 소금(보통 값싼 식탁용 소금) 내의 나트륨 비율이 문제라는 점을 이해시키려고 노력한다. 좋은 해염에는 플레이크에 층층이 쌓인 여러 미네랄이 혼합되어 있어 자동적으로 나트륨 함량을 줄이면서 풍미를 지속적으로 높이고, 우리 신체에 유익한 해양 미네랄을 제공한다. 사실 여러분이 이미 여기 착수해서 미네랄이 풍부하고 맛있는 소금을 사용하고 있다면, 끔찍한 맛이 나고 나트륨 함량이 높아서 훨씬 몸에 좋지 않은 식탁용 소금으로 요리할 때보다 아주 적은 양을 사용해야 한다.

우리가 자주 듣는 문제는 염분을 너무 많이 섭취하면 고혈압을 유발하고 심장 질환의 위험이 증가한다는 것이다. 하지만 최근 연구에 따르면 해안에서 1km 이내에 사는 사람들이 행복도가 높다는 것을 알 수 있는데, 아마 해염이 어느 정도 역할을 한 것일지도 모른다. 소금물은 확실히 치유에 도움되는 것으로 보이고, 소금은 피부에 흡수되어서 건강과 수분을 유지하고 탄력을 증가시킬 수 있다. 또한 일부 지중해 국가는 염분 섭취량이 높은 수준인데도 불구하고 소금을 덜 먹는 나라보다 심장 질환 발병률이 낮다. 이는 부분적으로 기후나 부러운 생활 방식, 좋은 식습관 덕분일 수도 있지만 이들이 재료부터 천천히 요리를 할 때 천연 해염을 사용해서 가공식품의 정제 소금보다 좋은 소금을 더 많이 먹기 때문이라고 볼 수도 있다. 치명적인 조합은 우리가 알지 못하는 사이에 가공식품과 거기 들어가는 염화나트륨이 99.8%인 식탁용 소금이다. 음식 자체가 그렇게 맛있는 것도 아닌데, 굳이 사 먹어야 할 이유가 있을까?

이렇게 숨겨진 소금은 소매점과 대규모 프렌차이즈 레스토랑 등이 단속을 거듭하고 있고, 영국에는 소비자가 정말 짠 음식에서 안전하게 벗어날 수 있도록 안내하는 신호등 시스템도 존재한다. 그러나 문제가 되는 소금과 우리 신체의 미네랄 균형과 건강에 필수적인 좋은 소금은 구분할 필요가 있는데, 좋은 소금은 우리에게 필요한 칼슘과 마그네슘, 포타슘을 제공하기 때문이다. 소금에 대한 토론이 오로지 모든 소금을 나쁜 대상으로 똑같이 뭉뚱그려서 공격하는 데에 머무는 한, 우리는 현실을 제대로 파악하지 못하게 될 것이다.

소금이 맛에 미치는 영향

이 책의 서문에서 나는 소금을 뿌리면 맛에 어떤 작용을 하는지 이해하기 위해서 토마토 테스트를 해볼 것을 제안했다. 소금은 음식의 풍미 화합물을 증폭시키고, 타액에 용해되어서 두뇌에 정보가 전달될 수 있게 만들어 우리의 경험을 형성시키는 역할을 한다.

소금을 더 많이 추가할수록 해당 정보를 전송할 수 있는 경로가 더 많아진다. 소금에 함유된 미네랄이 많을수록 정보가 더욱 복잡해질 수 있다. 염화나트륨만 존재하는 식탁용 소금을 사용하면 단순하고 극단적인 맛을 경험할 수 있다. 그 결과는 1차원적인 맛이 된다. 또한 미네랄이 풍부한 소금을 시식할 경우 마그네슘과 칼슘, 포타슘이 모두 강도를 조절하는 데에 중요한 역할을 한다. 나는 해양 미네랄 풍미가 강렬하게 느껴지는 소금이, 단맛은 강화하고 쓴맛은 뚜렷하게 남기면서 뾰족하고 급격한 높낮이를 가진 풍미들을 뒤섞어서 서로 가볍게 공명하도록 만든다는 사실을 깨달았다. 주요 풍미를 증폭시키는 것은 동일한데 동시에 그 외의 향에도 기운을 불어넣는 것이다. 그러나 양질의 해염은 몸에 좋지 않은 식탁용 소금보다 최대 30% 정도로 훨씬 줄어든 양만 가지고도 거의 비슷하거나 훨씬 강한 풍미를 낼 수 있다. 이렇게 식탁용 소금에 비해 좋은 해염으로 양념을 하면 소금을 덜 사용하고도 더 많은 맛을 낼 수 있다는 것은 엄청난 건강상의 이점이 된다. 이 차이를 직접 맛보고 싶다면 토마토 테스트를 다시 수행해서 어떤 미묘한 차이가 감지되는지 확인해 보자.

우리가 건강하게 살기 위해 필요한 천연 미네랄 식단이자 신체 전체에 영양을 공급하는 방법으로 소금을 고려해 보자. 나는 소금에 대해서 이야기할 때 진짜 빵을 대하는 것과 비슷한 방식으로 말하곤 한다. 예를 들어서 유익한 박테리아와 야생 효모를 제공하는 사워도우 한 덩이는 맛있으면서 동시에 소화를 돕고 장내 세균총을 활성화한다. 시판 이스트로 만든 과다하게 정제한 흰 빵과 비교할 때 어느 빵이 우리에게 더 이로울 것인지는 따져볼 필요도 없을 것이다. 소금도 이와 마찬가지다. 염화나트륨만으로 구성되어 있지 않고 플레이크에 층층이 쌓인 형식으로 해양 미네랄이 균형 잡혀 있다면 건강에도 좋고 맛도 좋다. 예를 들어서 포타슘은 나트륨과 함께 자연적으로 발생해서 혈압을 낮추는 데에 도움을 준다. 유익하고 필수적인 미네랄을 함유한 좋은 천연 해염을 적당량 섭취하는 것은 식단의 균형을 맞추는 데에 도움이 되는 훌륭한 방법이다.

통제권 되찾기

슬프게도 음식은 가정 요리에서 멀어지고 있는데, 이는 우리 중 다수가 집안에서 소금이 어떤 위치를 점하고 있었는지 잊어버렸다는 뜻이다. 소금 간 하는 법은 모호하고 신기하면서 추상적이다. 우리 모두는 '집에서 요리를 할 때 소금을 한 꼬집 넣거나 살짝 뿌린다'라는 가장 편안한 행위에서 너무 멀어져 버렸다는 죄를 범했다. 우리는 스스로를 의심하게 되었고, 건강에 대한 두려움 때문에 맛있는 음식을 희생하고 심심한 음식을 택했다. 그 대신 우리의 소금은 미세하게 가공되어 미네랄이 전무한 소금으로 가득 찬 거대한 저장고를 운영하는 대형 공장에서 관리 및 분배되어 우리 음식에 숨어든다. 우리는 염분의 75%를 조리되거나 가공된 식품에서 얻는다. 따라서 통제할 수 있는 제대로 간이 된 음식을 먹기 위해서는 재료부터 요리해야 한다. 똑똑하고 요리하고 먹고, 구입하기 전에 살펴보자. 질문을 던지고 급진적으로 행동하자.

더 건강한 소금 구매를 위한 신속 가이드

천연 해염을 찾아 보자. 결정이 조금 지저분하면서 자연스럽고 균일하지 않기 때문에 눈으로 살펴보면 구분할 수 있다. 순수한 염화나트륨보다 더 많은 물질이 함유되어 있다는 뜻이다.

근처에서 구입하자. 인근의 현지 해염 제염업체를 찾아서 힘을 실어주자. 전통적인 소금 유통업과 소규모 생산자는 우리 신체가 더 쉽게 소화할 수 있는 소금을 만드는 편이다. 인근에서 생산하는 소금을 우선 구입해서 소규모 제염업체가 계속 생겨날 수 있도록 장려하면 메루아(49쪽 참조)를 더 잘 이해하는 데에 도움이 되고, 해안선을 둘러싼 다양한 소금을 음미할 수 있게 될 것이다.

저렴한 식탁용 소금은 버리고 값싼 정제 해염이나 가공 코셔 소금 같은 대량 생산 소금도 없애자. 겨울에 눈길을 치울 때 쓰면 된다. 여름이면 샐러드 채소에 침범하곤 하는 민달팽이를 제거하기에도 좋다.

소금에 어떤 미네랄 성분이 함유되어 있는지 물어보고 칼슘과 마그네슘, 포타슘이 풍부한 소금을 구해보자. 그 양은 거의 알아볼 수 없을 정도로 미미하지만 그래도 미네랄이 풍부한 소금이 건강에 더 좋다.

(우측) 해염 플레이크

앵벌하는 범

Part 2

Chapter 5
맛의 과학

소금의 관점에서 봤을 때, 우리 신체에 존재하는 21가지의 필수 미네랄이 바다의 미네랄과 정확히 일치하는 것은 물론 놀랍게도 그 양 또한 동일하다는 점을 생각하면 인간은 바다에서 진화한 것이 확실하다. 해염에 함유된 이 미네랄은 완벽한 균형을 이루고 있으며 건강에 중요할 뿐만 아니라 맛을 향상시키는 역할도 한다. 우리의 타액은 염도가 1%이므로 음식에 소금을 첨가하면 용해된 산과 철분에 연결되면서 음식의 정보가 미뢰로 전달된다. 이러한 정보 전달은 맛을 증폭시키므로 소금에 바다 미네랄 성분이 많이 함유되어 있을수록 맛에 대한 이해도가 높아진다.

내가 미각을 너무 순수 과학으로 접근하지 않으려고 하는 것은 주방에서 요리하는 것이 연구실에서 일하는 것과 다르기 때문이다. 음식은 순수한 물질을 담고 있는 페트리 접시가 아니라 여러 재료의 혼합물이다. 맛으로서의 소금의 기능에 대해서는 많은 것을 배울 수 있지만, 요리를 할 때는 본능적인 감각을 유지하면서 조리할 때 맛을 조절하는 법을 안내하는 음식의 작은 속삭임에 귀를 기울인다. 노련한 요리사로서 우리의 임무는 맛을 본 다음 소금을 더 추가할지를 선택하는 것이다. 요리를 할 때마다 이 과정을 여러 번 반복해야 한다. 간을 조금씩 조절하는 손재주도 큰 차이를 가져올 수 있으니 소금 한 꼬집 기술을 반드시 연습하도록 하자.

풍미 vs 맛

맛과 풍미는 구분하기 모호해서 서로 혼용되어 사용되곤 하는 용어지만 사실 서로 구별되어야 한다. 맛에는 단맛과 신맛, 짠맛, 쓴맛, 감칠맛의 다섯 가지 종류가 있다. 셰프로서 맛을 가지고 일하는 것은 예술가가 작업실에서 원색으로 그림을 그리는 것과 같다. 화학적 화합물은 성분을 뜻하는 페인트와 같다. 나에게 있어서 풍미란 레시피에서 맛의 조합이 어떤 형태로 드러나는지, 우리가 이 조합을 어떻게 해석하고 묘사하는지를 뜻하는 단어다. 풍미란 우리가 말로 묘사하는 그림이고 맛은 팔레트다. 쓴맛과 단맛, 짠맛, 감칠맛 등의 개별 맛을 혼합해서 독특하고 생동감 넘치는 이차색 또는 보색 조합을 만들어낼 수 있다.

(좌측) 감칠맛 폭탄. 마늘과 타임을 넣어서 볶은 버섯에 트러플 소금으로 양념을 했다. 토스트에 얹어서 먹으면 그 무엇도 쉽게 따라오기 힘든 맛있는 아침 식사가 된다.

소금은 이 모든 맛과 연결되어서 상호 작용하면서 그 효능을 바꾸어 낸다. 나에게 소금이란 풍미의 수준에 가장 큰 차이를 만들어내는 맛이다. 맛있는 목적지로 향하는 항해에 우리를 태운 배의 노련한 조타수이자 선장이다.

쓴맛과 신맛

쓴맛과 신맛은 원래 우리에게 잠재적으로 해로운 음식과 독소가 들어 있을 가능성을 경고하기 위해 존재한다. 소금은 쓴맛을 줄여준다. 내 말을 믿기 힘들다면 간단한 토닉 테스트를 해보자. 토닉 워터를 두 잔 따른다. 한쪽에만 소금을 한 꼬집 넣고 잘 젓는다. 무염 토닉 워터를 한 모금 마셔서 미각에 남아 있는 약간의 쓴맛을 느껴 보자. 그리고 소금을 넣은 토닉 워터를 마셔 보자. 쓴맛이 줄고 심지어 단맛까지 느껴지는 것을 알 수 있다. 소금은 쓴맛을 줄여 준다. 다른 핵심 맛 성분을 가지고 노는 이 능력은 많은 요리에 활용할 수 있다.

나는 쌉쌀한 다크 초콜릿이나 자몽 샐러드에 항상 소금을 한 꼬집 넣곤 한다. 쓴맛이 나는 음식은 약간의 소금을 좋아한다. 소금과 데킬라를 곁들인 새콤한 라임은 입술을 핥게 될 정도로 강력한 맛이 나고, 일본 요리는 신맛과 짠맛의 수렴으로 영감을 선사하는 미식적 순간을 구현하는 장인과 같다.

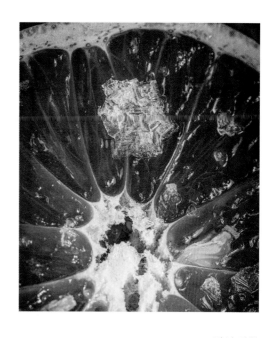

단맛과 짠맛

단맛은 해당 음식의 열량이 높다는 것을 의미하며 우리는 소금과 비슷한 방식으로 단맛을 갈망한다. 인간은 가능하다면 두 맛을 모두 원하도록 설계되어 있다.

이 숨겨진 충동은 우리로 하여금 탐욕을 부리며 과도하게 간을 하게 만들거나 실제로 필요한 것보다 많은 양의 설탕을 소비하게 만든다. 나는 음식 자체의 양념은 줄이고 날것의 풍미를 더욱 강화해야 한다는 점을 끊임없이 스스로에게 상기시킨다. 일견 셰프의 역할과는 상반되는 것처럼 보이기도 하지만, 나는 식재료를 아예 변화시키려고 시종일관 노력하는 대신 재료 고유의 균형감을 맛보고, 그 수준을 높이기 위해서 딱 필요한 만큼만 첨가하려고 애쓴다. 이와 같은 조리에는 상당한 자제력이 필요한데, 솔직히 가끔은 쾌락주의와 과잉주의를 향해 전속력으로 달려가 버리기도 한다. 그럴 때면 단맛과 짠맛이 내 요리 영혼에서 이성을 앗아가 버린다. 두 풍미가 부딪히며 미각에서 불꽃처럼 폭발한다. 나방이 날아드는 불길처럼, 단맛과 짠맛은 매혹적인 존재다. 책 후반부의 단맛과 짠맛 챕터에 실린 레시피는 내가 막 활동을 시작한 주방의 마술사처럼 장난기를 잔뜩 발휘해서 써 내려간 것이다.

감칠맛

감칠맛은 풍부한 단백질과 복합적인 풍미를 갖추고 있어 소금을 가미하면 폭발적으로 터져 나오는 맛이다. 가장 감칠맛이 뛰어난 상징적인 식재료와 풍미는 인류가 식품 저장실에 보관하는 염지 제품으로 견고하게 자리잡은 음식에서 찾아볼 수 있다. 우스터 소스와 안초비, 미소 된장, 베이컨, 해초, 간장이 없는 세상을 상상해 보라.

이렇게 감칠맛이 콕 박힌 식재료에는 천연 소금이 가득하다. 맛있는 음식을 만들고 싶을 때 소금과 감칠맛을 함께 활용하면 두 배로 뛰어난 효과를 발휘할 수 있다.

강도

소금의 농도가 증가하고 염도가 높아지면 간이 세지면서 풍미가 더욱 강렬해진다. 이러한 짠맛은 어느 정도 수준에 이르기 전까지는 기분 좋게 인식된다. 우리는 첨가한 소금이 최대한의 즐거움을 선사하는 그래프 곡선의 최상단, 즉 최적의 소금량과 만족 포인트를 찾아내는 것을 목표로 삼는다. 이 만족 포인트는 사람마다 다르기 때문에 정확한 수치는 존재하지 않지만, 음식에 간을 할 때는 어느 정도 목표로 삼는 범위가 생기기 마련이다. 따라서 음식을 조리할 때에는 점진적으로 간을 하면서 소금을 켜켜이 첨가하고, 한 꼬집씩 넣으면서 맛을 보다 보면 딱 좋은 상태를 찾아낼 가능성이 높아진다.

계속해서 맛을 보는 것을 잊지 않으면 소금을 한 알갱이 넣을 때마다 만족의 곡선이 달라지며 미각에 차이를 선사하는 것을 느낄 수 있다. 강도를 차근차근 쌓아 나가자. 모든 간을 한 번에 하려고 하지 않으면 된다.

(맞은편)
우측 상단: 쌉쌀한 잎채소와 후무스, 주그, 구운 포도를 곁들인 닭고기 샐러드
우측 하단: 내가 좋아하는 단짠 조합은 복숭아에 마스카르포네 치즈와 타임, 볶은 씨앗류를 곁들이고 플레이크 천일염을 뿌린 것이다.

Chapter 6
소금 소믈리에 가이드

나는 자칭 소금광으로서, 누군가가 여러분의 음식에 간을 아예 하지 않거나 싱겁게 했다면 참지 말고 고개를 들어 소금을 요구하기를 권한다. 아예 소금을 소분한 양념 단지를 가방에 몰래 가지고 다니는 것은 어떨까?

셰프로서 나의 임무는 특정 음식에 어울리는 소금을 짝짓는 것이다. 대부분의 경우 소금은 맛을 향상시킨다. 하지만 여유가 생기면 더 섬세한 부분까지 생각해볼 수 있다. 이 사슴고기 카르파치오에 마무리용으로 훈제 결정화 해염을 살짝 뿌려서 나무향과 불향이 감돌게 하면 어떨까? 그릴에 구운 수박과 부라타 샐러드에 가벼운 플레이크 시오 가루를 한 꼬집 뿌린다면? 요컨대 음식을 제대로 마무리할 시간적 여유를 가지라는 뜻이다. 산뜻한 화이트 와인은 내기 전에 차갑게 식힐 텐데, 필레 스테이크에 사용할 소금을 고민할 시간도 챙겨야 하지 않을까?

기본적인 규칙으로 우선 상황에 따라 소금을 언제 넣어야 하는지를 익혀야 한다. 어떤 소금은 요리 초반에 넣어서 조리 과정을 강화하고 음식 고유의 풍미를 강화하는 것이 좋다. 내가 요리를 할 때 일찍 손을 뻗는 건 물에 빨리 녹아 채소를 빠르게 데칠 때 좋은 고운 플레이크 소금과 뜨거운 번철에 고기를 구울 때 쓰는 아삭한 셀 그리나 굵은 결정화 암염 등이 있다. 굵은 소금은 짭짤한 삼발이 역할을 해서 고기가 그을릴 수 있을 정도의 열은 전달하지만 너무 그슬려서 거친 크러스트가 생기지 않고, 덕분에 너무 빠르게 말라버리지 않아서 팬에 오랫동안 구울 수 있다. 또한 질감이 살아 있는 소금은 소박한 소금 크러스트 반죽을 만드는 데에도 사용하기 아주 좋은데, 갯벌 위의 젖은 자갈 모래처럼, 양동이와 삽으로 쌓은 방파제처럼 습기를 가둔다. 그 외에는 내가 마무리용 소금이라고 부르는, 식탁에 차려내고 싶은 종류가 있다. 직접 만든 가향 소금이거나 풍미가 가득하고 구조가 화려해서 시선을 확 잡아 끄는 아름다운 플레이크 소금이 그 예다.

이 책에서는 고전적인 조합을 일부 소개하겠지만, 소금도 와인처럼 궁극적으로 선택은 각자의 몫이며 모든 식사에 적용되는 하나의 규칙이란 존재하지 않는다. 나만의 필승 소금 조합을 발견해서 즐겁게 요리해 보자!

(맞은편) 소금은 밀폐형 티핀 박스(tiffin box, 같은 크기와 모양에 착착 쌓아서 대량의 음식을 이동하기 용이한 반합형 밀폐용기 -옮긴이)에 보관해서 각 레시피에 맞게 골라 사용하는 것이 좋다. 요리의 맛을 근본적으로 바꿀 수 있는 독특한 풍미 프로필을 지닌 향신료처럼 다루자.
(우측) 비트 소금

다른 방법은 창의력을 발휘해서 음식의 마무리용으로 소금을 활용하는 것이다. 절대 소금 간에 대해 사과를 하지 말고, 알아서 뿌릴 수 있게 소금을 식탁에 따로 제공하자. 나는 음식을 내면서 내가 충분히 간을 맞췄는지 혹은 맛을 보고 원하는 대로 간을 해도 되는지를 미리 알려준다. 그리고 마무리 직전에 간을 할 때에는 친구와 가족이 둘러 앉은 식탁에서 각자가 음식과 상호 작용을 하면서 맛보고 평가하고 적응할 수 있도록 격려하기 위해 어느 정도 빈틈을 남겨두기도 한다.

가능하다면 모든 음식 접시에 각 개인의 취향에 맞는 간을 해주고 싶지만, 손님에게 주도권을 주는 것도 좋아하기 때문에 이는 나름대로 내 맡은 임무는 여기까지라고 말하는 방식이라고 할 수 있다. 이제 건네 받은 접시에 당신의 입맛에 따라 간을 하면 된다.

메루아(Merroir)

토양과 미세 기후, 생산 방법 등이 와인의 풍미에 미치는 영향을 설명하는 '테루아(terroir)'라는 단어가 있다. 나는 제염에 사용한 염수와 미네랄 성분 구성이 맛에 큰 영향을 미친다고 생각한다. 굴 시식에 주로 사용되는 단어인 메루아는 소금 소믈리에에게도 적합한 용어다.

해염이 생성되는 해안선의 광물 지질학 및 특정 해역의 염도, 계절적 기후 모두가 맛에 큰 차이를 가져온다(증발 탱크의 장인 공정 및 결정화 속도도 최종적인 맛의 프로필에 영향을 미치기는 한다). 어떤 소금은 강렬한 단맛의 칼슘 풍미 덕분에 해산물과 잘 어우러지는 짠맛을 지니고, 쓴맛이 더 강한 포타슘이 풍부한 소금은 그릴에 구운 고기나 달콤한 캐러멜화 양파와 더 잘 어울린다. 대서양의 바닷물과 지중해 바닷물의 염도는 서로 다르기 때문에 비슷한 방식으로 소금을 만든다 하더라도 먹었을 때 확연하게 차이가 난다.

소금에 대하여

얇게 썬 오이에 다양한 소금을 뿌려서 맛을 비교해 보고, 빵에 무염 버터를 바른 다음 소금 한 꼬집으로 간을 해서 풍미를 감상하고, 팝콘을 만들어서 소금이 탁 터진 옥수수 낟알에 어떤 맛의 변화를 가져오는지 확인하고, 자몽 과육에 소금 한 꼬집을 뿌려보자. 신나는 게임이 필요하다면 소금과 맛에 관련해서 떠오르는 단어 연상 놀이를 해보자. 여러분이 맛보는 음식을 표현할 수 있는 새로운 어휘를 탐색해 보자. 나는 내 취향을 가장 잘 설명할 수 있는 단어를 떠올려야 할 때면 영감을 얻기 위해서 해안과 바다의 풍경으로 돌아가지만, 여러분 또한 스스로가 어디에서 무엇을 감지하고 어떻게 묘사하는 사람인지를 깨닫는 것도 뜻깊은 경험이 될 것이다. 여기에는 정해진 규칙이 없는데, 맛은 너무나 주관적이라 틀릴 수가 없기 때문이다.

예를 들어 콘월 소금을 맛보면 불규칙하고 잘 부서지는 소금이 치아 아래에서 아삭하게 씹히며 탄탄한 바디감을 선사한다. 혀를 찌르는 날카로운 바닷바람과 함께 짠맛이 도는 달콤한 가시금작화의 정수가 파도처럼 녹아내린다. 입 안에서 달콤한 감칠맛 결정이 잔물결을 일으키면서 깨끗한 바다 거품처럼 칼슘과 미네랄의 톡 쏘는 맛을 선사

한다. 맵지도 쓰지도 유황 향이 나지도 않는다. 섬세하거나 곱다는 느낌이 들지 않으므로 이런 관찰을 통해 초콜릿 브라우니에 넣어서 짭짤한 식감을 선사하거나, 레몬을 듬뿍 넣어 맛이 강렬한 해산물 요리에 넉넉히 뿌리면 좋겠다는 아이디어를 떠올리고, 맛이 은은해서 꽃향기가 감도는 장미와 핑크 페퍼 조합에도 잘 맞겠다고 생각하게 된다. 양념의 깊이라는 측면에서는 가벼운 풍미의 소금 영역에 들어가기 때문에 향신료를 강하게 쓰는 더티 스테이크 요리 등에는 사용하지는 않겠지만, 내 입맛에는 혀 끝에서 단맛이 감돌기도 하니까 타임을 넣은 로스트 치킨에도 완벽하게 어우러질 듯하다. 말하자면 급하게 결론을 내리기 전에, 물 한 냄비가 끓기 전까지 잠시 여유가 있을 때 주방에 있는 소금을 맛보는 시간을 가지고서, 그 재료를 잘 이해하라는 것이다. 훌륭한 요리사는 식재료와 그 공급자를 알아가는 시간을 우선한다. 먼저 소금을 정확하게 이해하고 나면 훨씬 맛있는 음식을 선보일 수 있다. 또한 알고 있는 정보를 친구와 공유해서 새로운 소금 용어를 만들어낼 수도 있다.

소금과 후추

거의 언제나 한 호흡에 같이 언급되는 클래식한 요리 콤비다. 하지만 다음 번에 후추로 손을 뻗을 때면 후추가 정말로 레시피에 들어가야 하는지 자문해보자. 버릇처럼 정해진 대로 요리하는 대신 식재료에 대해 먼저 고민해 보자. 소금은 다섯 가지 맛 중의 하나지만 후추는 그저 수백 가지 향신료 중 하나라는 점을 기억해야 한다. 예를 들어서 중동에서 영감을 받은 요리를 만들 때는 소금에 자타르를 곁들이자. 프랑스인과 이탈리아인은 소금과 후추를 사랑해서 레시피에 흔하게 사용하지만 스칸디나비아에서는 소금에 설탕이나 잣, 말린 베리류를 곁들이는 것을 볼 수 있으며 인도에서는 쿠민 씨나 칠리 파우더를 즐겨 사용한다.

(하단) 소금과 후추

Chapter 7
내가 좋아하는 소금

나는 주방에서 요리에 즐겨 사용하는 광범위한 소금 컬렉션을 소장하고 있다. 그중에는 여러 번 재구입한 소금도 있는데, 이렇게 다양한 소금을 섞어서 사용하는 것이 요리에 활용하는 다재다능한 팔레트가 되어준다고 생각한다. 예술가가 익숙한 색상 조합으로 그림을 그려도 혼합을 통해 무한한 색을 표현할 수 있듯이, 셰프는 입맛을 자극하는 것만큼 시각을 환기시키는 것도 목표로 삼는다. 소금 중에는 사각형에서 플레이크, V자, 피라미드에서 서로 결합된 파편까지 다양한 형태가 존재한다. 거대한 표면적이 간수에서 유래한 미네랄이 풍부하게 함유되어 있는 염분층이 입혀진 틈새와 균열로 구성되어 있기도 한다. 편의를 위해 곱게 빻기도 하고, 감탄이 절로 나올 만큼 밝은 색을 띠는 것도 있다.

내가 좋아하는 제품은 모두 훌륭한 요리용 소금이지만, 여기 포함하지 않은 것 중에도 다양한 방식으로 특별한 상품이 많다. 와인에 대해 공부할 때처럼 최종적인 풍미에는 공정이나 미네랄, 메루아 등 많은 요소가 영향을 미친다. 맛은 저마다 각자의 스타일대로 독특하지만 소금은 제대로 매력을 발휘하려면 음식과 짝을 이루어야 하며 서로 다른 소금이 음식에 맞춰 반응하면서 다채로운 풍미를 만들어내는 것이라는 점을 절대 잊지 않아야 한다.

아프리칸 펄

작은 완두콩 크기의 알갱이처럼 생긴 특이한 모양의 해염이다. 나미브 사막의 가장자리에서 생산되며, 대서양의 바람과 남서 아프리카 해안선으로 흘러가는 바닷물이라는 특이한 조합의 결과물이다. 굽이치는 따뜻한 파도가 염전에 밀려들면서 염수 증발로 발생한 소금이 둥글게 휘어지게 한다. 수분이 적어서 분쇄기나 그라인더에 넣어 쓰기도 좋다. 강렬하게 맑아서 거의 단맛이 느껴지는 풍미가 난다.

(좌측) 암염　　(하단) 아프리칸 펄

대나무 소금

대나무 잎 추출물을 함유하고 있는 대나무 소금은 수천 년간 중국에서 건강에 좋은 식재료로 귀한 대접을 받았다. 샐러드와 해산물, 과일 샐러드 등에 색을 더한다.

블랙 트러플 소금

하얀 플레이크 해염에 블랙 트러플을 섞어서 군데군데 까만 점이 콕콕 박힌 궁극의 명품 소금이다. 보통 건조 트러플을 보존하기 위해 수분 함량이 낮은 편이다. 스크램블드 에그에 마무리용으로 뿌리거나 버섯 요리에 깊이를 더하기에 아주 좋다. 깊은 흙 향기에 말린 과일 가죽과 비슷한 나무 풍미가 느껴진다.

볼리비안 로즈

부드러운 클레멘타인 색과 분홍빛 연어색이 섞인 인상적인 암염이다. 내 느낌으로는 먹을 수 있는 장미석영처럼 보여서 제일 준보석을 먹는 기분이 드는 소금이다. 소금 분쇄기에 담아 놓으면 아주 아름답고, 요리용이나 마무리용으로 쓰면 아주 맛이 좋다.

혀에 달콤하고 은은한 미네랄 맛 여운을 남긴다.

콘월 해염

강하게 톡 쏘는 미네랄 풍미를 지닌 우리 지역의 해염이다. 적당한 수분감이 남아 있는 질감과 은은하게 달콤쌉싸름한 철분의 맛이 느껴진다. 화사한 바다 향 덕분에 해산물과 아주 잘 어우러진다. 나는 이 소금을 아주 오랫동안 사용했는데, 집에서도 장인의 수준을 구현하면서 훌륭하게 일관적인 맛을 낼 수 있게 해주는 훌륭한 일꾼과 같은 소금이라고 생각한다.

(맞은편, 좌측 상단부터 시계 방향) 대나무 소금, 볼리비안 로즈, 블랙 트러플 소금

소금과 시즈닝의 예술

사이프러스 블랙

내가 사용해 본 중에서 가장 인상적인 해염인 다이아몬드 모양의 거대한 피라미드형 소금이다. 수분이 거의 없다시피 하고, 강렬한 칠흑색에서 잿빛 회색까지 여러 색을 띤다. 덕분에 마무리용으로 쓰기에 이상적이며, 아삭한 탄닌성 질감을 선사한다. 대담하면서 동시에 은은한 맛이 난다. 마무리용 소금으로 쓰면 대조적인 맛을 선사하며 의문스러움을 남기는 완벽한 모순을 구현한다.

피오레 디 살레

이탈리아의 플뢰르 드 셀이다. 은백색이며 각이 살아 있고 결이 곱다. 나트륨 맛이 은은한 편이고 마그네슘과 포타슘이 함유되어 있어 다방면으로 쓰기 좋은 느낌을 주는 플레이크 소금이다. 기원전 800년부터 시칠리아 해안에서 태양열을 통해 증발시키는 염전 방식으로 생산한다.

플뢰르 드 셀 드 게랑드

지역 경제를 지원하고 전통 생산 방식을 보존하기 위하여 원산지 통제 명칭(AOC)을 통해 지리적으로 보호하고 있는 놀라운 수제 해염이다. 불규칙한 형태를 띠는 은백색의 고운 플레이크 소금으로 적당한 수분에 광물성 점토로 인한 복합적인 짠맛을 갖추고 있다. 일드레(Ile de Ré)의 플뢰르 드 셀은 장밋빛을 띠며 톡 쏘는 미네랄의 맛과 은은한 쓴맛이 훌륭하게 균형을 이룬다. 둘 다 보통 고운 플레이크 형태로 판매한다. 다용도로 쓸 수 있지만 흔히 남겨났다가 마무리용으로 많이 사용한다.

히말라야 핑크

파키스타니 나막이라고도 불리는 채굴 암염으로 소금 내의 녹인 산화철 때문에 핑크색을 띤다. 피처럼 붉은색에서 복숭아빛까지 다양한 색이 매우 매력적이며 풍미는 아주 부드러운 금속성 맛을 띤다. 소금판이나 요리용 그릇으로도 널리 판매한다. 히말라야 핑크 소금은 질산염 및/또는 아질산염을 함유하고 있는 염지용 핑크 소금과는 다른 소금이다. 프라하 파우더 1호, 2호 같은 시판 염지염은 실수로 그냥 먹는 일이 없도록 색을 입힌 것이며 양념이 아니라 염지를 하기 위한 기능성 소금이다.

(맞은편, 상단) 사이프러스 블랙
(맞은편, 좌측 하단) 플뢰르 드 셀
(맞은편, 우측 하단) 히말라야 핑크

칼라 나막

파키스탄산 암염으로 진정한 강자다. 자줏빛을 띠는 갈색 자갈 같은 질감으로 보기보다 유황과 달콤한 소나무 맛이 강하다. 노릇노릇하게 구운 고기나 야생 육류, 뿌리채소 구이 등에 잘 어울린다. 또는 마무리용 소금이나 버섯 요리에 감칠맛을 더하는 용으로 써도 좋다.

말돈 소금

영국산 플레이크 해염과 동의어다. 이 흰색 에섹스 소금은 신뢰할 수 있고 깨끗하며 밝고 선명하다. 개인적인 감상으로는 일부 해염 특유의 복합적인 미네랄 풍미는 부족하지만 사용하기에는 언제나 예쁘고 기분 좋은 소금이다. 속이 빈 피라미드 형태의 플레이크가 가볍게 아삭아삭 씹히다가 혀에서 빠르게 용해되기 때문에 마무리용 소금으로 훌륭하다.

머레이 리버 플레이크 소금

과일향 나무 껍질 같은 풍미에 살구빛이 도는 자그마한 호주산 플레이크 소금이다. 염수에 함유된 내염성 해조류에서 분비된 카로틴 성분 때문에 소금이 복숭아빛을 띤다. 칼슘 함량이 높기 때문에 단맛이 더 강해서 바비큐한 육류 및 조개류와 잘 어울리고, 수분이 적기 때문에 곱게 빻아서 고르게 뿌릴 수 있다.

페르시안 블루

매우 희귀한 이란산 암염으로 고대 소금층을 통과하는 단일 솔기층에서 채취한다. 불규칙한 자갈 형태 혹은 수분이 없는 큰 암염 결정 형태로 판매한다. 시원하고 은은한 미네랄성 단맛이 느껴진다.

레드 알레아

벽돌색 붉은빛의 하와이산 해염으로 긴 미네랄 풍미가 여운을 남긴다. 천연 염전의 붉은 적토 성분 덕분에 스페인 및 케이준 양념과 잘 어울리는 화사한 색상과 톡 쏘는 달콤한 육포 같은 맛을 지닌다. 바비큐용 염지 재료나 마무리용 소금으로 사용하는 것을 추천한다. 자갈 같은 형태지만 더 곱게 빻아서 판매하기도 한다. 절구에 빻으면 질감이 더욱 부드러워져서 섬세하게 양념하기에 좋다.

(맞은편, 좌측 상단부터 시계 방향)
칼라 나막, 레드 알레아, 페르시안 블루

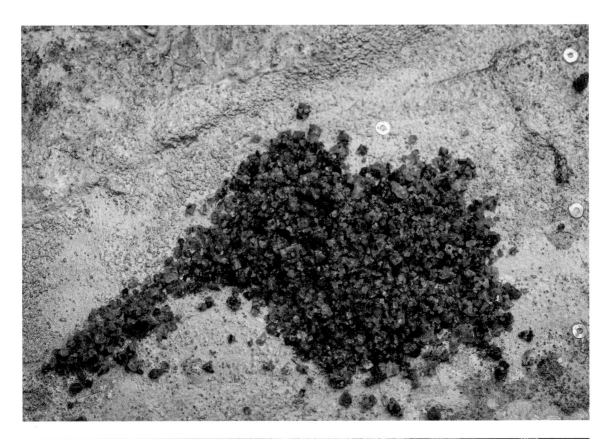

소금과 시즈닝의 예술

살 데 구사노

나는 이 전통 혼합 소금 양념을 좋아하는데, 맛이 너무 강하다고 생각하는 사람도 있다. 식물 용설란에서 채취한 벌레를 햇볕에 말리거나 오븐에 구운 다음 고추, 해염과 섞어서 아릿한 매운 맛이 나도록 만드는 멕시코산 양념으로 메즈칼과 함께 먹는다. 쿠민과 비슷한 구운 훈제 향이 나지만 살짝 단맛도 느껴진다. 순한 맛에서 아주 매운 맛까지 다양한 종류가 있다.

셀 그리

또 다른 프랑스 전통 식재료인 회색 해염이다. 작거나 중간 크기에 미네랄이 풍부하고 은은한 점토 맛이 약하게 느껴지면서 강력한 철분이 끝맛을 장식하는 가운데 단맛과 풀 향기도 느껴진다. 대량으로 저렴하게 구입할 수 있고 풍미를 충층이 쌓아가는 요리 초반 단계에도 제대로 느껴지는 강렬한 맛을 지니고 있어서 조리를 시작할 즈음에 간을 하는 용도로 쓰기 적합하다. 모르타르로 벽돌을 쌓아가는 것과 비슷하다. 음식 맛을 강화하고 기초를 튼튼하게 만들지만, 조금 거칠고 날카로운 맛이 나기 때문에 마무리용 소금으로는 쓰지 않는다.

훈제 소금

소금은 어떤 종류이든 훈제할 수 있지만, 주로 사치스럽게 보이는 플레이크 또는 결정형 소금을 훈제해서 마무리용 소금으로 쓴다. 소금 자체를 참나무나 벚나무, 사과나무, 히코리 등 경질 목재 훈제 칩을 이용해서 천천히 훈제해 만든다. 완성하기까지 시간은 오래 걸리지만 훌륭한 조미료가 된다. 나는 또한 고운 플레이크 소금과 빻은 암염을 훈제해서 바비큐 럽과 염지에 쓰기도 한다. 훈제 소금은 달콤한 캐러멜 향의 나무 풍미를 요리에 선사한다. 노련한 요리사라면 주방에 가까이 두어야 할 필수 소금이다.

(맞은편, 상단) 살 데 구사노
(맞은편, 하단) 닭껍질 소금. 로스트 치킨의 정수를 담아냈다(193쪽 참조).
(우측) 민트 소금. 민트 소금 한 그릇만큼 싱그러운 향이 나는 음식도 없다(202쪽 참조). 모든 여름 요리에 화사한 녹색을 더하는 것은 물론 오이 요구르트나 애호박 샐러드에 양념을 할 때도 잘 어울린다.

소금 보관법

주방에서 주기적으로 사용하는 소금은 스토브 근처에 둔다. 손이 쉽게 들어갈 정도의 크기의 소금 상자나 전용 용기를 사용한다. 또한 흔히 도자기 재질인 입구가 열린 형태의 돼지 모양 소금통도 좋아한다.

나는 테이블 위에 음식 맛을 완성할(그리고 자랑할!) 용도의 한 꼬집용 소금 단지를 여럿 두고 있는 것은 물론 요리용 기능성 소금 단지, 케이터링을 위한 뚜껑 달린 크고 넓은 소금 볼, 작업실에는 밀폐용기에 담아 그늘에 보관하는 방대한 전 세계 소금과 수제 제철 소금까지 갖추고 있다. 신선한 재료로 만든 알록달록한 가향 소금은 변색을 방지하기 위해 직사광선을 피해서 보관한다.

가능하면 모든 소금은 습기가 차단되도록 밀봉해서 보관해야 한다. 내가 보통 2~3개월 안에 소진하려고 하는 유기농 재료로 맛을 낸 소금을 제외하면, 소금에는 유통기한이 없다.

Chapter 8
소금 계량하기

얼마 전 인스타그램에 '소금 한 꼬집'이라는 용어에 대해 조언을 구했다. 이에 돌아온 대답이 훌륭했을 뿐더러, 우리의 소금에 대한 관념에 오래된 격언과 옛 세대의 기억이 뒤섞여 향수를 자극하는 과정이 매우 흥미로웠다.

우리가 소금을 정확히 계량하는 자세에서 조금 멀어진 듯하여, 균형감을 바로잡기 위해서라도 다시금 한 꼬집의 감각을 되찾을 수 있도록 격려하고자 한다. 우리는 총체적으로 소금 간을 맞추는 방법을 잊어버렸다. 나는 이것이 음식을 다시 반짝이게 만들기 위해서 섬광이나 깜박임, 희미한 불꽃이나 마찬가지로 반드시 다시 익혀야 할 필수 기술이라고 생각한다.

한 꼬집이란 무엇인가?

나에게 소금 한 꼬집은 가장 강력한 힘을 지닌 주방의 도구다. 나는 일찍이 아이들이 달걀을 풀고 채소를 다지고 주방을 깔끔하게 유지하기 시작할 때부터 소금 한 꼬집으로 간을 하는 법을 가르쳐줬다(우리 집에서는 '솔솔'이라고 부른다).

예를 들어 '평평하게 깎아낸 소금 한 작은술'은 모든 소금의 모양이 동일하지 않기 때문에 매번 똑같은 양을 보장하지 않는다. 소금에 따라 결정 모양과 구조가 크게 달라지므로 소금이 차지하는 공간과 부피가 매우 달라질 수 있고 정확하게 말하자면 숟가락도 종류마다 모양이 다르기 때문에 요리하면서 정확하게 계량하는 것은 까다로울 수 있다. 이처럼 음식 표준화를 끊임없이 요구하는 흐름은 독립적인 장인 예술의 아름다움을 잃어버리게 만든 과잉 가공 음식 문화의 일부다.

소금 한 꼬집은 궁극적인 장인의 계량 도구이기 때문에 무게나 부피로 정의해서 표준화하는 것이 거의 불가능하다. 미묘하면서 애매하고 독특하고 특별하다. 한 꼬집 넣은 소금은 받침점에서 흔들리는 접시 저울의 바늘침을 흔들어 성공 혹은 아주 약간 아쉬운 밍밍함 사이에서 조심스럽게 균형을 잡는다. 하지만 너무 부담을 느끼지는 말자! 소금을 쳐서 맛을 잡는 법을 배우는 것은 일상적인 행동을 새롭게 익혀서 소금 예술의 기법으로 재정의할 수 있는 기회다. 거창하게 들릴지도 모르지만, 본인 손가락 사이의 힘을 익힐 때까지 연습하는 것이 좋다.

나에게 있어서 소금 간은 정확한 계량보다 본능에 기대는 행위이며, 솔직히 이것이 식재료를 다루는 가장 좋은 방법이라고 믿는다. 모든 것에 적용되는 하나의 규칙이 아니라 나만의 방식을 따르는 것이다. 입맛에 따라 간을 해서 최상의 결과물을 만들어 내자. 그것이 내가 모든 레시피의 행간에서 바라는 바다. 책의 레시피를 내 것으로 만들고, 소금의 고삐를 잡을 자신감을 키우자. 한 꼬집을 어떻게 설명하는지 나에게 알려 달라! 무조건 내 의견과 다를 텐데, 그 부분이 바로 내가 음식을 좋아하는 이유다.

마음 챙김 소금 명상

나는 트렌드라는 딱지가 붙은 라이프스타일로서의 마음 챙김 명상에는 완강하게 반대한다. 실제로 명상을 하는 것보다 설교하듯이 마음 챙김 상태를 공유하는 흐름에 휘말리는 것은 그저 유행처럼 느껴진다. 즉 나는 단순한 집중으로 바로 이 순간에 평화를 찾는다는 개념과 고요한 반복이 즐거움으로 이어지는 과정 자체를 사랑한다. 나에게 있어서 소금 간은 마음 챙김 활동이다. 소금을 다루는 것은 치료적이면서 촉각적이고 집중하는 행위인 동시에 놓아주는 행동이다. 내 손끝의 신경이 작은 결정과 플레이크에 의해 자극되고 그 촉감이 내 감각을 깨운다.

요리는 반복하고 복제하더라도 완전히 동일해지는 일이 드물다. 요리 작가로서 나는 아무리 노력해도 사람들이 매번 정확히 같은 크기로 썬 닭고기와 채소를 같은 크기의 냄비에 익히게 만드는 것은 매우 힘들다는 것을 알고 있다. 따라서 내가 줄 수 있는 최선의 조언은 본인의 혀를 일관성을 유지하기 위한 도구로 삼고 의지하라는 것이다. 집에서 요리를 할 때 소금 한 꼬집이 미각에 어떤 작용을 하는지 깨닫게 될 때까지 계속 맛을 보자.

전략적인 요소

소금을 정기적으로 사용하면서 요리에 넣을 타이밍과 방법을 전술적으로 따져보는 것이 보다 맛있는 음식을 만드는 최고의 방법이다. 하지만 소금 간 하는 법을 배우기 전에 먼저 전략이 필요하다.

각 소금 자체의 미네랄과 수분 정도, 맛에 초점을 맞출 수 있도록 요리하는 방식을 조정하는 과정이 반드시 필요하다. 아주 건조한 소금은 촉촉한 소금보다 팝콘 등에 더 잘 달라붙는다. 가염 캐러멜에는 달콤한 소금을 사용해 설탕 양을 줄이고 맛의 균형도 잡을 수 있다. 식재료를 요리하기 전에 하는 염지가 삼투압과 확산으로 수분을 끌어내 더 건조하거나 촉촉한 요리를 만들 수 있다는 사실을 이해하면, 염지는 아주 유용한 도구가 된다. 소금은 사용하는 양뿐 아니라 사용하는 시기도 중요하다. 고운 플레이크 소금은 전통 결정화 소금보다 더 빨리 용해되기 때문에 조리 후반부에 넣어도 좋다.

아주 기초적인 규칙으로 나는 육류와 생선, 채소에는 소금 1%, 무언가를 데치는 물에는 2%를 가미한다. 소금의 양은 맛에 큰 차이를 가져올 수 있으므로 최선의 분량을 연구함과 동시에 소금 한 꼬집을 이해하면서 본인의 미각 본능, 즉 '내 입맛'에 의존하는 것을 잊지 않아야 한다.

소금을 치는 자세

내 요령을 모두 공개하기 전에, 동작을 정확하게 따라하지 못하더라도 괜찮다는 점을 다시 한 번 말하고 싶다. 사용하는 식재료와 소금의 특징에 세심한 주의를 기울이자. 풍미가 어떻게 발달하는지에 따라 소금 간을 조절하자. 요리를 완성하고 식탁에 앉았을 때 완벽한 조화를 이루면 된다. 그리고 그 때에도 식탁에서 소금을 다시 한 꼬집 뿌려 마무리할 수 있다. 소금을 넣었다가 빼는 것보다 나중에 추가하는 것이 훨씬 쉬우므로 간을 할 때 조심해야 한다. 소금을 칠 때는 성실과 섬세함, 대담함과 인내심이 모두 필요하다.

꼬집

내 '꼬집'은 많은 양의 음식이 아니라 드레싱처럼 단일 재료에 넣거나 요리를 마무리하고 약간의 풍미 변화를 꾀하는 방법이다. 세부적인 조정을 가하는 데에 탁월한 효과를 발휘한다. 정밀하게 작업하면서 모든 한 입이 완벽할 수 있게 하자.

엄지와 검지로 플레이크 소금 또는 고운 암염을 조금 집는다. 그런 다음 부드럽게 문지르면서 소금을 뿌리고, 가끔은 너무 큰 플레이크 조각을 문질러 작게 부숴 골고루

간이 배게 한다.

식재료 위에서 뿌리되 너무 높이 들지 않는다. 섬세한 정확도를 조정하며 낙하를 제어해야 한다. 좋은 소금 한 꼬집은 왜, 언제, 어디에 간을 해야 하는지에 대해 생각하고 고민하게 만든다.

엄지와 검지, 중지를 이용해서 소금을 넉넉하게 한 꼬집 잡으면 양이 두 배가 되는데 이걸 적당량이나 약간, 입맛에 맞춰 등으로 표현하곤 한다. 한 꼬집의 절반은 '살짝'이다.

나에게 소금을 뿌린다는 것은 일반적으로 소금을 넉넉히 한 꼬집 잡고 손을 조금 더 높이 드는 자세를 뜻한다. 손가락으로 소금을 문지르면서 손을 좌우로 움직이면 접시에 전체적으로 가볍게 소금 간을 하기 좋다.

더 많이 뿌리고 싶거나 커다란 삼겹살 덩어리나 연어 필레처럼 큰 식재료에 고르게 뿌릴 때는 손목 흔들기를 이용하면 더 편하게 뿌릴 수 있다.

손가락 튕기기

흔히 간과하곤 하는 동작이지만 소금 간 하기 공예에서는 유용하다. 강렬한 불꽃이나 뜨거운 그릴에 무언가를 요리할 때는 특히 그렇다. 팬 여러 개를 다룰 때도 신속하고 재빠르면서 효과적으로 넓은 범위에 간을 할 수 있다.

손가락으로 소금을 튕기는 것은 연습이 조금 필요하고 주변이 지저분해질 수 있어서 나는 주로 야외에서 요리할 때 활용한다. 가끔 음식에 소금을 한 꼬집 집어서 넣다 보면 소금 플레이크나 소금 결정이 손가락에 달라붙어 있는 것을 볼 수 있다. 손가락 튕기기는 그렇게 손에 남아 있는 마지막 소금을 정확하게 활용할 수 있는 훌륭한 방법으로, 소량의 소금으로 음식에 미세하게 간을 추가할 수 있다. 오케스트라에 간간이 끼어드는 타악기, 트라이앵글이나 탬버린처럼 손가락 튕기기는 제일 가벼운 여분의 음으로 특별한 작품을 완성하는 역할을 한다.

두 손가락 비비기

넉넉한 한 꼬집이나 한 번 털어 넣는 양 정도로, 소금 플레이크나 결정 하나로 아주 만족스러우면서 섬세한 차이를 가져올 수 있다. 집에서는 절구로 소금을 갈아서 사용할 수도 있지만 나는 이렇게 큼직한 플레이크를 손가락으로 문질러서 덜 과시적이면서 기능적인 면이 뛰어난 양념으로 갈아내 뿌리는 쪽을 선호한다.

(상단) 손가락 튕기기
(우측) 두 손가락 비비기

손목 흔들기

예전에 제과 회사를 운영할 때 페이스트리 반죽을 밀기 위해 대리석 판에 덧가루를 가볍게 뿌리며 익힌 손놀림이다.

라스베이거스에서 스네이크 아이(주사위 두 개를 던져서 전부 1이 나오는 것 -옮긴이)를 얻어내기 위해 주사위를 흔드는 것과 비슷하다. 실제로 손바닥을 꽉 닫은 채로 움직임을 연습한 다음 손가락 틈새와 주먹 위쪽의 빈틈을 살짝 느슨하게 풀어 손목을 흔들 때마다 소금이 솔솔 빠져나가게 한다. 소금이 옆으로 흩어지게 하는 경향이 강하므로 식재료에 전체적으로 고르게 간이 되게 하고 싶다면 방향을 돌려야 한다. 많은 양의 소금을 뿌리거나 대형 로스팅 팬에 빠르게 펼쳐 담을 때 쓰기 좋다.

한 줌

나는 대형 냄비에 식재료를 삶는 물을 끓이거나 습식 염지액을 만들 때 항상 소금 한 줌을 넣는다. 소금을 손으로 한 줌 쥐어서 팬에 집어넣기만 하면 되는, 간단하게 한 번의 움직임으로 간을 끝낼 수 있는 유용한 방법이다.

셀 그리나 전통 결정형 소금처럼 거칠고 굵은 소금을 사용할 때나 건식 염지, 소금 크러스트 반죽을 만들 때 주로 활용한다. 이런 소금은 손바닥에서 잘 떨어지기 때문에 육수 냄비에 한 줌 넉넉히 넣거나 소금 크러스트 반죽을 만들 때 넣기 좋다.

소금 샤워

내 소금 간 하는 방법 중에 가장 명상에 가까운 수직형 자세다. 소금을 넉넉히 한 움큼 쥔 다음 네 손가락과 엄지손가락이 모두 아래를 향하도록 들고 손가락을 느슨하게 위아래로 움직이며 피스톤을 갈듯이 번갈아 움직인다. 이 움직임은 아래 놓인 부드러운 박람회장의 경품 통 위로 갈고리가 순환하듯이 천천히 옆으로 움직이며 소금을 흩뿌리는 방식이다.

큼직한 고기 덩어리나 통 뿌리채소, 통 생선 등에 많은 소금을 쉽게 뿌릴 수 있다. 매끄러우면서 사소한 노력을 통해 대량의 소금을 훌륭하게 상태를 조절해가며 가감하는 방식이다.

(맞은편, 상단 우측부터 시계방향)
손목 흔들기, 한 줌, 떨어지는 소금

소금을 뿌리는 또 다른 방법

마무리용 플레이크

소금을 계량하는 방식이라고 보기에는 어렵지만 터득해 두면 음식을 접시에 담을 때 깊은 인상을 줄 수 있다. 각 음식 위에 조심스럽게 소금을 뿌려 완성하는 것은 환상적으로 멋지게 보이면서 아삭한 질감이나 시각적 대비를 보장하는 훌륭한 포인트가 된다. 깨끗한 피라미드 모양의 플레이크 소금, 얼음처럼 새하얀 펄소금, 아삭한 소금 결정은 아주 매력적으로 보이기 때문에, 드물지만 아주 가끔은 셰프용 핀셋을 쓰기도 한다.

암염 갈아서 쓰기

암염으로 아주 섬세하게 간을 하고 싶다면 소금 전용 그레이터나 너트메그용 그레이터를 활용해 보자. 식탁에서 음식에 간을 하면서 멋진 장면을 연출할 수 있는 사랑스러운 도구다. 그리고 암염은 수분이 매우 적어서 팝콘이나 프라이드 치킨 등에 넣기에도 좋다.

미세하게 간하기

최상의 결과를 얻으려면 소금 간을 층층이 쌓아야 한다. 여러 번 맛을 보고 간을 조절하자. 식재료를 추가하고 가공하고 변형할 때마다 풍미를 더해야 한다. 조리의 모든 단계에서 속속들이 간을 첨가하자.

여러 형태의 염분

염분은 많은 식재료에 자연적으로 함유된 성분으로, 요리할 때 환상적인 2차 양념층을 선사한다. 해초와 간장, 미소, 케이퍼, 안초비는 손을 뻗어서 소금 한 꼬집을 더하지 않고도 짠맛과 감칠맛의 깊이를 첨가할 수 있을 만큼 섬세하고 자연스럽게 음식의 염도를 조절할 수 있어서 내가 매우 좋아하는 재료들이다.

물에 소금 간 하기

미세하게 간 하기의 가장 첫 번째 단계는 채소나 파스타를 소금 간을 한 물에 삶는 것이다. 실제로 3.5%의 염도를 계산해서 맞추는 것보다 직접 맛을 보고 바다의 추억이 떠오르는 정도로 간을 해야 맛도 있고, 쓸데없이 소금을 낭비하는 것도 막을 수 있다. 이탈리아인은 보통 파스타 반죽에 거의 간을 하지 않기 때문에 요리의 균형을 맞추기 위해서 물에 소금을 많이 넣는 것이다. 물에 소금 간을 하는 것은 미세하게 간 하기의 완벽한 예시이며 음식에 큰 차이를 가져온다.

이 물은 대부분 버려야 하지만, 그래도 소금은 파스타에 간을 하는 것은 물론 확산과 염수 생성, 습식 염지 등의 과정을 효과적으로 이행하는 데에 필수적인 요소다. 요리하기 전에 물에 미리 소금을 넣어서 완전히 녹이도록 하자. 모든 재료를 염지액에서 익힘으로써 극단적으로 뛰어난 풍미를 지닌 음식을 만드는 것을 근본적인 목표로 삼는 것이다. 이렇게 하면 음식을 낼 때 추가로 소금을 많이 넣지 않아도 된다. 다만 물론 이미 완벽하게 간이 된 채소의 아삭한 질감과 터져 나오는 짭짤한 맛은 요리의 완성도를 높이지만, 한 요리에 간을 하는 유일한 방법이 되지는 못한다.

소금 스펙트럼

전 세계의 인류는 모두 다른 방식으로 소금을 첨가한다. 프랑스인은 대체로 천연 발효빵에 무염버터로 간을 한다 (훌륭한 맛이 난다). 토스카나에서는 빵에 간을 많이 하지 않지만 그 외의 요리에 모두 간을 강하게 한다. 일본에서는 밥에 간을 하지 않지만 아주 맛있고 짭짤한 소스와 발효 풍미 음식을 많이 활용한다.

소금을 얼마나 사용해야 하는지에 대한 보편적인 규칙은 존재하지 않는다. 음식 맛이 밋밋하다면 흔히 간이 덜 되었다고 보기 쉽다. 조리를 할 때는 모든 음식을 작게 한 숟갈 떠서 맛을 보고, 음식 전체에 전부 간을 하기 전에 부족한 음식에만 먼저 소금을 작게 한 꼬집 넣어 간을 해야 한다.

지금 이 책을 내려놓고 머그잔이나 조리도구 전용 통을 가져와서 작은 숟가락을 여러 개 꽂자. 이 숟가락통을 스토브 옆에 두고 요리하는 모든 것을 맛봐야 한다. 맛을 보면서 간을 맞춰야 한다는 것이 내가 알려줄 수 있는 가장 훌륭한 주방 도구다.

소금광

만일 음식에 소금 간을 너무 많이 했다면 어떻게 해야 할까?

실패를 인정하고 음식을 버린 다음 처음부터 다시 시작하거나, 음식을 희석해서 염도를 줄이려고 시도할 수 있다. 음식을 반으로 나눈 다음 재료를 추가해서 부피를 늘리면 빠르게 해결할 수 있다. 가끔 음식이 너무 짤 때면 레몬 즙이나 식초를 넣기도 한다. 그렇다, 노련한 셰프도 가끔은 소금을 너무 많이 넣을 때가 있다!

또 너무 짠 채소 퓌레에는 육수를 더 부어서 수프로 만들거나, 너무 짠 오리고기를 잘게 찢어서 플럼 소스와 거뭇하게 구운 실파를 넣어 섞는 등 완전히 새로운 요리로 변형시킬 수도 있다. 생감자를 큼직하게 썰어서 너무 짠 수프 등에 넣은 다음 삶아서 염분을 흡수시켜 빼내고 식탁에 수프만 차리기도 한다. 이렇듯 음식에 이미 들어간 소금을 빼는 것은 단계적으로 간을 하는 것보다 훨씬 어렵다. 결국 문제를 해결하는 가장 효과적인 방법은 조리하면서 소금을 천천히 단계적으로 넣는 것이다.

음식물 쓰레기는 줄이도록 노력해야겠지만 너무 짠 음식은 먹지 말자. 우리의 미뢰는 기쁨을 주는 역할을 하는 만큼 경고 메커니즘으로 활약하도록 진화했다.

내 소금 공예 기술

Part 3

Chapter 9
건식 염지

아마 세상에서 가장 간단한 소금 공예 기술은 바로, 식재료에 소금을 한 층 입혀서 시간을 들여 재움으로써 수분을 끌어내고 맛을 강화시키는 건식 염지 식품일 것이다. 소금 바탕의 염지액은 음식을 보존시킬 뿐만 아니라 질감을 변화시키고 원하지 않는 박테리아와 곰팡이가 생존할 수 없게 만들며, 요리하기 전에 아주 잠깐 절이기만 해도 음식에 큰 변화를 가져온다. 미네랄을 입힌 육류와 생선은 우리의 미각을 간질이고 공상을 일깨운다.

작용하는 방식

소금 보존 기술은 세월이 지나면서 바뀌어 왔지만 그 속에 숨은 과학 원리는 동일하며, 천년 전이나 지금이나 유용하게 쓰인다.

건식 염지의 기본 원리는 식재료 표면에 소금을 문질러서 소금 결정으로 하여금 클로스트리디움 보툴리눔 박테리아를 죽이게 하는 것이다. 이러한 건식 염지는 음식을 부패시키는 박테리아에서 수분을 끌어내서 음식이 상하는 것을 막고, 우리가 원하지 않는 박테리아가 줄어들면서 젖산균처럼 다른 유익한 박테리아가 번성할 수 있게 한다.

소금이 음식과 접촉하면 그 화학적 특성이 날음식에서 독특한 반응을 일으켜서 풍미를 강화시키고, 삼투를 통해 수분을 끌어내서 박테리아의 성장을 억제해 세포를 붕괴시킨다. 삼투는 수분이 천천히 빠져나가는 식품의 표면에서 일어나는 과정이며, 용해된 염분의 일부가 음식의 세포로 다시 침투해서 염지 과정 동안 음식에 간이 배게 한다. 이 덕분에 많은 염지 식품에서는 특유의 톡 쏘는 신맛이 생겨나기도 한다. 훈연과 공기 건조는 건식 염지와 더불어서 보존 과정을 촉진시키고 풍미의 깊이를 더하기 위해 추가 단계로 활용한다.

나는 염지를 할 때 언제나 마그네슘이 많이 함유된 좋은 해염을 사용하는데, 미네랄이 단백질을 탄탄하게 만들어서 완성한 음식에 유쾌하고 단단한 질감을 선사하기 때문이다.

조리 전 염지

나는 팬에 익힐 식재료를 준비할 때 언제나 밑손질 의식의 한 단계로써 염지를 활용한다. 가끔은 수 분에서 때때로 수 시간 정도면 할 수 있는 빠른 염지다. 나에게 염지란 훌륭한 요리의 기초다.

(좌측) 필레를 떠서 염지할 예정인 줄낚시로 잡은 콘월 고등어.

이 과정은 우리가 사용하는 식재료의 질을 향상시키기 때문에 열을 가하기 전부터 이미 제대로 된 길에 들어선 셈이 된다. 예를 들어서 똑같이 버터에 굽더라도 가볍게 염지한 대구 필레 쪽이 갓 사온 축축한 생선살보다 맛있다. 심지어 30~40분 정도만 가볍게 절여도 특히 해산물의 경우에는 큰 차이를 만들어낼 수 있다. 고기 덩어리는 요리하기 전날에 소금을 쳐서 냉장고에 하룻밤 동안 넣어 놓는 쪽이 훨씬 나은 결과물이 나온다.

간단한 염지를 할 때에도 허브와 향신료를 섞으면 좋지만, 사전 염지나 간단 염지의 경우에는 해염만을 이용해도 된다. 식재료에 고르게 덮이도록 가볍게 소금 간을 한 다음에 철망에 얹어서 냉장고에 넣어 주변에 공기가 잘 통하도록 한다. 아래에 키친타월을 깐 트레이를 받쳐서 물방울로 바닥이 지저분해지지 않도록 한다. 염지를 마친 육류나 생선은 물에 씻은 다음 물기를 닦아내기도 하지만 개인적으로 조리하기 전에 물에 닿게 하는 것은 효과적이지 않다고 생각한다. 또 조리 전에 염지할 경우에는 조리 후에 소금 간을 더 할 필요가 없을 수 있다는 점을 고려해야 한다.

조리하기 전에 미리 가볍게 염지를 하는 과정은 풍미를 발달시키고 질감을 개선하는 훌륭한 방법이며, 음식을 보존식으로 만들 정도로 강하지는 않다.

기본 사항

장시간 절여야 하는 염지 효과가 드러나기까지 시간이 필요하다. 비율은 절이는 종류에 따라 달라지지만, 나는 주로 소금과 설탕을 3:1 비율로 섞어서 쓴다. 대체로 육류나 생선 1kg당 염지 혼합물 약 100g 정도가 들어간다.

처음 염지를 할 때는 염지 혼합물을 필요한 것보다 더 넉넉하게 만들어서 밀폐용기에 담고 라벨을 붙여 보관해 둔다. 그러면 일주일간 수 일 간격으로 절이는 중인 재료에 여분의 염지 혼합물을 첨가할 수 있다. 육류는 특정 부위에만 소금물이 고이기 쉽기 때문에 혼합물을 새롭게 교체해주면 염도 및 수화 상태, 그리고 풍미가 전체적으로 일관되게 발달할 수 있도록 만들 수 있다.

나는 언제나 염지용 향신료를 비슷하게 조합해서 사용하고, 가끔 식초나 향기로운 증류주를 첨가해서 특유의

향을 낸다. 염지에 일반적으로 활용하는 주요 향신료는 정향, 검은 통후추, 펜넬 씨, 코리앤더 씨, 머스터드 씨, 고추 등이다. 그 외에도 말린 주니퍼 베리나 팔각, 올스파이스, 시나몬 등을 자주 사용한다. 감귤류 또한 염지에 아주 잘 어울리므로 곱게 간 오렌지나 레몬, 라임 제스트도 좋다. 마지막으로 월계수나 세이지, 로즈메리, 타임 등의 질긴 허브류도 잘 맞는다. 바질이나 고수, 파슬리처럼 축축하고 기름기가 많은 허브만 피하도록 하자.

달콤한 염지액

가끔은 부드러운 염지액이라고 부르기도 한다. 소금과 설탕을 2:1 비율로 섞어서 날카로운 짠맛을 줄여주는 것이 포인트다. 하지만 개인적인 경험상 설탕은 박테리아의 성장을 유발해서 발효를 촉진시킬 수 있기 때문에 장기

(상단) 훈제 해염을 이용해서 염지한 온훈제 오리에 양배추 절임과 볶은 호두, 퀸스를 곁들인 것.

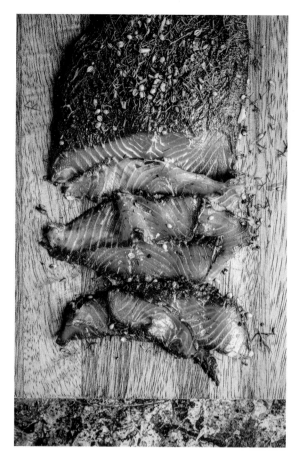

(상단) 코리앤더 씨와 딜에 절인 그라블락스, 화려한 보랏빛과 아릿한 십자화과 풍미를 자랑하는 갈아낸 적양배추.

필요한 도구

집에서 건식 염지를 할 때 딱히 전문가용 도구는 필요하지 않다. 염지할 식재료를 담을 도기, 플라스틱 또는 비반응성 철제 용기를 준비하면 된다. 스테인리스 스틸도 좋지만 오랫동안 사용하다 보면 녹이 슬 수 있다.

장시간 염지를 진행할 때 면포를 활용하면 공기가 잘 통하면서 파리가 앉지 않도록 하는 데에 큰 도움이 되고, 철망에 올려 두면 건식 염지 시에 식재료 아래 소금물이 흥건하게 고이는 것을 막을 수 있다. 대형 용기를 활용하면 냉장고에서도 쉽게 햄이나 큼직한 덩어리 육류를 건식 염지할 수 있다. 염지가 끝나고 나면 조리용 끈과 후크를 이용해서 매달아 보자.

보존 염지액으로 쓰기에는 효과적이지 않다. 24~48시간 절이는 생선 염지액이나 오리 가슴살 온훈제 등 작은 크기의 고기를 절일 때 사용한다.

나는 설탕과 소금에 허브와 향신료를 섞어서 균형을 잡는 북유럽식 염지 방식에 크게 영향을 받아서 딜과 주니퍼, 해조류 등을 섞곤 한다. 대체로 달콤한 염지액을 만들 때는 황설탕을 사용하는 것을 권장하지만 당밀이나 흑당밀, 흑설탕 등을 섞어서 특이하게 만들어보는 것도 좋다. 꿀과 소금도 마늘을 건식 염지하기에 아주 좋은 양념이다.

(상단) 향기로운 향신료와 감귤류 제스트를 넉넉히 가미한 내 건식 염지용 혼합 양념. 오리 콩피나 염지 고등어에 잘 어울린다.

삼겹살을 건식 염지하는 법

베이컨을 만들려면 시간과 사전 계획이 필요하다. 해염과 황설탕으로 삼겹살을 건식 염지하는 데에는 최소 1주일이 걸리기 때문이다. 그러나 일단 익숙해지고 나면 미리 계획을 세워서 여러 덩이를 순차적으로 만들면 된다. 각기 다른 염지 단계를 거치고 있는 삼겹살을 여럿 관리하는 게 좀 귀찮긴 하지만, 수제 염지 베이컨 한 덩어리를 싹 먹어 치웠는데도 다음 베이컨을 맛보기까지 수 주일 이상을 기다릴 필요가 없다면 엄청난 만족감이 느껴질 것이다. 즉 순차적으로 건식 염지를 진행하면 언제나 무언가 맛있는 것이 들어 있는 냉장고를 손에 넣을 수 있다.

분량: 4인분

돼지 삼겹살 1~2kg

◇ **염지 재료**

결정화 해염 600g
황설탕 200g
말린 주니퍼 베리 1작은술
펜넬 씨 1작은술
말린 칠리 플레이크 1작은술
옐로우 머스터드 씨 1작은술
통 흑후추 1작은술
코리앤더 씨 1작은술
스타우트 맥주 600ml(선택)
흑당밀 2큰술(선택)

삼겹살을 키친 타월로 두드려서 물기를 제거한다. 대형 볼에 맥주와 당밀(사용 시)을 제외한 모든 염지 재료를 넣어서 잘 섞는다. 맥주와 당밀을 사용할 경우에는 4일간 염지 과정을 거친 후에 남은 염지 재료와 함께 잘 섞어서 삼겹살에 골고루 바른다.

염지 재료 200g을 삼겹살에 골고루 바르고 남은 염지 재료는 밀폐용기에 담아서 찬장에 보관한다. 삼겹살은 맞는 크기의 뚜껑이 있는 용기에 담아서 냉장고에 넣는다.

2일 후에 키친 타월이나 뻣뻣한 솔로 삼겹살에 묻은 염지 재료를 닦아낸 다음 새로 염지 재료를 200g 덜어서 돼지고기에 골고루 문지른다. 다시 용기에 넣고 뚜껑을 닫아서 냉장고에 넣는다. 같은 과정을 2일마다 반복하면서 바닥에 고인 염지액은 따라낸다. 1주일 후에 염지 재료를 솔로 깨끗하게 씻어낸 다음 삼겹살을 면포로 감싼다. 조리용 끈으로 삼겹살을 묶어서 서늘하고 공기가 잘 통하는 곳 또는 냉장고에 매달아 둔다.

이 과정을 모두 거친 베이컨은 냉훈제하거나 바로 익혀 먹을 수 있다. 썰어서 팬에 구워 보면 수분이 훨씬 덜 빠져나오고 은은하고 먹음직스러운 향신료 냄새가 퍼지는 것을 느끼게 된다. 건식 염지 베이컨은 익혔을 때 훨씬 바사삭해지기도 하므로 캐러멜화되어서 돼지고기의 간칠맛이 가득 찬 베이컨을 맛볼 수 있는데, 일단 먹고 나면 이 염지 베이컨을 사랑하게 될 것이다!

베이컨은 밀폐 용기에 담아서 2주일간 냉장 보관할 수 있다.

소고기 육포 만드는 법

이 레시피는 두 말 할 것 없이 최고다. 내가 정말 사랑하는 말린 고기와 갓 갈아낸 커피를 섞었기 때문이다. 소고기 육포 만들기에 성공하는 비결은 염지를 진행한 다음에 잊지 않고 염지 재료를 완전히 씻어내는 것이다. 소고기 표면에 반짝이는 향신료 결정을 약간 남겨두고 건조시켰다가 나중에 맛을 보고 너무 짜서 후회한 적이 한두 번이 아니다.

염지 재료가 소고기에 깊고 진한 풍미를 가득 채우면서 건조기에 넣기 전에 충분히 수분을 끌어내 주기는 하지만 염지 후에 소금을 그대로 남겨둘 필요는 전혀 없다.

분량: 6인분

말린 야생 타임 1/2작은술
훈제 마늘 가루 1작은술
코리앤더 씨 1작은술
훈제 말린 칠리 플레이크 1작은술
훈제 파프리카 가루 1작은술
백후추 가루 1/2작은술
해염 3큰술
황설탕 1큰술
커피콩 1큰술
지방을 손질하고 얇게 저민 설로인 스테이크
  225g

염지 재료를 만든다. 대형 절구 또는 향신료 전용 그라인더에 타임과 마늘 가루 외 기타 모든 향신료와 소금, 설탕, 커피콩을 넣고 빻는다.

염지 재료에 저민 소고기를 넣고 골고루 버무린 다음 유리 볼이나 트레이에 담아서 냉장고에 2일간 보관한다.

꺼내서 흐르는 찬물에 염지 재료를 완전히 씻어낸 다음 키친 타월로 두드려서 물기를 제거한다.

건조기 또는 최대한 낮은 온도로 예열한(가능하면 팬 기능을 켠) 70℃ 오븐에서 6~8시간 정도 건조시킨다.

완성된 육포는 꺼내서 식힌 다음 밀폐용기에 담아서 서늘한 응달에 3~4주일간 보관할 수 있다.

그라블락스 만드는 법

염지 레퍼토리를 쌓아 나가려면 맛있는 그라블락스 만드는 법을 터득하는 것이 필수다. 나는 생선을 염장할 때 희귀한 식물향 증류주, 강렬한 향신료와 갈아낸 채소 등을 첨가하며 향기로운 허브 풍미를 더하는 것을 즐긴다. 적양배추는 사랑스러운 보라색을, 갈아낸 강황 뿌리는 노란색과 향신료 풍미를, 숯이나 간장은 눈에 확 들어오는 검은 색감을 선사한다. 모험심을 발휘하여 색과 풍미로 실험을 거듭하되 세월이 흘러도 변하지 않는 이유가 있는 특정 레시피가 존재한다는 점은 반드시 기억하자. 그런 의미에서 나는 흙 향기가 감도는 비트와 딜의 아니스 풍미, 달콤쌉쌀한 주니퍼 진의 조합은 유행을 타지 않고 진정한 미식가의 스타일을 드러내는 조리법이라고 생각한다.

분량: 6인분

◇ **그라블락스 재료**

야생 연어 필레 1장(대)
껍질을 벗기고 간 비트 1개 분량(약 115g)
드라이 진 4큰술
곱게 다진 딜 2큰술

◇ **염지 소금 재료**

북극 해염 4큰술
황설탕 2큰술
으깬 말린 주니퍼 베리 2작은술
으깬 코리앤더 씨 2작은술
으깬 검은 후추 1작은술
오렌지 제스트 1개 분량
말린 칠리 플레이크 1/2작은술
캐러웨이 씨 1/2작은술

대형 볼에 모든 염지 소금 재료를 넣고 잘 섞는다. 밀폐용기에 담아서 사용하기 전까지 보관한다.

연어는 껍질을 제거한 다음 염지 소금과 비트 간 것, 진을 골고루 뿌려서 잘 문지른다. 남은 모든 염지 소금으로 연어를 앞뒤로 빈틈없이 잘 덮어서 전체적으로 골고루 잘 붙도록 한다. 용기에 넣고 접시를 하나 얹은 다음 누름돌이나 통조림을 그 위에 올려 염지 소금이 연어에 잘 붙어 있도록 하고 냉장고에 넣는다.

24시간 후에 연어를 뒤집은 다음 다시 누름돌을 얹고 냉장고에 넣어 총 36~48시간 동안 염장한다. 오랫동안 절일수록 질감이 탄탄해지고 생선의 풍미가 강해진다. 나는 개인적으로 가볍게 절인 것을 좋아해서 36시간 후에 연어를 꺼내 염장 소금을 제거한다.

연어를 흐르는 찬물에 헹궈서 남은 소금을 제거한다. 키친 타월로 가볍게 두드려 물기를 제거한 다음 곱게 다진 딜 트레이에 넣고 꼭꼭 눌러서 골고루 묻힌다.

완성된 그라블락스는 아주 얇게 저미서 피클과 함께 크래커에 얹거나 블리니에 올려 먹는다. 스크램블드 에그에 곁들이면 환상적인 브런치가 된다.

그라블락스는 밀폐용기에 담아서 2주일간 냉장 보관할 수 있다. 통째로 보관하다가 먹기 직전에 저며 내는 것이 가장 좋다.

소금 추천:
북극 바다 소금

이 그라블락스의 염장용으로는 결정화 소금인 아이슬란드 소금을 사용한다. 마그네슘이 풍부해서 비트의 맛을 보완하는 단맛을 가미한다. 북유럽의 풍경을 연상시키는 절임 과정과 스토리텔링적으로 어울린다는 부분도 마음에 든다. 레이캬네스 반도의 뜨거운 간헐천수를 93℃까지 가열해서 염수를 예열하고 건조 과정을 독려하는 아이슬란드 소금 생산에서는 오직 지열(地熱) 에너지만을 활용한다. 200년 전으로 거슬러 올라가는 역사를 지녔지만 고도로 현대화되어 탄소가 일절 발생하지 않는 소금 제조 공정이다. 지속 가능한 방법으로 생산한 뛰어난 품질의 제품으로, 이 야생 연어 레시피에 사용하기에 아주 안성맞춤인 소금이다.

염장 대구

대구 염지는 북극에서 뉴펀들랜드, 그리고 포르투갈 해안에서 카리브해 인근에 이르기까지 대서양을 가로지르는 역사 깊은 보존법이다. 1630년대 케이프 코드 주변의 차가운 대서양 해역에서 대구가 엄청나게 잡히면서 무역이 크게 확장되었다. 대서양을 건너 포르투에서 멀리 떨어진 영토에서 어업을 하던 포르투갈 상선에서 약탈과 북부 무역을 위해 염지 생선에 크게 의존하던 바이킹에 이르기까지 다양한 민족이 어업에 뛰어들었다.

북아메리카의 초기 식민지 시대 당시 뉴펀들랜드와 매사추세츠의 해안에는 염지용 건물이 가득했으며, 카리브해 섬의 염장 대구 생산 덕분에 향신료와 담배가 다시 유럽으로 들어올 수 있게 되었다. 염장 대구는 음식의 역사와 인류의 광범위한 이동에 막대한 영향을 미쳤다. 요즘 사람은 염장 대구를 뱃속에서 행진하는 육군이라고 생각하지만, 역사적으로 염장 대구는 소금에 절인 상태로 항해하는 해군이었다.

건식 염지 과정의 결과, 염장 대구는 삼투를 통해 수분을 40~60%까지 잃어버리게 된다. 이런 수분 손실로 배에 실리는 하중이 줄어들고, 박테리아가 침투할 수 없는 환경이 되어서 오랜 항해 중에도 상하지 않는다. 염장 대구는 보관하기 아주 좋고 선상 위나 해안에서도 바로 절일 수 있어 빠르게 운송할 수 있었으며, 일단 소금기를 빼고 나면 당시의 많은 육류나 생선 보존식에 비해 맛 또한 훌륭해서 기분 좋은 보너스 같은 음식이었을 것이다. 이처럼 염장 대구는 일종의 18세기의 캠벨 수프 성공 사례와 같은 최초의 대량 보존 식품 중 하나다.

오늘날 어류를 지속 가능하도록 관리하는 것은 해안에 거주하는 셰프인 나에게 매우 중요한 요소이며, 유럽과 미국에서 대구가 가장 인기 있는 생선 중 하나로 계속 성장하는 현상이 흥미로운 것은 단일 식재료의 역사가 오로지 소금에 의해서 얼마나 명확하게 형성될 수 있는지를 보여주기 때문이다. 냉동 과정이 일반화되기 전에는 생선을 소금에 절이는 것이 장거리 수송에 가장 좋은 방법이었다. 요즘에는 염장 대구가 무역용 상품으로서의 지위를 잃고 말았지만, 그래도 미식 관광객과 인류학자 모두에게 아직 확고한 인기를 누리는 중이다. 개인적으로도 염장 대구를 좋아하기 때문에 집에서 직접 만들어볼 수 있도록 이 소금 공예를 여러분에게 소개한다는 생각만으로도 즐겁다.

건식 염지의 기본 원리는 해산물 요리 솜씨를 갈고 닦는 가장 만족스러운 방식으로, 염장 대구가 세계를 여행할 수 있었고 지금까지 인기를 유지하는 것도 이 덕분이다. 생선을 소금에 절이면 요리한 후에도 풍미가 유지되며 질감이 탄탄해서 팬에 구울 때에도 잘 부서지지 않는다. 요리하기 전에 30분 정도만 가볍게 절여도 필레의 질감이 개선되고, 섬세하고 신선한 생선 풍미를 유지할 수 있다.

대구를 염지하는 법

　내 염장 대구 레시피는 준비 과정에 시간이 좀 걸리지만 노력할 만한 가치가 있는 맛이 난다. 개인적으로 집에서 생선을 염지할 때는 소금에 살짝만 가볍게 절이는 쪽을 선호하는데, 염지한 그 주나 하루 이틀 안에 먹을 경우에는 더더욱 그렇다. 반면 보존용으로 염지(또는 냉장 전 수 일간 보관)할 경우에는 충분한 소금과 시간, 그리고 인내심을 반드시 갖춰야 성공할 수 있다.

분량: 2인분

지속 가능성 인증 대구 필레 2개(총 약 280g)
북극 플레이크 해염 2큰술

　먼저 대구를 염지한다. 대구 필레에 앞뒤로 플레이크 해염을 빈틈없이 얇고 고르게 한 커씩 뿌려 입힌다. 철망에 얹어서 트레이에 담고 공기가 통하도록 덮개를 씌우지 않고 냉장고에 5~7일간 보관해서 염지와 동시에 건조되도록 한다. 이때 트레이 바닥에 키친타월을 한 장 깔아서 수분을 흡수할 수 있도록 한다. 매일 1회씩 생선을 뒤집는다. 만질 때마다 질감이 점점 탄탄해지는 것이 느껴질 것이다.

　5~7일 후에 대구 필레에 남은 소금기를 흐르는 찬물에 씻어낸 다음 볼에 찬물을 받고 대구 필레를 담가서 냉장고에 12~24시간 동안 보관한다. 이때 물을 4~6시간 간격으로 갈면서 소금기를 계속 제거한다. 생선을 작게 잘라 내서 염도가 얼마나 낮아졌는지 확인해 본 다음 여전히 짠맛이 강하면 12~24시간 더 소금기를 제거한다.

　염장 대구가 입맛에 맞는 정도로 소금기가 빠지면 건져 내서 키친타월로 두드려 물기를 제거한 다음 원하는 레시피에 맞춰 조리한다. 바로 사용하지 않을 경우에는 밀폐봉기에 담아서 냉장고에 5일간 보관할 수 있다.

사용한 소금:
북극 소금

대구를 염지하는 데에는 1753년부터 지열 방식으로 생산해 온 북극 소금을 사용했다. 노르뒤 플레이크 해염은 깨끗하고 가벼운 질감에 달콤하고 차가운 결정 특유의 풍미를 지니고 있다. 감귤류 껍질을 담가 양을 낸 사가운 노느카서딤 톡 쏘는 핏에, 아삭인 밀감이 가미되어 고요한 밤에 불꽃을 피우는 듯한 느낌을 준다. 밝은 달빛 아래서 즐기는 듯한 아삭거리는 질감이 매력적이다.

염장 대구 키이브

마늘 허브 버터 필링과 빵가루 튀김옷 덕분에 간을 더 할 필요가 없는 키이브다. 바삭바삭한 황금색 빵가루에 유백색 염장 대구, 향기로운 버터가 조화를 이루는 힐링 푸드라고 할 수 있다. 이 레시피를 변형해서 커리 버터 필링을 넣으면 독특한 키이브도 만들어볼 수 있다.

분량: 2인분

◇ 키이브 재료

손질한 염장 대구 필레(물에 불려서 물기를
　　제거한 것, 79쪽 참조) 2개(총 약 280g)
밀가루 1큰술
잘 푼 달걀 2개 분량
팡코 빵가루 85g
튀김용 식용유

◇ 마늘 허브 버터 재료

부드러운 실온의 무염 버터 85g
으깬 마늘 2쪽 분량
레몬 제스트 1개 분량
곱게 다진 파슬리 1큰술

마늘 버터를 미리 만든다. 볼에 부드러운 버터와 마늘, 레몬 제스트, 파슬리를 넣고 포크로 잘 섞는다. 원통형으로 빚은 다음 유산지로 싸서 단단해질 때까지 냉동실에 넣어둔다. 그러면 나중에 필요한 만큼 쉽게 썰어 쓸 수 있다.

키이브를 만든다. 염장 대구의 가장 두꺼운 부분에 날카로운 칼로 작은 칼집을 넣어서 버터를 넣을 공간을 만든다. 냉동한 버터 조각을 각 대구 필레의 중심으로 조심스럽게 집어넣는다. 생선 필레에 밀가루를 묻힌 다음 달걀물을 묻히고 마지막으로 빵가루를 입힌다. 튀김옷을 두껍게 만들고 싶으면 이 과정을 2~3회 반복한다.

프라이팬에 바닥을 완전히 덮을 만큼 오일을 부은 다음 180℃까지 가열하여 키이브를 넣는다. 가운데의 버터가 녹고 튀김옷은 전체적으로 노릇노릇해지며 내부 온도가 65℃가 될 때까지 앞뒤로 4~5분씩 튀긴다.

간단하게 채소찜을 곁들이고 레몬 즙을 살짝 뿌려서 먹는다.

염장 대구 베녜

고전적인 염장 대구 크로켓에 매콤하고 재미있는 크리올 풍미를 가미한 레시피다. 염장 대구에 실파와 후추, 케이준 향신료를 섞어서 뉴올리언스의 베녜처럼 튀겨낸다. 아직 따뜻할 때 매콤한 고추 소금을 뿌려서 푹 찍어 먹을 수 있는 레드아이 마요를 넉넉히 곁들여 내보자.

분량: 4인분

◇ 염장 대구 베녜 재료

손질한 염장 대구 필레(불려서 닦아 물기를 제거
　　한 것, 79쪽 참조) 225g - 대서양 소금으로
　　염지한 것(다음 장 '사용한 소금' 참조)

먼저 베녜용 염장 대구 필레를 소형 냄비에 넣고 우유와 양파, 월계수 잎을 넣는다. 대구가 쉽게 결대로 찢어지기 시작할 때까지 약한 불로 5~10분간 뭉근하게 익힌다. 체에 걸러서 우유를 단지에 따로 담는다(월계수 잎은 버린다). 생선과 양파, 우유는 그대로 식힌다. 우유는 나중에 베녜 반죽을 하나로 뭉치게 만드는 역할로 쓴다.

대구를 잘게 썬다. 대형 볼에 대구와 양파, 붉은 피망 실파, 밀가루, 베이킹 파우더, 핫 페퍼 소스, 케이준 혼합 향신료를 넣어서 잘 섞는다.

우유(전지유) 225ml

곱게 깍둑 썬 양파 1/2개 분량

월계수 잎 1장

씨를 제거하고 곱게 깍둑 썬 붉은 피망 1/2개 분량

송송 썬 실파 1대 분량

밀가루 115g

베이킹 파우더 1작은술

핫 페퍼 소스 1큰술

케이준 혼합 향신료 1큰술

튀김용 식용유

◇ 레드 아이 마요 재료

마요네즈 2큰술

에스프레소(실온) 2작은술

핫 페퍼 소스 1작은술

레몬 즙(선택) 1작은술

해염과 으깬 흑후추

◇ 수제 핫 페퍼 소금 재료

플레이크 해염 2큰술

황설탕 1큰술

훈제 파프리카 가루 1작은술

말린 타임 1작은술

말린 치폴레 칠리 플레이크 1작은술

메이스 가루 1/2작은술

남겨둔 우유를 약 100ml 정도 천천히 넣으면서 섞는다. 걸쭉한 요구르트 같은 되직한 반죽이 될 때까지 계속 휘젓는다.

베녜 반죽을 냉장고에 넣어서 휴지시키고 그동안 레드 아이 마요와 핫 페퍼 소금을 만든다. 소형 볼에 마요네즈와 에스프레소, 핫 소스를 넣어서 거품기로 잘 섞는다. 맛을 보고 산미가 부족하면 레몬 즙을 첨가해서 간을 맞춘다. 따로 둔다.

핫 페퍼 소금을 만들려면 푸드 프로세서나 향신료 전용 그라인더에 모든 재료를 넣고 곱게 간다. 따로 둔다.

베녜를 익힌다. 속이 깊고 바닥이 묵직한 대형 냄비에 식용유를 3분의 1 정도 차도록 충분히 붓고(또는 튀김기를 사용한다) 중간 불에 올려서 180℃ (또는 작은 빵조각이 30초 만에 노릇노릇해질 때까지)가 될 때까지 가열한다. 베녜 반죽을 숟가락이나 아이스크림 스쿱으로 수북하게 떠서 조심스럽게 뜨거운 오일에 집어넣는다(반죽은 적당량씩 나눠서 튀겨야 한다). 겉이 노릇노릇하고 바삭해질 때까지 3~4분간 튀긴다. 그물국자로 건져서 키친타월에 얹어 여분의 기름기를 제거한 다음 따뜻하게 보관한다. 모든 베녜를 전부 튀길 때까지 같은 과정을 반복한다(다음 반죽을 넣기 전에 오일 온도를 다시 올려야 한다).

베녜에 매운 고추 소금을 고루 뿌리거나 매콤한 소금에 조심스럽게 버무려서 간을 한다. 따뜻할 때 레드 아이 마요를 곁들여서 낸다.

사용한 소금:
대서양 소금

이 레시피에서는 대구를 절일 때 포르투갈 해안의 대서양 소금을 사용했다. 거의 단맛에 가까운 톡 쏘는 가시금작화 향을 품은 큼직하고 옅은 색의 부드러운 플레이크가 생선 표면에서 빠르게 녹아들어 매끈하고 고르게 염지가 되도록 한다.

생선을 건식 염지하는 법

생선 건식 염지는 집에서 해보기 참 좋은 요리 루틴이다. 소금과 설탕, 향신료를 조합해서 염지하면 생선을 훈제할 때 생겨나는 진한 나무 향기를 흡수할 준비가 완료된다. 이 과정을 두 부분으로 나눠서 생각해보자. 생선 건식 염지는 수분을 제거하고 박테리아의 성장을 억제해서 생선을 보존함과 동시에 삼투압을 통해서 풍미를 부여하고 훈제하기 전에 미리 생선에 간을 한다. 그리고 소금과 설탕이 생선에 녹아 들어 서서히 수분 농도가 높은 부분으로 이동하는 과정을 통해 염지액에 녹은 향신료가 일종의 마리네이드 역할을 하며 풍미를 주도한다.

온훈제 고등어

집에서 처음으로 해산물을 건식 염지해 볼 가장 쉽고 빠른 기회는 온훈제 레시피다. 고등어를 온훈제한다는 것은 훈제를 하면서 동시에 익힌다는 뜻이기 때문에 그 전에 가볍게 소금에 절이기만 하면 된다. 반대로 냉훈제를 할 때는 박테리아가 침투하는 것을 막기 위한 장벽을 쌓기 위해서라도 조금 더 오래 염지를 해야 한다.

온훈제는 본질적으로 훈제 칩을 넣은 훈제용 바비큐 그릴에 생선을 천천히 굽는 것이다. 나는 고등어를 훈제할 때는 사과나무나 오크나무 톱밥이나 훈제칩을 주로 사용한다. 생선을 과조리하지 않도록 주의하고, 톱밥이나 훈제 칩은 너무 많이 넣는 것보다 적당히 조절해서 가벼운 연기가 나는 상태로 시작하는 것이 좋다. 주체할 수 없는 모닥불 맛보다는 은은한 나무 훈제 향기가 고등어의 풍미를 훨씬 강화시킨다!

분량: 2인분

고등어 필레(껍질째, 줄낚시 어획) 2장

◇ **염지 재료**
해염 2큰술
황설탕 1큰술
레몬 제스트 1개 분량
매운 홀스래디시 소스 1작은술
으깬 코리앤더 씨 1작은술
옐로우 머스터드 씨 1/2작은술

볼에 모든 염지 재료를 넣고 잘 섞은 다음 고등어 필레에 골고루 문질러 바른다. 얕은 그릇에 고등어를 담고 덮개를 씌우지 않은 채로 냉장고에 넣어서 12~24시간 동안 절인다.

냉장고에서 고등어를 꺼내서 흐르는 찬물에 조심스럽게 씻어 염지 재료를 제거한다. 키친 타월로 두드려서 물기를 제거한다.

고등어를 껍질이 아래로 가도록 철망에 얹고 훈제 칩을 태워서 연기를 피운 180~200℃의 온훈제기나 바비큐 오븐에 넣는다. 고등어가 완전히 익고 훈제 향이 충분히 배어들 때까지 6~7분간 훈제한다. 고등어를 꺼내서 식힌 다음 먹는다.

훈제 고등어 필레는 물냉이 샐러드와 루바브 처트니를 곁들이면 환상적인 조합이 되고 수란, 토스트와 함께 따뜻하게 내도 좋다. 밀폐 용기에 담아서 냉장고에 1~2주일간 보관할 수 있다.

할아버지의 훈제 고등어 파테

  이전에도 우리 할아버지의 훈제 고등어 파테 레시피를 공개한 적이 있었지만 언제나 철저하게 원본에 입각한 내용이었다. 그러나 이번에는 나만의 비법을 가미해서 훌륭한 콘월 풍미를 적용해 바람의 방향을 바꿔버렸다. 내 매콤한 버전에는 카이엔 페퍼 약간으로 매운 맛을, 깃털 같은 딜 잎으로 기분 좋은 산뜻함을 가미했다.

분량: 약 280g, 4인분

식힌 온훈제 고등어 필레 4장
크렘 프레슈 2큰술
레몬 즙 1큰술
홀스래디시 소스 1작은술
다진 딜 1작은술
으깬 흑후추 1/2작은술
카이엔 페퍼 한 꼬집

  온훈제 고등어 필레에서 껍질을 제거한 다음 다른 재료와 함께 볼에 넣고 포크로 굵게 으깨가며 잘 섞는다. 맛을 보고 간을 맞춘다.

  이 파테는 셀러리악 사과 레물라드나 그린 토마토 처트니와 잘 어울리며 크래커를 곁들여도 좋다.

  고등어 파테는 덮개를 씌운 볼이나 밀폐용기에 담아서 냉장고에 7~10일간 보관할 수 있다.

정어리 건식 염지하는 법

콘월에서 필차드라고 부르는 염지한 정어리는 내가 사는 지역 풍경의 상징과도 같다. 근처 해변과 길거리에는 과거 이 기름진 생선을 염지하고 압착했던 곳임을 나타내는 '궁전(palace)'와 '지하실(cellar)' 등의 이름이 붙어 있다. 심지어 해안선 곳곳에는 만에서 정어리 떼가 발견되면 감시원이 인근 어선에게 소리를 질러 알리는 감시용 오두막도 남아 있다.

나에게 정어리를 소금에 절이는 과정은 우리 모두가 쉽게 할 수 있는 시간여행을 떠나는 방법이다. 정어리는 소금을 가볍게 뿌려서 하루 정도만 절이면 먹을 수 있지만 소금 간을 강하게 해서 오랫동안 보관하기도 한다. 나는 정어리를 스튜나 소스에 사용할 경우에는 3~5일간, 그릴에 구울 때는 12~24시간 정도 숙성시키는 편이다. 요리할 때 조금 맛을 더 들이고 싶은 정도라면 45~60분 정도만 절여도 좋다.

분량: 2인분

정어리 필레(껍질째) 12장

◇ 염지 재료
콘월 플레이크 해염 1큰술
황설탕 1작은술
펜넬 씨 1/2작은술
으깬 코리앤더 씨 1/2작은술
말린 칠리 플레이크 1/2작은술

소형 볼에 모든 염지 재료를 넣어서 잘 섞는다.

정어리 필레에 잘 섞은 염지 재료를 골고루 뿌려서 24시간 동안 절이는 것부터 시작한다. 정어리 필레가 망가지지 않도록 염지 재료를 조심스럽게 뿌려서 문질러 묻힌 다음 트레이에 담아서 덮개를 씌우지 않고 냉장고에 넣는다. 절이는 동안 정어리의 색은 조금 짙어지고 살점이 조금 탄탄해질 것이다.

꺼내서 흐르는 찬물에 염지 재료를 씻어낸 다음 키친 타월로 두드려 물기를 제거한다.

염지 정어리는 바비큐 그릴에 굽거나 매콤달콤한 식촛물에 절이면 아주 맛이 좋다.

염지 정어리는 밀폐용기에 담아서 요리하기 전까지 냉장 보관한다. 냉장고에서 1~2주일간 보관할 수 있다.

염지한 콘월 정어리와 토마토 샐러드

요리 중에는 사람이 아니라 장소에서 유래한 것이 있다. 아래 레시피는 콘월의 역사와 오늘날에도 아직 이곳에서 구할 수 있는 양질의 식재료를 기념한다. 마운트베이에 정어리 철이 찾아오면 뉴린 지역의 어선들은 기름진 정어리를 잔뜩 낚아올린다. 콘월에서는 필차드라고 불리는 정어리는 지속가능성을 갖춘 훌륭한 생선이며 그릴 또는 바비큐의 강한 열에서도 잘 버틴다.

분량: 2인분

정어리 그릴 구이 재료
건식 염지한 정어리 필레(껍질째, 84쪽 참조)
   6장
가로로 썬 재래 토마토 2개 분량
올리브 오일 1큰술
으깬 흑후추 한 꼬집, 서빙용 여분
해염 한 꼬집
사워도우 빵 2장

◇ **샐러드 재료**

반으로 썬 방울토마토 12개 분량
물기를 제거한 소금 절임 또는 식초 절임
   케이퍼 1큰술
곱게 깍둑 썬 마늘 1쪽 분량
다진 바질 2큰술
다진 파슬리 1큰술
물냉이 1줌
씨를 제거하고 송송 썬 블랙 또는 그린 올리브
   6개 분량
물기를 제거한 분홍색 양파 피클 1줌
레드 와인 식초 2작은술
올리브 오일 1작은술
소금 한 꼬집

그릴 또는 바비큐 그릴을 강한 불에 예열한다. 염지한 정어리 필레와 토마토를 베이킹 트레이에 넣고 올리브 오일을 두른다. 흑후추와 소금을 뿌려서 간을 한다. 그릴에 얹어서(그릴에는 껍질이 위로 가도록, 바비큐는 껍질이 아래로 가도록 얹는다) 껍질이 그을려 거뭇하게 터질 때까지 3~4분간 굽는다. 중간에 한 번 뒤집되 껍질이 망가지지 않도록 너무 많이 움직이지 않도록 한다.

그동안 사워도우 토스트를 굽고 대형 볼에 샐러드를 만든다. 샐러드는 볼에 토마토와 케이퍼, 마늘, 허브, 물냉이, 올리브, 양파 피클을 넣고 식초와 오일, 소금으로 간을 해서 골고루 버무린다. 기름진 염지 정어리가 음식에 완벽하게 간을 해주므로 오일과 소금은 너무 많이 넣을 필요가 없다.

사워도우 토스트에 그릴에 구운 토마토와 샐러드를 올리고 그 위에 구운 정어리를 얹는다. 이때 반드시 트레이에 고인 생선 기름과 토마토 즙을 두르고 여분의 흑후추와 허브를 뿌려서 마무리해야 한다.

(좌측) 내가 사는 곳의 생선 염지 역사를 기념하기 위해 직접 캔버스에 그린 염장 콘월 정어리.

리코타 커드 염지하는 법

집에서 직접 만든 리코타 치즈로 요리를 할 때면, 소금 공예란 정말이지 음식을 상상하지도 못했던 수준, 그러니까 구름으로 장식된 높이까지 끌어올려준다는 생각을 다시금 하게 된다. 따뜻해진 우유에 소금과 레몬 즙을 넣어서 치즈를 만드는 과정에는 하나의 의식과 같은 마법이 존재한다. 단순히 각 재료의 합인 응고된 우유 이상을 만들어내는 연금술이다. 리코타 혹은 코티지 치즈, 또는 그 어떤 커드라 하더라도 소금을 넣으면 요리적으로 즐거움을 주는 존재로 변신한다.

분량: 리코타 약 100g

우유(전지유) 1L
레몬 즙 25ml
해염 한 꼬집, 커드용 작은 한 꼬집

리코타 치즈를 만들려면 우선 팬에 우유를 붓고 중약 불에 올려서 가열한다. 잘 저으면서 93℃까지 데운 다음, 불에서 내리고 레몬 즙과 소금 한 꼬집을 넣는다.

수 분간 잘 저은 다음 커드와 유청이 분리될 때까지 그대로 둔다. 15~20분 후에 면포를 깐 체에 부어서 노란빛이 도는 유청을 걸러내고 부드러운 커드만 남긴다. 유청은 버린다. 체에 남은 커드에 다시 소금을 작게 한 꼬집 넣어서 간을 한 다음 작은 타공성 틀이나 라메틴에 가볍게 담는다(너무 꾹꾹 눌러 담지 않는다). 덮개를 씌우지 않은 채로 트레이에 담아서 냉장고에 넣고 1~2일간 숙성시킨다. 숙성이 완료되면 필요한 레시피에 사용하거나 밀폐용기에 담아서 냉장고에 5일간 보관할 수 있다.

기타 아이디어

가염 리코타에 트러플 꿀과 구운 사워도우 빵, 펜넬 자몽 샐러드를 곁들이면 환상적인 식사가 된다! 짭짤하고 달콤한 풍미에 씁쓸한 감귤류와 아니스의 조합이 입 안을 황홀하게 만든다.

리코타 카넬로니

리코타 치즈로 요리를 할 때는 맛을 볼 때 특히 균형 감각이 중요하며, 특히 키포인트로 본
인이 가늠한 소금의 양과 냉장고에 넣어 재우는 시간의 길이를 꼽을 수 있다.

근대는 오케스트라의 관악기처럼 금속성의 톡 쏘는 맛과 흙 향기를 더한다. 너트메그와 후
추, 마늘, 샬롯은 현악기인 리코타에 타악기같은 자극을 선사한다. 파스타와 치즈의 교향곡
이다.

분량: 4인분

◇ 카넬로니 재료

가염 버터 50g
밀가루 1큰술
우유(전지유) 300ml
간 파르메잔 치즈 50g
물기를 제거하고 곱게 깍둑 썬 모짜렐라 치즈
    50g
디종 머스터드 1작은술
해염과 갓 간 흑후추 한 꼬집씩 또는 취향껏
    잘 푼 달걀 노른자 1개 분량
리코타(앞 페이지 참조) 200g
마른 카넬로니 12~16개
시판(또는 수제) 토마토 파스타 소스 225g
팡코 빵가루 2큰술
트러플 해염 1/2작은술
곱게 다진 파슬리 1큰술

◇ 무지개 근대 재료

곱게 송송 썬 무지개 근대 잎 6장 분량
곱게 깍둑 썬 샬롯 1개 분량
올리브 오일 1큰술
간 너트메그 1/2작은술
해염과 갓 간 흑후추 한 꼬집씩
레몬 즙 약간

오븐을 180℃로 예열한다.

먼저 무지개 근대를 요리한다. 팬에 올리브 오일을 두르고 근대와 샬롯을
넣은 다음 너트메그와 소금, 후추를 넣고 강한 불에 올려서 부드러워질 때
까지 몇 분간 볶는다. 레몬 즙을 살짝 뿌려서 섞은 다음 불에서 내리고 식
힌다.

카넬로니용 베샤멜 소스를 만든다. 팬에 버터를 넣고 불에 올려서 천천히
녹인 다음 밀가루를 넣어서 잘 섞어 루를 만든다. 계속 휘저으면서 1~2분간
익힌 다음 계속해서 쉬지 않고 휘저으면서 우유를 천천히 부어서 걸쭉하고
매끄러운 상태가 될 때까지 잘 섞는다. 모든 치즈와 머스터드를 넣어서 잘
섞어 녹인 다음 소금과 후추로 간을 맞춘다. 불에서 내린 다음 식히는 동안
잘 푼 달걀 노른자를 넣어서 마저 섞는다.

식은 근대 혼합물을 리코타와 함께 잘 섞는다. 카넬로니 파스타 안에 근대
리코타 혼합물을 재운다. 오븐용 캐서롤 그릇 또는 베이킹 틀 바닥에 토마토
파스타 소스를 붓고 속을 채운 카넬로니 파스타를 그 위에 얹는다. 치즈 소
스를 둘러서 덮은 다음 빵가루를 뿌린다.

오븐에서 위쪽이 노릇해지고 보글보글 끓을 때까지 30~35분간 굽는다.

내기 직전에 트러플 해염으로 간을 해서 향기롭게 만든 다음 다진 파슬리
로 장식한다. 쓴맛이 도는 아삭한 샐러드 또는 마늘빵을 곁들이면 좋다.

보타르가 대합 파스타

숙련된 셰프에게 보타르가란 파르메산 치즈나 안초비와 마찬가지로 예술가의 붓과 물감과 같은 존재다. 타고난 짠맛은 가벼운 손길로 요리 전체의 풍미를 하나로 모아 깊이와 관점을 더할 수 있는 도구다.

염지한 생선알, 즉 어란인 보타르가는 일반적으로 시칠리아산 참다랑어나 사르디니아산 회색 숭어의 알로 만들며 내가 생각하기에는 지중해 최고의 숨겨진 맛의 비밀이다.

분량: 2인분

결정화 해염 수북한 1큰술
곱게 깍둑 썬 샬롯 1개 분량
곱게 깍둑 썬 마늘 2쪽 분량
물기를 제거한 소금 절임 또는 식초 절임
　　케이퍼 1큰술
올리브 오일 2큰술, 파스타와 마무리용 여분
생 파파르델레 파스타 350g
잘 씻은 생 대합(껍데기째, 탁 두들겨서
　　입을 닫지 않는 것은 버린다) 500g
송송 썬 아스파라거스 4대 분량
화이트 와인 적당량
건져서 송송 썬 레몬 소금 절임
　　(92쪽 참조) 450g
다진 이탈리언 파슬리 2큰술
결정화 해염과 으깬 흑후추
서빙용 간 보타르가 2큰술

대형 냄비에 물을 붓고 계량한 결정화 해염으로 간을 한 다음 파스타를 위해 한소끔 끓인다.

그동안 대형 팬에 계량한 올리브 오일을 넣고 샬롯과 마늘, 케이플을 넣어 중간 불에 2~3분간 익힌다.

끓는 물에 파스타를 넣고 딱 부드러워질 때까지 3~4분간 삶은 다음 건져서 소량의 올리브 오일을 두르고 버무린다.

파스타를 삶는 동안 팬에 대합과 아스파라거스를 넣고 화이트 와인을 붓는다. 뚜껑을 닫고 모든 대합이 입을 벌릴 때까지 강한 불에 3~4분간 찐다(뚜껑을 열고 입을 벌리지 않은 조개는 버린다).

레몬 절임과 파슬리를 넣는다. 골고루 잘 섞은 다음 소금을 작게 한 꼬집 넣고 흑후추를 뿌린다. 나중에 어란으로 충분히 간이 되기 때문에 소금 간은 적당히 해야 한다.

삶은 파스타를 건져서 팬에 넣고 조심스럽게 골고루 섞되 필요하면 올리브 오일을 조금 추가한다.

불에서 내리고 보타르가를 아주 넉넉히 갈아서 뿌려 낸다.

만들어 보기

구운 치아바타에 보타르가를 갈아서 뿌리고 올리브 오일과 레몬 즙을 두르거나 저며서 스테이크 타르타르에 넣어보자. 비트 피클과 펌퍼니클에도 잘 어울린다.

달걀 노른자 염지하는 법

자연 방목한 달걀 노른자는 놀라운 금속성 맛과 감칠맛, 허브 향, 조용히 두드러지는 풍미가 가득해서 딱히 특별한 것을 하지 않아도 요리의 주인공 자리를 차지한다. 하지만 구운 사워도우 토스트에 완벽하게 만든 수란을 올리고 햇살처럼 노란 노른자에 해염을 한 꼬집 뿌리면 생동감이 제대로 살아나는 맛을 느낄 수 있다. 소금만 살짝 가미해도 진한 달걀의 풍미가 고급스러움의 경지에 다다르게 된다.

나는 지난 수 년간 달걀 노른자를 절여 봤는데, 소금이 노른자에 풍미를 더하는 것은 물론 질감을 근본적으로 변화시키면서 완전히 새로운 독특하고 다재다능한 재료를 만들어내는 과정을 매우 좋아한다.

염지한 달걀 노른자를 갈아서 뜨거운 파스타나 리소토에 넣거나 시저 샐러드에 안초비 대신 양념하는 용도로 사용해 보자. 얇게 저며서 비트 피클, 캐러웨이 씨와 함께 토스트에 올리면 놀랍도록 맛있는 브런치가 완성된다.

분량: 달걀 노른자 6개

해염(으깬 흑후추를 섞은 것 권장) 125g
설탕 40g
자연 방목 달걀 노른자 6개 분량

달걀 노른자를 절이려면 우선 소형 유리 트레이에 소금과 설탕을 넣어서 잘 섞는다. 달걀 하나(껍질째)를 이용해서 염지용 소금의 표면을 꾹꾹 눌러 여섯 군데를 우묵하게 판 다음 그 우묵한 곳에 달걀 노른자를 조심스럽게 하나씩 넣는다. 주변의 남은 염지용 소금을 노른자 위에 솔솔 뿌려서 덮은 다음 덮개를 씌워서 냉장고에 넣는다. 5~7일 정도 절인다. 고른 질감이 될 수 있도록 며칠에 한 번씩 뒤집어준다. 달걀 노른자가 경화되면서 천천히 수분이 빠져나와 주변의 소금에 흡수되고, 노른자는 순식간에 조금 끈적거리면서도 만지면 단단한 상태가 된다.

노른자 절임이 완성되면 조리용 솔로 여분의 소금을 부드럽게 털어낸다. 절인 노른자는 밀폐용기에 담아서 냉장고에 2~3주일간 보관할 수 있다. 염지 달걀 카르보나라 레시피(91쪽 참조)에 바로 사용할 경우에는 소형 트레이에 절인 노른자를 담고 덮개를 씌우지 않은 채로 냉동실에 30분간 얼리면 완성한 파스타 위에 쉽게 갈아 올릴 수 있다.

염지 달걀 카르보나라

미리 준비하는 데에는 시간이 조금 걸리지만 막상 요리하는 데에는 수 분 밖에 걸리지 않는 카르보나라 레시피다. 모두가 정말 기뻐하는 음식으로, 절대 후추를 아껴서는 안 된다. 내 인생 최고의 카르보나라를 맛본 곳은 그림처럼 아름다운 로마의 트라스테베레였다. 의무적으로 에스프레소 바에 들러 길을 물어보곤 하며 가이드북의 지도를 따라 아주 긴 산책을 한 후 우리는 분주한 거리와 활기찬 레스토랑 풍경으로 가득한 마법 같은 로마 지구에 도착했다. 멋진 광장의 가장자리 인근에서 식사를 할 만한 곳을 찾아내서 지금까지 본 중 가장 많은 후추가 들어간 카르보나라를 주문했다. 간이란 어떻게 해야 하는 것인가에 대한 계시와 같은 음식이다. 짭짤한 판체타와 파르메잔 치즈가 후추와 어우러져 완벽한 균형을 이룬다.

분량: 2인분

말린 리가토니 파스타 250g
깍둑 썬 판체타 6장 분량
곱게 저민 마늘 2쪽 분량
올리브 오일 1작은술
달걀 노른자 2개 분량
곱게 간 파르메잔 치즈 55g
으깬 흑후추 1~2작은술
염지해서 곱게 간 달걀 노른자(89쪽 참조)
  1개 분량
해염

전통 카르보나라를 만들려면 우선 대형 냄비에 소금 간을 넉넉하게 한 물을 한소끔 끓인다. 파스타를 넣고 포장지의 안내에 따라 알 덴테가 될 때까지 삶는다.

약 5분 혹은 파스타가 필요한 만큼 익기 전에 다른 팬에 올리브 오일을 두르고 판체타와 마늘을 넣어서 판체타가 캐러맬화되기 시작할 때까지 중강불에 5~6분간 볶는다. 볼에 달걀 노른자와 파르메잔 치즈를 넣고 잘 섞어서 팬에 붓는다. 즉시 팬을 불에서 내리고 재빠르게 노른자를 굳지 않도록 잘 휘저어서 소스를 만든다. 파스타 삶은 물을 한 국자 부어서 계속 잘 휘젓는다. 다시 파스타 삶은 물을 한 국자 정도 천천히 부으면서 계속 휘저어서 진하고 벨벳 같은 질감이 카르보나라 소스를 만든다.

그물 국자로 삶은 파스타를 건져서 팬에 넣고 으깬 흑후추로 간을 한다. 절인 달걀 노른자를 갈아서 맛있는 금색 양념처럼 넉넉히 올린 상태로 낸다.

만들어 보기

염지 달걀 노른자가 마음에 든다면 달걀을 삶은 다음 껍질에 가볍게 금이 가도록 두드려서 간장이나 미소에 재워 아름다운 대리석 무늬를 갖춘 감칠맛 가득한 절인 달걀을 만들어 보자. 새콤달콤한 식초 절임액에 비트를 가미해서 화사한 분홍빛을 띠는 절인 달걀을 만들어 보는 것도 매우 재미있을 것이다.

레몬 소금절임 만드는 법

솔직하게 고백하건대 나는 소금절임에 관해서는 약간 정신이 이상한 사람이 된다. 나에게 있어서 레몬 소금절임이란 마치 병에 담긴 햇살과 같다. 복합적인 풍미가 완벽하게 조화를 이루며 해산물 요리에서 바비큐 치킨, 맛있는 타불리와 멋진 리소토에 이르기까지 내 요리를 많이 향상시켜 준다. 내 레몬 소금절임 레시피는 훈제 해염과 장미 꽃잎, 카다멈을 가미해서 정원 안개 속을 떠도는 자욱한 바비큐 연기와 향기로운 향신료, 활짝 핀 꽃이라는 내가 좋아하는 여름의 모습을 포착한 작품이다.

분량: 1L들이 병 1개

무왁스 레몬 8개
훈제 해염(아래의 '소금광' 참조) 150g
으깬 그린 카다멈 깍지 6~8개
말린 장미 꽃잎 1/2작은술
말린 훈제 칠리 플레이크 1/2작은술

레몬 소금절임을 만들려면 우선 1L들이 대형 유리병(뚜껑이 있는)을 살균하는 것부터 시작한다. 오븐을 150℃로 예열한다. 병과 뚜껑을 깨끗하게 씻은 다음 오븐 선반에 얹어서 15분간 가열한다. 꺼내서 식힌다.

레몬을 길게 4등분해서 도마에 얹는다. 소형 볼에 훈제 해염, 카다멈 깍지, 장미 꽃잎, 칠리 플레이크를 넣어서 잘 섞는다. 4등분한 레몬에 양념 소금을 골고루 뿌린 다음 양념 소금을 작게 한 줌 쥐어서 레몬의 단면에 문질러 바른다.

소독한 병에 레몬을 한 층씩 깔고 남은 양념 소금을 조금씩 더 뿌리기를 반복한다. 모든 레몬 소금 절임을 담아서 꾹꾹 누른 다음 뚜껑을 단단하게 밀폐한다. 레몬은 밀폐 용기에서 절임액에 푹 담근 채로 서늘한 응달에 2~3개월 동안 보관하며 절인다. 가끔 병을 골고루 뒤집어준다.

완성되면 레몬 소금절임을 꺼내서 물기를 제거하고 원하는 요리에 사용한다. 개봉 후에는 병을 냉장 보관하면서 1개월 안에 소비해야 한다.

소금광

냉훈제 해염은 레몬 소금절임에 나무 향과 감칠맛을 선사한다. 이 레시피에서는 벚나무와 사과나무, 녹색 참나무로 48시간 동안 훈제한 콘월산 해염을 사용했다. 향이 너무 압도적이지 않고 섬세해서 레몬을 가리지 않으면서 복합적인 풍미를 더한다.

민트 완두콩 리소토

이 리소토는 아내가 만들어준 식사에서 영감을 받아서 개발해 우리 결혼식에도 내놓았던 메뉴다. 터메릭을 넣은 것은 처음인데, 레몬의 은은한 훈제 향과 잘 어울린다. 독자 여러분도 맛있게 즐길 수 있기를 바란다.

분량: 2인분

곱게 깍둑 썬 샬롯 1/2개 분량

훈제 버터(219쪽 참조) 55g 또는 올리브 오일
   2큰술

마늘 퓌레 1작은술

리소토용 쌀 150g

터메릭 가루 1/2작은술

화이트 와인 약간

뜨거운 채수 500㎖

생 완두콩 또는 냉동 완두콩 85g

다진 민트 1큰술, 장식용 여분

물기를 제거하고 곱게 송송 썬 레몬 소금절임
   (92쪽 참조) 4조각 분량

연질 염소 치즈 1큰술

훈제 해염(212쪽 참조) 한 꼬집

으깬 흑후추 한 꼬집

해염

리소토는 우선 일반적인 방법대로 만들기 시작한다. 냄비에 훈제 버터나 올리브 오일을 두르고 샬롯을 넣어서 중간 불에 천천히 볶기 시작한다. 마늘 퓌레와 쌀, 터메릭을 넣는다. 1~2분간 볶은 다음 와인을 부어서 바닥에 달라붙은 파편을 긁어낸 후 와인을 2~3분간 졸인다. 뜨거운 채수를 한 국자 붓고 쌀이 모두 흡수할 때까지 주기적으로 휘저으면서 익힌다. 같은 방식으로 나머지 채수를 천천히 전부 넣어가며 약한 불에서 약 15~20분간 익힌다.

그동안 신선한 완두콩은 다른 소형 팬에 소금 간을 한 물을 한소끔 끓여서 넣고 1~2분간 데친 다음 얼음물을 담은 볼에 넣어서 식히고 물기를 제거한다. 냉동 완두콩은 따로 데칠 필요가 없다.

완두콩과 민트, 레몬 소금절임, 연질 치즈를 넣어서 잘 섞어 리소토를 완성한다. 다시 한소끔 끓인 다음 쌀이 살짝 고소한 질감으로 잘 익었는지 확인한다. 훈제 소금과 흑후추로 간을 하고 여분의 민트를 뿌려 장식한다.

Chapter 10

습식 염지

음식에 간을 하는 것은 여기저기에 한 꼬집씩 결정화 소금이나 플레이크 소금을 뿌리는 건조한 방식으로 할 수도 있지만, 소금물 등의 염지액을 만들어서 담글 수도 있다. 건식 염지는 소금의 삼투압만을 활용하지만 습식 염지는 확산의 힘에 더 의존한다. 확산은 균형 상태에 도달할 때까지 용액 내에서 염분이 고농도 영역에서 저농도 영역으로 이동하는 현상을 뜻한다. 오이를 썰어서 소금을 뿌려 보면 육안으로 쉽게 삼투압 현상을 관찰할 수 있다. 수 분후면 오이에서 수분이 빠져나오면서 표면에 반짝이는 물방울이 고이는 것을 볼 수 있다. 확산은 육안으로 볼 수는 없지만 분명 기적과 같은 현상이다.

습식 염지는 마리네이드 과정과 비슷하지만 산 없이 작동한다는 점이 다르다. 육류나 생선, 채소를 농도가 진한 염지액에 담그면 삼투압을 통해서 음식에서 수분이 빠져나와 보존된다. 그와 동시에 염지액 내의 염분과 허브, 향신료가 확산을 통해 음식에 침투해서 짭짤한 짙은 풍미를 불어넣고, 염지액의 액체가 탈수를 방지해서 육류를 버터처럼 부드러운 질감에 촉촉하고 육즙이 넘치게 만들어준다.

작용하는 원리

염지액에 용해된 소금은 식재료에 내부에서부터 간을 하는 능력이 있다. 식재료를 염지액에 완전히 푹 담그면 음식 보존은 물론 단순히 간만 하기에도 완벽한 혐기성 환경이 조성된다. 첫째, 염지액에 용해된 소금이 삼투압을 통해 존재할 수도 있는 미생물로부터 수분을 끌어내어 죽일 뿐만 아니라(건식 염지 과정과 동일) 둘째, 산소가 부족한 환경 덕분에 음식의 산화 및 변색이 방지된다.

건식 염지를 활용해서 세포로부터 수분을 끌어내면 풍미를 농축시킬 수 있지만 동시에 음식이 건조해진다. 그러나 습식 염지를 할 경우에는 단순히 음식이 건조해지지 않는 것 이상의 장점이 생긴다. 소금이 물에 용해되면서 전해질, 즉 이온이 큼직한 고기 덩어리나 (자르지 않은) 닭 한 마리라 하더라도 육류의 세포막 안으로 더 깊이 침투할 수 있다. 이 확산 과정은 일부 영역은 소금 간이 배고 다른 곳은 그렇지 않게 되는 불균등한 염지 현상을 방지한다. 나는 염지액에 염도에 대한 균형추 삼아 설탕을

항상 첨가하는데 이 또한 맛과 음식 보존을 모두 돕는 유익한 박테리아인 젖산균의 발달을 촉진한다. 달콤한 염지액은 요리하기 4~5일 전에 채소를 통째로 넣고 절이면서 발효시키기에도 이상적인 도구다.

확산

확산은 음식을 부드럽게 만들면서 동시에 촉촉하게 유지하기 때문에 배워 둘 만한 가치가 있는 소금 기술이지만, 소금은 확산 속도가 느리다. 염분이 고농도 영역에서 비교적 덜 짠 환경으로 이동하는 확산 현상은 세포를 통과해야 하기 때문에 삼투보다 느린 과정이다. 결과적으로는 소금이 고르게 분포되어서 식재료의 안에서부터 간이 배게 되므로 염분이 큼직한 식재료의 가운데 부분까지 파고들 시간을 충분히 주자.

또한 확산은 실온에서 더 잘 이루어진다. 음식을 요리하기 한 시간쯤 전에 냉장고에서 꺼내는 습관을 들이되, 염지액에 계속 담가 두어서 육류나 식재료가 이완되는 동시에 확산 효과를 볼 여유를 주자. 확산 중에 염분이 고농도 영역에서 저농도 영역으로 이동하면 전체적으로 고른 염도가 되는데, 이는 즉 식재료가 안팎으로 고르게 간이 되었다는 뜻이다.

염지액의 저력

나는 정화한 바닷물이 요리의 미래일 것으로 예측한다. 이탈리아인은 파스타 삶는 물의 염도를 거의 3.5%로 고수하고, 나는 바닷물로 맛있는 음식을 요리한다. 최고의 천연 염지액이다. 다만 바닷물이 깨끗하고 안전하다고 완벽하게 확신할 수 없다면 바닷물로 주기적으로 요리를 하는 것은 권장하지 않는다.

촉촉한 수분 유지

소금은 세포의 수분을 유지하는 놀라운 능력이 있어서 요리하는 동안 음식이 마르는 것을 방지한다. 약 70%가 수분인 육류와 같은 재료의 경우에는 조심하지 않으면 조리하는 동안 단백질 내의 수분이 30%까지 손실될 수 있다.

하지만 습식 염지에 들어가는 소금은 그와 동시에 세포의 수분 보유 능력을 증가시켜서 조리할 때 식재료 내의 수분이 빠져나가지 않고 유지되도록 한다. 이것이 우리 신체가 나트륨에 의존하는 원인이자 운동하거나 땀을 흘릴 때 수분 상태를 유지하는 것이 중요한 이유다. 통째로 염지한 닭고기 등을 요리하면 염지액에 용해된 소금 이온이 확산 현상을 통해 닭 속까지 파고드는데, 근육 섬유 내의 수분을 더욱 단단하게 묶어 두어 보통 열을 가하면 수축되면서 짜내지는 수분이 방출되지 않도록 만든다. 또한 소금은 열을 부드럽게 전달해서 전체적으로 균일한 질감이 되도록 한다.

농축한 염지액의 소금은 육류의 질긴 단백질을 녹이는 것도 도와서 육즙이 많고 부드럽게 만들어 먹기에 촉촉하고 연한 상태가 되게 한다. 그러나 진하게 농축한 염지액에 24시간 이상 절이면 세포가 유지할 수 있는 것 이상의 소금과 수분이 파고들면서 다시 균형을 유지하기 위해 식재료 내의 수분이 짠 소금물 용액으로 빠져나오기 시작한다. 그러면 수분이 너무 많이 빠져나와서 간이 잘 된 촉촉한 요리가 아니라 짜고 퍼석한 음식이 되어버릴 위험이 있다.

(맞은편) 버터밀크 프라이드 치킨을 만드는 과정(104쪽 참조)

습식 염지 노하우

염지를 하는 동안 염지액과 육류를 밀봉하려면 비반응성 용기가 필요하다. 가장 구하기 쉬운 것은 대형 염지용 봉지일 것이다. 염지용 봉지는 크기가 큰 식재료를 다룰 때 유용하게 쓸 수 있는 물건이다. 트레이에 담기 좋아서 냉장고에 넣어 염지하기 아주 간편한, 재사용이 가능한 식품용 폴리에틸렌 봉지다. 아주 큰 육류 덩어리나 통생선을 염지할 때는 아이스박스나 대야, 심지어 플라스틱 통 등을 사용해야 할 수도 있다(냉장고에 들어가지 않으면 염지액에 물 대신 얼음을 넣는다). 식재료는 항상 염지액에 푹 잠긴 상태로 5℃ 이하에 보관해야 하므로 온도계로 온도를 계속 확인하면서 주기적으로 얼음을 보충해준다. 염지한 식재료는 요리하기 1시간 전에 냉장고에서 꺼내(염지액에 담근 채로) 실온으로 되돌린다.

염지액은 재사용해서는 안 되며, 언제나 염도가 최소 4%는 되어야 한다. 그러나 8%가 넘어가면 육류가 오히려 맛이 없어질 수 있다. 큼직한 고기를 염지할 때에는 염지액을 매일 갈아주도록 한다.

염지액의 농도를 측정하는 기술적인 방법은 막대가 달린 부유물로 구성된 염도계를 사용하는 것이다. 막대가 염지액에 둥둥 뜨는 위치를 이용해서 염도를 측정한다.

염지한 식재료의 짠맛을 줄이려면 습식 염지를 끝낸 후 맑은 새 물에 1시간 동안 담갔다가 요리에 사용한다.

염지 소고기 만드는 법

내 레시피는 환상적인 파스트라미 샌드위치에 사용하는 유대교식 염지 소고기와 아일랜드 식 콘비프를 섞은 것으로, 이 두 요리는 출발점이 상당히 비슷하다. 나는 낮은 온도에서 천천 히 구워 건강하게 완성되어서 차갑게 샌드위치에 넣어도, 따뜻하게 채소를 곁들여 메인 식사 로 먹어도 맛있는 소고기의 은은한 향신료 풍미를 좋아한다. 소금물에 염지한 다음 건진 염 지 소고기를 스타우트 맥주, 양파와 함께 익혀서 쾌락적으로 만들거나 히코리 나무 칩으로 바비큐에서 훈제하여 파스트라미를 만들어보자.

양지머리 요리 특유의 상징적인 분홍색은 언제나 특정한 염지의 결과물이다. 나는 질산염 때문에 염지에 핑크 소금을 거의 사용하지 않지만, 대부분의 정육점과 샤퀴테리 업체에서는 아직도 즐겨 사용하는 소금이기 때문에 레시피에서 어떻게 활용하는지 보여주고자 한다. 건 식 또는 습식 염지에 천일염만 사용하면 육류가 회색으로 변할 수 있는데, 이때 핑크 소금을 사용하면 고기의 분홍색이 유지된다. 질산염을 과다 섭취하면 건강에 좋지 않을 위험이 있어 서 나는 피하는 편이지만, 선택은 여러분의 몫이다.

분량: 8인분

프라하 파우더 #1 25g

소고기 양지머리 2~4kg

로즈메리 2줄기

월계수 잎 2줄기

타임 2줄기

팔각 4개

통 흑후추와 백후추, 녹색 후추 1작은술씩

코리앤더 씨 1작은술

옐로우 머스터드 씨 1작은술

캐러웨이 씨 1작은술

말린 칠리 플레이크 1작은술

대형 플라스틱 용기에 핑크색 염지용 소금(프라하 파우더 #1)과 물 3L를 붓고 잘 저어 녹인다(또는 다른 용기를 사용해도 좋다. 102쪽의 습식 염지 기타 아이디어 참조). 양지머리를 염지액에 푹 잠기듯이 넣고 허브와 향신료 를 넣는다. 덮개를 씌운 다음 5℃ 이하의 냉장고에 넣는다.

5~7일간 하루에 한 번씩 양지머리를 뒤집어가며 염지한다.

염지액에서 양지머리를 꺼낸 다음 키친 타월로 두드려 물기를 제거한다. 염지액과 향신료는 버린다.

염지한 양지머리를 익힌다. 오븐을 150℃로 예열한다. 대형 로스팅 트레 이에 염지한 양지머리를 넣고 물 1L를 부은 다음 쿠킹 포일로 단단히 감싼 다. 작은 양지머리는 6시간, 큰 양지머리는 8시간 동안 천천히 익힌다.

포일을 씌운 채로 15~20분간 휴지한 다음 저며서 따뜻하게 혹은 차갑게 낸다. 호밀빵과 머스터드, 스위스 치즈, 사우어크라우트를 곁들여 먹는다.

차갑게 식힌 염지 소고기는 밀폐용기에 담아서 냉장고에 10일간 보관할 수 있으며, 먹기 전에 저며서 낸다.

사과주 염지 닭고기 구이

육즙이 많고 달콤하며 은은하게 간이 밴 염지 닭고기는 경이로운 가정식이다. 나는 닭고기 염지를 정말 좋아하는데, 요리할 때 훌륭한 결과물을 보장하는 데다 사전 양념을 이해하기 위한 핵심 부분이기 때문이다. 미리 염지를 하면 닭고기가 익은 후에도 촉촉한 상태를 유지하고 풍미를 가득 흡수할 수 있다. 일반적으로 염지액에는 7%의 규칙을 적용한다. 즉 물 1L마다 소금을 70g 넣는다. 칠면조나 통닭 한 마리, 돼지고기 덩이 같은 큰 식재료의 경우에는 염도를 5%까지 줄일 수 있다. 이 책에 실린 사과주 염지 닭고기와 버터밀크 닭날개(104쪽 참조) 중 어느 것이 제일 마음에 드는지 구분하기 힘들 정도다. 둘 다 만들어서 본인의 취향을 파악해보자.

분량: 6인분

구이용으로 내장 등을 모두 손질한 자연 방목
　　닭 2kg(1마리)

◇ **5% 염지액 재료**

결정화 소금 125g

설탕 70g

드라이 사과주 500ml

생강 1톨

마늘(통) 4톨

로즈메리 4줄기

타임 4줄기

말린 주니퍼 베리 4알

가볍게 으깬 그린 카다멈 깍지 2개

3등분하거나 두들겨 으깬 레몬그라스 2줄기

옐로우 머스터드 씨 1작은술

말린 녹색 통후추 1작은술

통 흑후추 1작은술

코리앤더 씨 1작은술

◇ **로스트 재료**

레몬 1/2개

염지한 닭(위쪽 참조) 1마리

굵게 다진 적양파 1개 분량

송송 썬 초리소 소시지 4개 분량

잘게 썬 샹트네이 당근(짧고 굵은 모양이
　　특징인 재래종 당근 —옮긴이) 6개 분량

체에 밭친 염지액의 허브와 향신료(상단 참조)

올리브 오일 2큰술

대형 그릇에 물 4.5L와 소금, 설탕을 넣고 잘 저어서 녹인다. 사과주와 허브, 향신료를 넣는다.

대형 염지용 봉지(98쪽 참조)에 염지액과 닭을 넣어서 닭이 염지액에 푹 잠기도록 한다. 봉지를 밀봉해서 냉장고에 넣어 5℃ 이하로 재운다. 24시간 동안 염지한 다음 닭을 뒤집는다. 24시간 더 염지한다.

오븐을 180℃로 예열한다.

체를 밭치고 염지액을 따라내서 물만 버리고 향신료는 로스트용으로 모두 건진다. 닭 뱃속에 반으로 자른 레몬을 넣고 로스팅 팬에 양파와 초리소, 당근을 깔아 그 위에 닭을 올린다. 염지액에 썼던 허브와 향신료를 절반 분량만 골고루 뿌린다(나머지는 버린다). 오일을 두르고 오븐에서 닭이 완전히 익어서 내부 온도가 73℃가 될 때까지 45분간 굽는다. 썰기 전에 쿠킹 포일을 씌우고 15분간 휴지한다.

닭을 휴지하는 동안 간단 치미추리 소스를 만든다. 푸드 프로세서에 모든 치미추리 재료를 넣고 곱게 갈아서 소금과 후추로 간을 맞춘다.

닭고기에 구운 고구마 튀김이나 웨지, 같이 구운 재소와 초리소를 곁들인 다음 치미추리를 골고루 둘러서 낸다.

◇ **치미추리 재료**

민트 1단(대)

파슬리 1단(대)

올리브 오일 4큰술

레드 와인 식초 2큰술

껍질을 벗긴 마늘 4쪽

씨를 제거하고 깍둑 썬 빨강 피망 1/2개 분량

씨를 제거하고 곱게 다진 홍고추 1개 분량

쿠민 씨 1/2작은술

해염과 으깬 흑후추

버터밀크 프라이드 치킨

염지액은 대부분 물에 소금을 녹여서 만들지만 버터밀크를 사용하면 닭고기에 더없이 환상
적으로 크리미하고 톡 쏘면서 최고로 촉촉한 풍미를 구현할 수 있다. 꿈처럼 맛있는 레시피
이자 닭 날개를 익히는 최고의 방법이다.

분량: 8인분

자연 방목 닭날개 1kg
버터밀크 500ml
훈연 해염(212쪽 참조) 55g
해염과 갓 간 흑후추를 한 꼬집씩 넣어
　간을 한 밀가루 4큰술
튀김용 식용유 1L

◇ **혼합 향신료 재료**

파프리카 가루 1큰술
마늘 가루 1작은술
양파 가루 1작은술
마일드 칠리 파우더 1작은술
말린 세이지 1작은술
말린 타임 1작은술
백후추 가루 1작은술
말린 칠리 플레이크 1/2작은술

소형 볼에 모든 혼합 향신료 재료를 넣어서 잘 섞는다. 미리 만들어 두거
나 대용량으로 만들 경우에는 밀폐용기에 담는다. 찬장에서 2~3개월간 보
관할 수 있다.

나는 주로 대형 볼에 닭날개와 버터밀크, 훈제 소금, 혼합 향신료 2큰술을
넣고 골고루 버무린다. 덮개를 씌우고 염지한 상태로 5℃ 이하의 냉장고에
12~24시간 보관해서 연육 효과가 나타나도록 한다.

다음날 닭날개를 버터밀크에서 건지고 염지액은 버린다. 간을 한 밀가루와
나머지 혼합 향신료를 트레이에 넣고 골고루 섞은 다음 닭날개를 넣어서 튀
김옷을 입힌다.

바닥이 묵직하고 속이 깊은 대형 냄비에 오일을 넣고 중간 불에 올려서
180℃(또는 작은 빵조각을 넣어서 30초 안에 노릇해질 정도)로 가열한 다음
닭날개를 적당량씩 넣고 잘 익어서 겉은 노릇하고 바삭바삭하며 속은 촉촉
해질 정도로 8~10분간 튀긴다. 건져 내고 다음 닭날개를 넣기 전에 다시 오
일의 온도를 체크한다.

그물국자로 닭날개를 건져서 종이 타월에 얹어 여분의 기름기를 제거한다.
간이 딱 적당하게 된 프라이드 치킨으로 뜨거울 때 슬로와 핫소스를 곁들여
내면 좋다.

(우측) 훈제 해염과 로즈메리 꽃으로 양념한 버터밀크 프라이드 치킨

햄을 염지하는 법

햄을 직접 염지하는 것은 스트로브리지 가문의 든든한 명절 전통이다. 나에게는 크리스마스 아침에 정향을 박은 햄을 먹는 순간이 연말의 가장 큰 하이라이트다. 사실 나는 수 년에 걸쳐서 천천히 일년 내내 자연스럽게 햄을 만드는 습관을 들여 왔는데, 언제나 비슷한 편안함과 더불어 단순한 사물에 대한 감사를 느끼고 싶었기 때문이다. 나에게 있어서 햄 만들기란 본능적으로 계절의 밀물과 썰물을 포착하고 파도의 고저를 따라가면서 풍요와 결핍의 시간, 영양분 가득한 식료품 저장실을 유지하는 것이 중요하던 시절을 반영하는 일이다. 최고의 소금 공예이자 모든 계절의 친구이기도 하다.

습식 염지 과정은 여전히 식재료에서 수분을 끌어내어 박테리아가 육류를 분해하기 어려운 환경으로 만드는 탈수의 한 형태다. 햄도 건식 염지를 할 수 있는데, 나 또한 수 년간 햄 다리 한 짝을 파르마식으로 건식 염지하면서 훌륭한 결과물을 얻어낸 바 있다. 다리 전체를 소금통에 박아서 염지한 다음 면포로 감싸서 12~24개월 간 공기 건조시키는 것이다. 하지만 그때마다 엄청난 양의 소금과 공간, 시간이 필요하기 때문에 비용이 많이 든다고 생각했다. 그래서 개인적으로는 햄을 달콤한 염지액에 습식 염지하는 것을 선호한다. 그리고 절인 고기가 매력적인 분홍색을 유지할 수 있도록 질산염을 소량 첨가하고, 단맛과 향신료를 넣어서 염지액의 짠맛을 부드럽게 만들었다.

분량: 대형 햄 1개/4~6인분

◇ 비훈제 돼지 앞다리(뼈를 제거한 것) 1개
　(약 1.5~2kg)

염지액 재료
해염 160g
황실탕 500g
프라하 파우더 #1 25g(신덱)
팔각 2개
시나몬 스틱 1개
펜넬 씨 1작은술
블랙 머스터드 씨 1작은술
말린 주니퍼 베리 1작은술
말린 칠리 플레이크 1/2작은술

대형 냄비에 모든 염지액 재료와 물 2L를 넣고 불에 올려서 설탕과 소금을 완전히 녹인 다음 불에서 내려 식힌다. 비반응성 염지액 통이나 대형 염지용 봉지(98쪽 참조)에 염지액과 고기를 넣는다. 이때 고기가 염지액에 완전히 잠기도록 하고 통 뚜껑을 닫거나 봉지를 밀봉해서 쟁반에 담는다.

염지액과 고기를 5℃ 이하의 냉장고에 넣고 3일간 절인다.

염지한 햄을 삶으려면 염지액에서 고기와 향신료를 건져내고 염지액은 버린다. 대형 냄비에 향신료와 리크, 샬롯, 마늘, 허브를 넣는다. 고기를 넣고 물을 조리 중에도 고기가 완전히 잠길 정도로 넉넉히 붓는다. 잔잔하게 한소끔 끓인 다음 꼬챙이로 찌르면 고기 가운데 부분까지 쑥 들어갈 때까지 3~4시간 정도 천천히 익힌다. 물이 증발해서 햄이 수면 위로 드러나기 시작하면 물을 더 붓는다. 중간에 국물의 맛을 보고 너무 짜면 절반 분량을 따라내고 새 끓는 물을 부어서 다시 삶는다.

햄이 익으면 국물에 담근 채로 만질 수 있을 만큼 식힌다(로스트할 경우에는 다음 장 참조). 건져서 식힘망에 얹고 쟁반을 받쳐서 냉장고에 넣어 24시간 동안 건조시킨다.

맛있는 삶은 햄처럼 차갑게 내도 좋지만 나는 햄에 글레이즈를 입히고 오븐에 한 번 더 구워서 혀에 짝 붙는 감칠맛과 단맛을 입힌다.

◇ **햄 삶기 재료**

굵게 다진 리크 1대 분량

반으로 썬 샬롯 1개 분량

껍질을 제거하고 반으로 썬 마늘 1통 분량

신선한 부케 가르니 1개

◇ **햄 로스트하기 재료(선택)**

입자가 굵은 오렌지 마멀레이드 1큰술

꿀 1큰술

홀그레인 머스터드 1작은술

잉글리시 머스터드 파우더 1/2작은술

햄을 로스트하려면 우선 오븐을 180℃로 예열한다.

소형 냄비에 마멀레이드와 꿀, 머스터드 2종을 넣고 중약 불에 올려서 계속 휘저어가며 보글보글 끓고 살짝 걸쭉해질 때까지 4~5분간 익힌다. 조리용 솔로 삶은 햄 전체에(아직 뜨거울 때) 골고루 바른 다음 로스팅 트레이에 넣고 오븐에서 25~30분간 굽는다. 10~15분 간격으로 다시 글레이즈를 덧발라서 전체적으로 고르게 반짝이도록 한다.

취향에 따라 햄이 뜨거울 때 혹은 차갑게 식힌 다음 얇게 썰어서 낸다. 따뜻하게 낼 때는 익힌 케일과 달걀프라이, 감자튀김을 곁들이는 것이 좋고 차갑게 낼 때는 플라우맨즈 런치를 차리거나 저며서 크로크 무슈를 만들기도 한다.

익힌 햄은 쿠킹 포일로 잘 써서 냉장고에 10일간 보관할 수 있다. 먹기 전에 얇게 썰어서 사용한다.

콘월식 플라우맨즈 런치

나는 희귀한 품종의 돼지고기 한 덩어리를 섬세하게 얇게 썬 달콤한 향신료 풍미의 햄으로 만드는 것만큼 슬로우 푸드를 기리는 일은 없다고 생각하는데, 그 어떤 점심 플래터는 물론 소박한 플라우맨즈 런치에서도 주인공이 될 것을 보장한다. 정직한 노력과 인내가 필요한 겸손한 음식이다. 여분의 노력을 들여서 보람찬 만족감과 자부심을 맛볼 수 있다.

이 차가운 염지 햄은 달콤쌉쓸한 마멀레이드 글레이즈를 보완하는 매콤한 처트니나 숙성시킨 체다 치즈, 새콤한 피클과 아주 잘 어울린다.

분량: 4인분

저민 햄(106~107쪽의 염지 햄 레시피 참조)
   4~8장
저민 숙성 체다 치즈(실온) 150g
물기를 제거한 양파 피클 4개
농장 또는 제철 재료 처트니(원하는 종류로)
   4작은술
채소 겨자 피클(piccalilli, 다양한 채소를
   머스터드와 함께 절인 노란색 모듬 야채
   피클 —옮긴이) 4작은술
송송 썬 사과 1개 분량
송송 썬 토마토 1개 분량
굵게 썬 셀러리 1대 분량
장식용 샐러드 채소 또는 식용 꽃
서빙용 시골빵 토스트 또는 크래커

로스트한 햄은 식힌 다음 얇게 저민다(107쪽 참조).

플라우맨즈는 공유용 대형 접시나 나무 도마에 담아서 여럿이 각자 알아서 먹게 차려 낸다. 저민 햄과 치즈 슬라이스에 양파 피클, 처트니, 채소 겨자 피클, 사과, 토마토, 셀러리를 곁들인다.

샐러드 채소나 식용 꽃으로 장식하고 소박한 시골빵이나 크래커와 함께 낸다.

청어 절이는 법

정어리와 같은 어족에 속하는 청어는 수천 마리가 떼를 지어 다닌다. 작고 기름진 생선으로 차가운 심해에서 그보다 따뜻한 해안 산란 장소로 이동하며, 아주 순식간에 사라진다. 긴 항해 중에 생선을 보존해야 했던 어부들은 얼마 지나지 않아 청어는 건식 염지를 하거나 자연 건조할 필요가 없다는 사실을 알아냈다. 그 대신 소금물에 재운 다음 달콤짭짤한 식촛물에 절일 수 있었던 것이다.

청어는 비타민 D3와 오메가3 지방산이 매우 풍부하며 풍성한 맛을 선사한다. 아래 레시피에서는 청어를 식초에 절여서 진한 풍미에 달콤새콤한 맛을 더했다. 또한 청어를 천천히 익혔을 때 풍미가 더욱 살아나게 하는 매운맛도 가미했으므로 절일 때부터 마음 편하게 맛에 대한 기대감을 가질 수 있다. 물론 전통 방식대로 염도 20%의 소금물을 이용해 습식 염지를 한 다음 새콤달콤한 피클 절임액에 담가서 풍미를 낼 수도 있지만, 아래 레시피를 따르면 훨씬 쉽고 빠르게 풍미를 더할 수 있고 한 번의 과정으로 안팎에 모두 양념이 배게 할 수 있다.

분량: 2인분

◇ **청어 절임 재료**

레드 와인 식초 150ml

끓는 물 50ml

황설탕 25g

해염(다음 장의 사용한 소금 참조) 15g

곱게 깍둑 썬 샬롯 1개 분량

올스파이스 베리 2개

수막 가루 1작은술

말린 레드 페퍼 플레이크 1/2작은술

통 흑후추 I/2작은술

월계수 잎 2장

껍질을 제거한 정어리 필레 2장(총 약 320g)

◇ **서빙과 장식용 재료**

사워 피클

래디시

감자 샐러드

완숙 삶은 달걀

바삭한 사워도우 크래커

딜

청어 절임을 만들려면 소형 냄비에 뜨거운 물과 식초, 설탕, 소금, 샬롯, 모든 향신료와 월계수 잎을 넣고 잘 섞어서 설탕과 소금을 녹인 다음 천천히 한소끔 끓인다. 보통 생선을 이런 식으로 절일 때는 염도 10~15%의 염지액을 만든다. 하지만 여기서는 식초를 넣기 때문에 염도를 조금 더 낮췄다.

끓기 시작하면 냄비를 불에서 내리고 5~10분간 식힌다. 적당한 용기에 정어리 필레를 넣고 절임액을 부어서 필레가 완전히 잠기도록 한다. 이때 염지액이 너무 뜨거우면 정어리 필레가 너무 부드러워진다. 나는 염지액을 손으로 만질 수 있을 정도, 즉 커피를 마시는 정도의 온도인 약 65℃ 즈음까지 식히는 편이다.

식으면 용기의 뚜껑을 닫고 5℃ 아래의 냉장고에 넣어서 2~3일간 절인다.

완성된 청어는 먹기 전에 짠기를 조금 빼내야 한다. 먼지 청어를 건져낸 다음 얼음물에 1~2시간 정도 담갔다가 다시 건진다. 개인적으로 이 청어 절임의 달콤하고 짭짤한 강렬한 풍미는 크리미한 재료, 새콤한 곁들임 음식과 잘 어울린다고 본다.

청어 절임에 사워 피클과 래디시, 감자 샐러드, 완숙 삶은 달걀, 바삭한 사워도우 크래커를 곁들여 보자. 신선한 딜로 장식해 낸다.

사용한 소금:

하브스노

이 레시피에서는 청어와 노르웨이산 소금을 짝짓고 싶었다. 나에게 하브스노는 케이퍼 같은 가벼운 맛과 달콤한 끝맛이 가미된 바다의 비트 같은 철분의 톡 쏘는 맛을 지닌 소금이다. 고운 결정이 염지액에 잘 녹아들면서 바다의 미네랄 풍미를 가미해 수막과 레드 페퍼 플레이크, 통후추, 날카로운 샬롯의 맛과 완벽하게 어우러진다. 하브스노는 손으로 수확해 생산하는 소금으로 '바다의 눈(snow)'이라는 뜻을 지니고 있다. 100% 재생 가능하고 맑은 수력 에너지를 이용해서 깨끗한 북부의 바닷물을 결정화함으로써 노르웨이의 해염 생산을 활성화시킨다.

무지개 채소 피클 플레이트

완성된 접시를 바라보면 무지개가 떠오른다. 전설 속 무지개 아래 놓인 금 항아리가 사실 소금 항아리였다더니 정말 무지개를 쉽게 만들어 낼 수 있구나…….

채소를 소금에 절이면 수분이 일부 빠져나오면서 셰프가 가미한 요리적 숨결을 빨아들일 준비가 된다. 요가 수업의 숨쉬기 연습과 같은 삼투압의 진정 과정이다. 얇게 저민 오이나 비트는 소금에 절여서 우리가 가미한 풍미를 흡수한 이후에도 아삭아삭함을 유지해 달콤한 절임액에 푹 담가도 안전하다. 채소 소금 절임을 직접 만들기 시작하면 그 매력에 취하게 된다. 마치 색상환과 같은 다양한 색이 어우러진 만화경을 제공하며 그 고주파 같은 맛과 질감이 한 입 베어물 때마다 생생하게 살아나고, 가미한 향신료가 채소의 섬세한 기본 풍미를 제대로 균형 잡히면서 눈부시게 빛나게 한다.

분량: 6인분(모든 채소 절임을 합한 분량)

고운 히말라야 결정화 소금 2큰술

◇ **당근 재료**

껍질을 벗긴 어린 당근 6개
맛술 150ml
설탕 1큰술
시치미 토가라시(일본산 일곱 가지 향신료
　　혼합) 1작은술

◇ **콜리플라워 재료**

송이로 나눈 콜리플라워 1/4통 분량
화이트 와인 식초 150ml
설탕 1큰술
껍질을 벗겨서 저민 생 터메릭 2큰술
페누그릭 씨 1작은술
코리앤더 씨 1작은술
말린 칠리 플레이크 1/2작은술

◇ **비트 재료**

껍질을 벗기고 얇게 저민 비트 2개 분량
레드 와인 식초 150ml
황설탕 2큰술
자타르 1작은술

당근과 콜리플라워를 제외한 모든 채소는 같은 두께로 얇게 저며서 전부 비슷한 속도로 절여지도록 한다. 당근은 통째로 사용하고 콜리플라워는 송이로 나눈다. 대형 플라스틱 트레이(채소는 다른 종류끼리 서로 닿지 않도록 주의한다)에 담고 고운 히말라야 소금을 고르게 뿌린다. 실온에 최소 1~2시간 또는 5℃ 이하의 냉장고에 하룻밤 동안 절인다.

모든 절임액 재료를 채소별로 각각 따로 나눠야 한다. 소형 냄비에 넣고 불에 올려 설탕을 완전히 녹이고 한소끔 끓인다(한 절임액을 완성하고 나면 냄비를 깨끗하게 씻은 후 그 다음 절임액을 만든다). 소금에 절인 채소를 종류별로 따로 소형 볼에 넣고 그에 맞는 뜨거운 절임액을 붓는다.

채소를 절임액에 골고루 버무린 다음 푹 잠기도록 해서 5분 간격으로 휘저으면서 실온으로 완전히 식힌다. 채소가 아직 아삭아삭할 때 그물국자로 건져내서 너무 물러지지 않도록 한다. 절임액과 향신료는 버린다.

모든 채소 피클을 플레이트에 담아서 바비큐에 곁들이는 화려한 사이드 메뉴로 만들거나 차가운 라브네 딥에 곁들여 스타터로 낸다.

절임액에서 건진 채소 피클은 모두 섞어서 밀폐용기에 담아 냉장고에서 2~3주일간 보관할 수 있다.

◇ 래디시 재료

얇게 저민 래디시 6개 분량

사과 식초 150ml

설탕 1큰술

저민 마늘 4쪽 분량

씨를 제거하고 송송 썬 할라페뇨 1개 분량

말린 칠리 플레이크 한 꼬집

◇ 오이 재료

옛날 슬라이서를 이용해 물결 모양으로
    저미거나 얇은 원형으로 저민 오이 1개 분량

사과 식초 150ml

설탕 1큰술

월계수 잎 2장

다진 딜 1큰술

옐로우 머스터드 씨 1작은술

◇ 적양배추 재료

곱게 채 썬 적양배추 1/4통 분량

셰리 식초 150ml

황설탕 1큰술

홀그레인 머스터드 1작은술

로즈메리 줄기 1개

◇ 양파 재료

곱게 송송 썬 적양파 2개 분량

사과 식초 150ml

설탕 1큰술

수막 가루 1작은술

만능양념장

나는 학창 시절을 우스터의 몰번 지역에서 보냈다. 몰번에는 내가 굉장히 자랑스러워하는 세 가지가 있는데 한 가지는 언덕에서 솟아나는 차갑고 맑은 샘물, 또 하나는 언젠가 내가 몰고 다니게 될 거라고 상상하곤 했던(그렇게 운 좋은 날이 올까?!) 수작업으로 정교하게 생산하는 인근의 모건 자동차 공장, 그리고 마지막이 그 유명한 우스터 소스다.

내 '만능양념장'에서는 산울타리의 덤불이나 드라이빙 블루스 리듬과 같은 맛이 난다. 단맛과 향신료 풍미, 감칠맛, 짠맛을 동시에 느낄 수 있다. 여기에 흑마늘이나 구운 양파와 같은 감칠맛이 풍부한 재료를 추가하거나 나만의 향신료를 가미해서 풍미를 강화하는 방식으로 실험을 거듭해 자신만의 레시피를 만들어보자. 만능양념장은 파스타 소스부터 스튜, 바비큐 마리네이드나 글레이즈, 채소 그릴 구이의 양념, 치즈 토스트까지 거의 모든 요리에 사용할 수 있다. 특히 치즈 토스트는 차원이 다른 맛이 되는데, 몇 방울만 뿌려서 뜨거운 그릴 아래 집어넣으면 숨겨진 맛이 폭발하듯이 터져나온다.

분량: 4인분

통조림 오일 절임 안초비 필레 6개
곱게 깍둑 썬 양파 1개 분량
깍둑 썬 버섯 200g
껍질을 벗겨서 간 생강 1큰술
훈제 마늘 페이스트 1작은술
대추 당밀 2큰술
흑설탕 1큰술
몰트 식초 100ml
진간장 50ml
맛간장 50ml
타마리 페이스트 2작은술
시나몬 스틱 2개
말린 치폴레 칠리 플레이크 1작은술

팬에 안초비와 양파, 버섯을 넣고 중약 불에 올려서 안초비에서 배어나온 오일에 천천히 볶기 시작한다. 풍미의 깊이를 발달시켜서 나중에 더 풍성한 맛이 나는 소스가 되게 하는 단계다. 버섯이 살짝 노릇해질 때까지 천천히 볶다가 생강과 마늘을 넣는다.

이어서 당밀과 설탕을 넣어 잘 섞는다. 잘 녹인 다음 타지 않도록 주의하면서 1~2분간 보글보글 끓인다. 식초와 간장, 다마리 간장, 시나몬 스틱, 칠리 플레이크를 넣어서 잘 섞는다. 불 세기를 조금 낮춰서 주기적으로 휘저어가며 15~20분간 뭉근하게 끓인다.

소스를 체에 걸러서(아래 참조) 소독한 병에 담고 밀봉한 다음 식힌다. 미개봉 상태로 냉장고에서 4~6주일간 보관할 수 있다. 일단 개봉한 후에는 냉장 보관하면서 10일 안에 소비해야 한다.

남은 버섯 페이스트와 향신료를 가지고 심플하고 특성한 케첩을 만들 수 있는데, 시나몬 스틱을 빼낸 나머지를 푸드 프로세서에 넣어서 짧은 간격으로 곱게 갈면 된다. 버섯 케첩은 오븐에 구운 웨지 감자나 컬리플라워 스테이크, 셀러리악 조림 등에 아주 잘 어울린다. 이 감칠맛 양념은 소독한 병에 담아서 냉장고에 1개월간 보관할 수 있다.

Chapter 11
젖산 발효

새콤한 사워 피클은 내 마음을 사로잡는 전통적인 방식의 소금 공예다. 여기 관련해서는 환상적인 책들이 있는데, 산도르 카츠와 파스칼 바우도가 쓴 책이라면 무엇이든 훌륭한 출발점이 된다. 지금까지 이 주제에 대해 광범위하게 읽고 써 왔지만, 가능성이 얼마나 무한한지를 확인할 때마다 계속해서 놀라움을 금치 못하고 있다.

이 두 가지 맛을 제대로 음미하려면 호밀 크래커에 사우어크라우트를 얹어 먹거나 오이 딜 사워 피클을 한 입 깨물기만 해도 내가 무엇을 말하려는지 정확히 알 수 있다. 나는 솔직히 음식에서 소금과 산미가 짝을 이룰 때처럼 맛에 큰 차이를 가져오는 순간은 달리 없다고 말하고 싶다. 전혀 미묘하지 않은 강력한 맛의 도전이다. 떨어지는 나이아가라 폭포에 몸을 던진 것처럼 짭짤한 피클 통을 향한 엄청난 맛의 승차감을 선사한다. 마치 방금 씁쓸하면서 달콤한 파도가 밀려와 얼굴에 강렬하게 짭짤한 바닷물을 뿌리고 간 듯한 기분이 들고, 입술을 핥으면 내가 아직 생생하게 살아서 행복한 시간을 보내고 있다는 사실을 상기시키는 새콤한 햇빛의 톡 쏘는 매력이 느껴진다.

본론으로 들어가기 전에 먼저 수 년 전, 모든 지식을 꿰어 맞추기 전에 겪었던 깨달음을 가볍게 공유하고자 한다. 나는 우리가 엄격한 절차를 따라야만 한다는 점을 깨달았는데, 사실 이렇게 주도권이 우리에게 있지 않은 이유는 발효가 엄밀히 말해 요리가 아니기 때문이다. 발효는 풍미가 발달할 수 있는 환경을 제공하고 식재료가 우리를 위해 알아서 요리될 시간을 주는 일이다.

발효가 로켓 과학만큼 까다롭지는 않지만 최상의 결과를 얻으려면 어느 정도 정확성이 필요하다. 약간의 관심과 주의를 기울이고 음식에 들어가는 소금의 정확한 비율을 조절하면 유익한 박테리아의 성장을 섬세하게 조절하여 놀랍도록 톡 쏘는 젖산 풍미를 발달시키는 동시에 달갑지 않은 박테리아의 성장을 방지할 수 있다. 나는 무언가를 발효시킬 때마다 이건 정말 놀라운 일이라고 생각한다. 적절한 조건을 제공하면 풍미가 발달한다는 아주 간단한 예시이기 때문이다. 발효할 식재료에 깨끗한 혐기성 환경과 정확한 양의 소금을 제공한 다음 뒤로 기대 앉아 있으면 눈 앞에서 거품이 보글보글 일어나며 풍미가 급격하게 변화한다.

발효가 작용하는 방식

젖산 발효는 채소와 과일을 거품이 일고 톡 쏘면서 장에 이로운 박테리아가 가득한 상태로 변화시킨다. 사워 피클은 보존 기간을 늘리는 방식이자 짠맛과 신맛을 뒤섞어 동시에 음미할 수 있는 독특한 조리법이다. 발효로 인해 발생한 유익한 박테리아는 채소와 과일의 포도당을 소비한다. 그런 다음 이를 젖산으로 전환시킨다. 이렇게 식물성 당분이 부분적으로 분해되면 맛있는 풍미를 발생시키는 산성 부산물이 생긴다. 소금은 이 과정에서 중요한 역할을 하며, 최종 결과물은 공존하게 된 산미 덕분에 더욱 적절하게 양념된 균형 잡힌 맛이 나게 된다.

젖산 발효 과정은 설명하기에는 간단하지만 그 결과물은 놀라울 정도로 복합적이다. 채소에 들어간 소금의 양은 악기 연주자를 위한 조절 페달처럼 채소가 구현하는 풍미의 상태를 조절한다. 사워 피클을 만드는 중에 이루어지는 또 다른 자연적인 현상으로 삼투(滲透)가 있다. 투과성 장벽을 通과하는 물의 성질이 장벽 양쪽에 용해되어 있는 화학 물질의 농도 균형을 맞추는 것이다. 채소와 과일에 소금을 문지르면 외부와 내부의 녹은 소금의 양이 동일해질 때까지 수분은 빠져나오고 염분은 침투한다. 이렇게 생성된 액제(재료를 병에 담고 남은 즙)는 보통 유산균이 선호하는 혐기성 환경을 만들기 아주 좋기 때문에 버리지 말자! 따뜻한 환경은 7~10일 정도 걸리는 발효 과정을 가속화하는 데에 도움이 된다. 온도가 낮을수록 발효 속도가 느려져서 내 입맛에 맞춰 깊고 풍부한 발효 풍미를 구현할 수 있다. 산소가 없고 염도가 충분한 산성 환경은 우리가 원하지 않는 박테리아와 곰팡이 발생을 억제하므로 밀폐한 상태로 실온에 수 개월간 보관할 수 있어야 한다.

사우어크라우트

양배추 잎을 소금으로 문질러서 세포를 터트려 수분이 배어 나오면 곧 맛있는 채수가 섞인 신선한 염지액 같은 양배추물이 볼에 고이기 시작하는데, 이보다 더 만족스러운 순간이란 찾아보기 힘들다.

사우어크라우트는 양배추를 곱게 채 썬 다음 소금에 문질러서 양배추에 간을 하고 삼투압 현상이 일어나게 만드는 과정부터 시작한다. 정확한 비율의 소금을 사용하고 혐기성 환경을 갖추면 유산균이 생성되면서 양배추가 발효되기 시작하고 특유의 신맛이 발달한다. 양배추 사우어크라우트는 수백 년간 다양한 형태로 만들어져 내려온, 가장 상징적인 발효 식품이다. 이제는 전 세계적으로 잘 알려져서 '크라우트(kraut)'라는 단어가 더욱 광범위한 종류의 발효 방식을 뜻하는 동의어로 쓰이게 되었을 정도다. 나는 종종 당근이나 비트, 특이한 양배추 품종 등을 이용해서 같은 기본 방식을 따라 색다른 크라우트를 만들기도 하고 표면적을 넓히기 위해 채소를 굵게 분쇄하거나 갈기도 한다.

분량: 1L들이 병 1개

흰양배추(통) 1개
고운 플레이크 해염 양배추 무게의 3%
  (만드는 법 참조)
캐러웨이 씨 한 꼬집. 또는 입맛 따라 조절

양배추를 손으로 곱게 채 썰거나 채칼을 이용해서 (조심스럽게) 채 썰어서 대형 볼에 양배추를 가득 담는다. 음식물 쓰레기를 만들고 싶지 않다면 심지도 갈아서 넣어도 좋다. 이어서 채 썬 양배추의 총 무게를 계량한 다음, 이 무게의 3%만큼 소금을 준비한다.

양배추에 계량한 소금과 캐러웨이 씨를 골고루 뿌린 다음 손으로 세게 문질러서 섬유질이 으깨지고 삼투압이 시작되게 한다.

양배추에서 짭짤한 수분이 충분히 배어나오면 볼에 젖은 타월을 씌우고 실온에 하룻밤 동안 재운다.

다음날 절굿공이나 밀대를 이용해서 절인 양배추를 살균한 1L들이 병에 밀어 넣는다. 빈틈없이 빼곡하게 들어차야 하고, 양배추가 배어나온 절임액에 완전히 푹 잠겨야 한다. 그래야 혐기성 환경이 되어서 발효는 되지만 해로운 박테리아가 살아남는 것은 막을 수 있다. 발효용 누름돌이나 반으로 접은 큼직한 양배추 잎을 얹어서 절인 양배추가 수면 위로 떠오르지 않도록 한다.

병의 뚜껑을 닫되 조금 느슨하게 열어 두어서 사우어크라우트가 발효되는 동안 발생하는 이산화탄소가 빠져나갈 공간을 확보한다. 이 단계에서 뚜껑을 너무 꽉 닫으면 매일 뚜껑을 열어서 병 속에서 보글보글 차오르는 이산화탄소를 빼내는 작업을 해야한다. 이 과정을 '트림시키기'라고 한다(병 뚜껑을 천천히 돌려 열어서 발생한 가스를 내보낸 다음 다시 뚜껑을 돌려 닫는다).

실온(18~22℃, 발효를 촉진시키고 싶으면 온도를 조금 높이고 천천히 강한 풍미로 발효를 시키고 싶다면 온도를 조금 낮춘다)에서 7~10일간 발효시킨다. 이 과정 동안 만일 양배추가 절임액 위로 드러나서 공기와 접촉하기 시작하면 물을 조금 부어서 다시 푹 잠기도록 해야한다.

병을 단단하게 밀봉한 다음 식품 저장실에 12개월까지 보관할 수 있다. 일단 개봉하고 나면 1~2주일 안에 소비해야 한다. 먹을 때는 절임액을 따라내고 먹는다. 염지 고기 종류와 함께 치즈보드를 차리거나 샌드위치에 넣어서 맛있고 새콤한 풍미를 가미할 수 있다.

(상단) 크라우트 만들기의 필수 재료와 도구

(상단) 채칼은 집에서 주기적으로 크라우트를 만든다면 갖춰놓기 좋은 훌륭한 주방 도구지만 사용할 때는 다치지 않도록 특별히 주의해야 한다.

골든 크라우트

레시피 중에는 너무 쉬워서 공유하기 민망할 정도인 것도 있다. 아래 레시피는 나의 식료품 저장실 비밀 무기 중 하나로, 다채롭고 맛있으며 쉽고 빠르게 만들 수 있는 저장 식품이다. 고전적인 양배추 사우어크라우트를 조금 변형한 크라우트로, 톡 쏘는 시큼한 맛이 난다. 조금 더 솔직해지자면 나는 대표적인 양배추 크라우트보다 이 골든 크라우트를 더 좋아한다. 내가 가장 좋아하는 재료에 특별함을 가미해서 부분의 합보다 큰 맛을 선사해준다.

비트나 고구마 또는 기타 좋아하는 뿌리채소나 덩이줄기류도 같은 방식으로 조리할 수 있다. 내가 뿌리채소를 사용하는 것은 그 거친 질감과 흙 풍미가 신 사워피클 풍미와 아주 잘 어울리면서, 발효를 거친 후에도 식감 면에서 기분 좋은 아삭아삭함을 유지하여 주방에서 다재다능하게 사용할 수 있기 때문이다. 모두가 좋아하는 당근을 넉넉히 넣고 갈아낸 생 터메릭의 달콤한 향신료 풍미를 섞어서 샐러드와 버거, 타코, 스무디 등에 넣기 딱 좋은 훌륭한 피클을 만들어 보자.

분량: 500ml들이 병 1개

껍질을 벗기고 간 당근 6개 분량(총 약 400g)
껍질을 벗기고 간 생 터메릭 1큰술
쿠민 씨 1작은술
고운 플레이크 해염 무게의 3%
    (120쪽의 사우어크라우트 레시피 참조)

대형 볼에 당근과 터메릭, 쿠민 씨를 넣고 골고루 잘 섞은 다음 총 무게를 계량한다. 이 총 무게의 3%를 계산하고, 소금을 해당하는 무게만큼 계량한 다음 볼에 부어서 손으로 전체적으로 2~3분간 주무른다. 이때 터메릭 때문에 손이 노랗게 물들 수 있으므로 일회용 장갑 등을 착용하고 작업할 것을 권장한다.

볼에 젖은 티타월을 씌우고 실온에 12~24시간 정도 재워서 초기 발효가 잘 되도록 한다. 500ml들이 소독한 병에 옮겨 담는다. 필요하면 병에 소량의 물을 추가해서 당근 혼합물이 국물에 푹 잠기도록 한다.

누름돌을 얹거나 소형 지퍼백에 물을 채우고 밀봉해서 당근 위에 얹어 수면 위로 떠오르지 않도록 한다. 병의 뚜껑을 닫되 크라우트가 발효되는 동안 이산화탄소가 빠져나올 수 있도록 너무 꽉 돌려 닫지는 않는다.

실온(18~22℃, 발효를 촉진시키고 싶으면 온도를 조금 높이고 천천히 강한 풍미로 발효를 시키고 싶다면 온도를 조금 낮춘다)에서 7~10일간 발효시킨다. 이 과정 동안 필요하면 물을 조금 부어서 당근이 절임액 아래에 다시 푹 잠기도록 해야 한다.

병을 단단하게 밀봉한 다음 식품 저장실에 12개월까지 보관할 수 있다. 일단 개봉하고 나면 냉장 보관하면서 2~3주일 안에 소비해야 한다.

이 크라우트는 건져내서 물기를 털어내고 토핑을 얹은 구운 감자나 부리토, 채소 커리 등에 곁들여 먹는다.

딜 오이 피클

하이쿠 같은 레시피로 강렬한 풍미를 구현하는 지름길을 제공하는, 시대를 초월한 소금 공예 작품이다. 촉촉한 아삭함, 새콤한 젖산의 톡 쏘는 맛, 은은한 아니스 풍미, 고추와 마늘의 매콤함이 가히 시와 같은 매력을 선사한다. 월계수 잎은 풍미를 더할 뿐만 아니라 오이의 질감을 더욱 바삭하게 만든다.

분량: 1L들이 병 1개

물결 모양으로 썬 오이 2개 분량
껍질을 벗긴 마늘 2쪽
월계수 잎 4장
다진 딜 1작은술
옐로우 머스터드 씨 1작은술
통 흑후추 1작은술
말린 칠리 플레이크 1/2작은술
재료 무게 3%만큼의 고운 플레이크 해염
　　(120쪽의 사우어크라우트 레시피 참조)

대형 볼에 소금을 제외한 모든 재료를 담고 무게를 잰다. 이 총 무게의 3%를 계산하고, 소금을 해당하는 무게만큼 계량한다. 이 소금을 물 2큰술에 녹여서 농축 염지액을 만든다.

소독한 1L들이 병에 오이 혼합물을 넣고 농축 염지액을 부어서 오이가 푹 잠기도록 한다. 이때 필요하면 물을 조금 추가한다.

용기누르미나 깨끗한 돌을 올려서 떠오르지 않도록 한다. 병의 뚜껑을 닫되 오이 피클이 발효되는 동안 이산화탄소가 빠져나올 수 있도록 너무 꽉 돌려 닫지는 않는다.

실온(18~22℃, 발효를 촉진시키고 싶으면 온도를 조금 높이고, 천천히 강한 풍미로 발효를 시키고 싶다면 온도를 조금 낮춘다)에서 7~10일간 발효시킨다.

병 뚜껑을 단단히 닫은 다음 냉장고에서 2~3개월간 보관할 수 있다. 개봉 후에는 1~2주일 안에 소비해야 한다.

이 피클은 버거에 넣거나 마요네즈와 함께 섞어서 타르타르 소스를 만들기 좋고 가벼운 맥주 튀김옷을 입혀서 튀긴 다음 매운 핫소스를 곁들이면 좋은 간식이 된다.

발효 마늘 처트니

매운 마늘 피클은 내가 커리에 곁들이거나 그릴 치즈 샌드위치에 넣는 용도로 가장 즐겨 사용하는 양념이다. 내 마늘 처트니 레시피에서는 먼저 시간을 들여서 마늘과 고추, 라임을 7~10일간 발효시킨다. 라임 피클과 발효 마늘 절임의 퓨전으로, 발효된 고추와 향신료가 마치 풀처럼 모든 풍미가 서로 어우러지게 만들고 단맛으로 매운맛을 부드럽게 상쇄시키며 한두 시간 정도 천천히 익혀서 완성한다. 새콤한 젖산의 톡 쏘는 맛은 마늘의 떫은 맛을 완화하면서 파속 식물의 향을 강조하는 놀라운 역할을 한다. 발효 시간이 길수록 맛이 부드러워지면서 기본 커리 소스에 잘 발달된 풍미 바탕을 폭발적으로 가미하는 환상적인 양념이 된다.

분량: 1L들이 병 1개

◇ **발효 마늘 재료**

껍질을 벗긴 마늘 6통 분량
8등분한 라임 2개 분량
씨를 제거하고 송송 썬 홍고추 2개 분량
페누그릭 씨 1작은술
니겔라 씨 1작은술
코리앤더 씨 1작은술
재료 무게 3%만큼의 플뢰르 드 셀

◇ **처트니 재료**

통조림 다진 토마토 1통(400g)
황설탕 250g
화이트 와인 식초 150ml

발효 마늘을 만들려면 우선 볼에 마늘과 라임, 고추, 향신료를 넣고 무게를 잰다. 이 총 무게의 3%만큼 소금을 준비하고, 이 소금을 물 2큰술에 녹여서 농축 염지액을 만든다.

소독한 1L들이 병에 마늘 혼합물을 넣고 농축 염지액을 부어서 마늘이 완전히 푹 잠기고 모든 내용물이 수면 위로 드러나는 일이 없도록 작은 누름돌이나 깨끗한 돌을 얹는다. 병의 뚜껑을 닫되 마늘이 발효되는 동안 이산화탄소가 빠져나올 수 있도록 너무 꽉 돌려 닫지는 않는다.

실온(18~22℃, 발효를 촉진시키고 싶으면 온도를 조금 높이고 천천히 강한 풍미로 발효를 시키고 싶다면 온도를 조금 낮춘다)에서 7~10일간 발효시킨다.

마늘이 발효되고 보글보글 일어나는 거품이 가라앉으면 절임액을 따라내서 버리고 푸드 프로세서에 모든 내용물을 넣어서 짧은 간격으로 갈아 굵은 처트니 정도의 질감이 되도록 한다.

처트니를 완성하려면 냄비에 마늘 처트니 혼합물을 넣고 토마토와 설탕, 식초를 넣은 다음 나무 주걱으로 잘 휘저어 섞는다.

중약 불에서 가끔 휘저어가며 1~2시간 정도 익힌다. 처트니가 되직하고 끈적끈적해지면 소독한 1L들이 병에 담는다. 병을 밀봉해서 식힌다. 처트니는 미개봉 상태로 찬장에 12개월까지 보관할 수 있다. 완성 후 최소 48시간은 숙성시킨 다음에 먹어야 풍미가 발달해 맛이 좋다. 개봉 후에는 냉장 보관하면서 3~4주일 안에 소비해야 한다.

이 처트니는 커리 소스에 올리거나 치즈 토스티의 가운데에 한 층 깔거나 터메릭으로 양념해 구운 컬리플라워에 곁들이면 좋다.

녹색 김치

아주 유연하게 활용할 수 있어서 계절에 따라, 또는 정원에 지금 자라고 있는 재료에 맞춰 만들 수 있는 레시피다. 남은 음식을 보존해서 새로운 생명을 불어넣을 수 있는 좋은 방법이다. 핵심 비결은 양념에 들어가는 고추와 생강이 함께 발효되면서 강렬한 김치 풍미를 만들어내므로 절대 양을 줄여서는 안된다는 것이다.

분량: 1L들이 병 1개

굵게 썬 곱슬 케일 1줌(대)
송송 썬 스프링 그린 봄양배추 혹은
　　고깔 양배추 2통 분량
송송 썬 청경채 2개 분량
송송 썬 실파 2대 분량
씨를 제거하고 송송 썬 홍고추 2개 분량
껍질을 벗기고 막대 모양으로 썬 생강 1큰술
재료 무게 3%만큼의 고운 플레이크 해염

볼에 모든 녹색 채소와 고추, 생강을 넣고 무게를 잰다. 총 무게의 3%만큼 소금을 준비한다.

채소 볼에 소금을 넣고 손으로 잎채소에 소금을 문질러가며 잘 섞는다. 이때 채소의 세포벽이 제대로 뭉개지도록 제대로 주물러서 소금이 수분을 끌어내기 시작할 수 있도록 해야 한다.

채소를 주무르다 보면 볼 바닥에 수분이 고이기 시작하는 것이 보일 것이다. 이 단계에서 볼의 모든 내용물을 살균한 1L들이 병에 넣고 주먹이나 절굿공이, 밀대 등을 이용하여 김치를 병 아랫부분까지 꾹꾹 밀어 넣어서 중간에 기포가 들어가지 않도록 한다. 모든 채소가 국물에 푹 잠기도록 만든다. 용기누르미나 깨끗한 돌을 하나 얹어서 김치가 국물에 푹 잠기고 공기에 닿지 않도록 하되 채소가 발효되면서 늘어날 국물을 수용할 만큼의 부피는 남겨두어야 한다.

병의 뚜껑을 닫되 조금 느슨하게 열어두어서 김치가 발효되는 동안 발생하는 이산화탄소가 빠져나갈 공간을 확보한다.

실온(18~22℃, 발효를 촉진시키고 싶으면 온도를 조금 높이고 천천히 강한 풍미로 발효를 시키고 싶다면 온도를 조금 낮춘다)에서 5~7일간 발효시킨다.

완성된 김치는 바로 먹어도 좋고, 뚜껑을 단단하게 돌려 닫으면 개봉하지 않은 채로 찬상에 12개월간 보관할 수 있다. 개봉 후에는 냉상 보관하면서 1~2주일 안에 먹어야 한다.

이 녹색 김치는 볶음 요리를 완성하기 직전에 넣어서 같이 볶거나, 구운 잉글리시 머핀과 데빌드 홀랜다이즈 소스에 곁들여서 독특한 에그 플로랑틴을 만들고 그릴에 구운 할루미와 함께 플랫브레드에 넣어 먹기에도 좋다.

소금광

개인적으로 앞으로 수 년 안에 발효 분말이 향신료 진열대나 미식 현장에서 대활약하기 시작할 것이라고 생각한다. 녹색 김치가 충분히 익으면 건조시켜서 발효 양념 가루를 만들 수도 있는데, 우선 김치를 다지고 종이 타월이나 티타월에 올려서 물기를 제거한다. 한 켜로 얇게 펴 담아서 건조기에 넣는다. 완전히 말라 가루를 낼 수 있을 정도로 45~55℃에서 10~12시간 동안 건조시킨다. 향신료 전용 그라인더를 이용해서 곱게 빻은 다음 밀폐한 병에 담으면 서늘하고 건조한 장소에 12개월까지 보관할 수 있다. 저장하기 전에 입맛에 따라 소금을 좀 추가할 수도 있지만, 맛을 보면 이미 감칠맛과 톡 쏘는 신맛에 화려한 짠맛이 충분히 가미되어 있다는 점을 알 수 있다. 샐러드에 뿌리거나 두부와 스크램블드 에그 등에 양념하는 용으로 사용할 수 있다.

매운 김치

각종 재료와 씨름하는 일 없이 간단하게 김치 만들기! 이 매콤하고 강렬한 발효 음식은 내가 전 세계에서 가장 좋아하는 요리 중 하나다. 그릴 치즈 샌드위치에 넣거나 플라우맨즈 런치에 곁들이기 좋고, 닭고기 누들 수프와 함께 내도 잘 어울린다. 또한 아침식사용 달걀 프라이에 곁들이거나 클래식한 베이컨 샌드위치에 독특한 토핑으로 첨가하는 것도 강력하게 추천한다.

분량: 1L들이 병 1개

채 썬 배추 2통 분량
껍질을 벗겨서 간 당근 2개 분량
곱게 송송 썬 실파 4대 분량
으깬 마늘 4쪽 분량
껍질을 벗겨서 곱게 간 생강 1큰술
말린 칠리 플레이크 1작은술
고운 플레이크 해염 배추 무게의 3%
　　(120쪽의 사우어크라우트 레시피 참조)

김치는 최소 1주일 전에 미리 만들어야 한다. 볼에 모든 손질한 채소와 마늘, 향신료를 넣고 잘 섞은 다음 무게를 잰다. 총 무게의 3%를 계산하고, 소금을 해당하는 무게만큼 계량한다. 채소 볼에 소금을 골고루 뿌린 다음 손으로 양배추와 당근에 잘 배어들도록 문질러 잘 섞는다. 젖은 티타월을 씌워서 실온에 하룻밤 동안 절인다.

다음날 살균한 1L들이 병에 김치를 넣고 볼에 고인 절임액을 같이 붓는다. 그리고 김치가 완전히 절임액에 잠기도록 여분의 물을 추가한다. 채소가 공기에 닿지 않도록 단단히 누른 다음 깨끗한 누름돌을 얹는다.

뚜껑을 닫되 김치가 발효하면서 발행하는 이산화탄소가 빠져나갈 수 있도록 너무 꽉 닫지 않는다.

실온(18~22℃, 발효를 촉진시키고 싶으면 온도를 조금 높이고 천천히 강한 풍미로 발효를 시키고 싶다면 온도를 조금 낮춘다)에서 7~10일간 발효시킨다.

완성된 김치는 바로 먹어도 좋고 뚜껑을 꽉 닫으면 미개봉 상태로 찬장에 12개월까지 보관할 수 있다. 개봉 후에는 냉장 보관하면서 2~3주일 안에 소비해야 한다.

퓨전 김치볶음밥

김치는 볶음밥에 넣으면 특히 환상적인 맛이 난다. 조리가 마무리될 즈음에 넣어야 매콤달콤새콤한 맛을 제대로 살릴 수 있다는 점만 기억하면 된다.

분량: 2인분

쌀 150g
참기름 1큰술
곱게 저민 래디시 6개 분량
송송 썬 청경채 1개 분량
매운 김치(앞 장 참조) 4큰술
볶은 씨앗류(호박씨와 해바라기씨를
　맛간장 1작은술에 가볍게 볶은 것) 2큰술
곱게 다진 고수 1큰술
4등분한 라임 1개 분량

먼저 쌀을 봉지의 안내에 따라 익힌 다음 건져낸다.

웍을 강한 불에 올리고 참기름을 둘러서 달군다. 익힌 쌀과 래디시, 청경채를 넣어서 2~3분간 볶은 다음 김치를 넣는다. 채소가 살짝 노릇해지고 매콤한 김치 풍미가 배어들 때까지 1~2분간 볶는다.

볶은 씨와 다진 고수를 뿌리고 라임 조각을 곁들여 낸다.

발효 칠리 소스

지난 수 년간 지구촌은 온통 스리라차 붐으로 들썩였는데, 진심으로 이해가 가는 유행이다. 나도 발효한 고추를 가지고 직접 발효 칠리 소스를 만들었다. 발효 고추 자체도 환상적인 음식이다. 발효를 시키면 스코빌 지수, 그러니까 매운 맛은 조금 부드러워지지만 타고난 고추의 풍미는 왕성하게 남아있다. 내 발효 칠리 소스는 새콤하면서 달콤해서 스크램블드 에그에 얹거나 파스타 소스에 섞어 넣고 타코에 매콤한 토핑으로 쓰기에 좋다.

수제 스리라차와 시판 제품을 비교하는 것은 사과와 배를 비교하는 것이나 마찬가지지만, 개인적으로 발효한 칠리가 완전히 다른 수준의 맛을 구현한다고 본다. 얼마나 놀랍도록 맛있는지 아무리 강조해도 지나치지 않다. 핫소스 혁명을 맞이한 것을 환영한다!

분량: 약 750ml

◇ 발효 고추 재료

씨와 심을 제거한 홍고추 500g
고운 플레이크 해염 15g

◇ 스리라차 소스 재료

발효 고추(위 참조) 1회 분량
쌀 식초 4큰술
마늘 퓨레 4큰술
껍질을 벗기고 곱게 간 생강 2큰술
피시 소스 2큰술(선택)
황설탕 85g
꿀 2작은술
해염과 으깬 흑후추

고추는 소금과 함께 푸드 프로세서에 넣어서 굵게 다진 형태가 될 때까지 짧은 간격으로 간다. 소독한 500ml들이 병에 넣고 뚜껑을 닫은 다음 실온(18~22℃)에 7~10일간 발효시킨다. 매일 병을 트림시켜서 발생한 가스를 제거해야 한다. 하루에 한 번씩 병 뚜껑을 열어서 내부에 발생한 이산화탄소가 빠져나오도록 하는 것이다. 또는 액체나 채소 퓨레를 발효시킬 때에는 밸브가 달린 뚜껑을 사용하는 것도 좋다. 밸브 뚜껑은 병 내부에서 발생한 이산화탄소만 외부로 내보내고 외부의 공기는 안으로 들어가지 못하도록 하는 역할을 한다. 이런 일방형 밸브는 사우어크라우트나 김치를 만들 때처럼 누름돌을 사용하기 힘들어 발효가 쉽지 않은 액체류를 다룰 때 특히 유용하게 쓰인다.

스리라차 소스를 만든다. 냄비에 모든 재료를 넣고 잔잔하게 한소끔 끓인다. 스틱 블렌더로 아주 곱게 간 다음 몇 분 더 뭉근하게 익힌다. 소금과 후추로 간을 맞춘 다음 소독한 750ml들이 소스 병에 담는다. 밀봉한 후 식으면 냉장고에 보관한다. 이 소스는 밀봉한 상태로 냉장고에 2~3개월간 보관할 수 있다. 개봉 후에는 3~4주일 안에 소비해야 한다.

토마토 케첩 대신 이 소스를 사용해서 새우에 곁들이는 전통 마리 로제 소스를 만들거나 달걀 프라이와 느타리버섯 볶음에 뿌려서 톡 쏘는 브런치 요리를 만들어보자.

발효 감자 타코

　나는 대학을 졸업하고 멕시코 레스토랑에서 셰프로 일하면서 타코와 사랑에 빠졌다. 선택권이 있다면 기쁘게 #타코먹는화요일을 일주일 내내 지속할 것이다. 이 레시피에서는 감자에 소금을 친 다음 3일간 발효시켜서 풍미를 더 높인다. 더 오래 발효시킬 수도 있지만 발효 감자의 향은 강한 편이라 경험상 시간을 짧게 잡는 것이 더 낫다.

　필링으로는 페타 치즈와 마늘을 넣어서 볶은 표고버섯, 발효한 당근이랑 구운 비트를 사용했다. 그 자체로도 너무 맛있어서 간단한 살사나 과카몰리만 곁들여서 내면 충분한 타코다.

분량: 타코 2개

◇ 발효 감자 재료
식힌 삶은 감자 1kg
도셋 해염 30g

◇ 타코 재료
발효 감자 200g
밀가루 200g, 여분
플레인 요구르트 1~2큰술(선택)
조리용 식용유

◇ 버섯 마늘 볶음 재료
굵게 썬 표고버섯 (작은 것은 통째로) 100g
저민 마늘 2쪽 분량
훈제 파프리카 가루 1/2작은술
말린 오레가노 1/2작은술
트러플 오일 1큰술
해염과 으깬 흑후추

◇ 토핑 및 가니시 재료
반으로 썬 라임 1개 분량
완두콩 싹 몇 꼬집
발효 당근 수 줌(125쪽의 골든 크라우트
　레시피 참조)
잘게 썬 구운 비트 115g(선택)
깍둑 썬 절인 페타 치즈 70g

　발효 감자를 만들려면 감자를 으깬 다음 이 총 무게의 3%만큼 소금을 준비한다(다음 장에서 제시하는 무게라면 얼추 맞을 것이다). 으깬 감자와 소금을 잘 섞은 다음 지퍼백에 담아서 공기를 전부 빼내 밀봉한다. 실온(18~22℃)에서 3일간 발효시킨다. 남은 발효 감자는 밀폐봉지에 담아서 냉장고에 보관(최대 1주일간 보관 가능)하고, 감자빵이나 생선 크로켓 또는 으깬 감자에 넣을 수 있다.

　타코를 만들려면 우선 발효 감자와 밀가루를 계량해서 볼에 넣고 치대서 반죽을 만든다. 반죽이 너무 뻣뻣해서 부슬거리고 잘 뭉쳐지지 않으면 요구르트를 조금 넣고, 으깬 발효 감자 때문에 너무 질어지면 여분의 밀가루를 넣어서 농도를 조절한다.

　반죽을 6~8등분해서 작은 공 모양으로 빚은 다음 트레이에 담아서 냉장고에 30분간 휴지한다.

　작업대에 덧가루를 가볍게 뿌리고 반죽을 올려서 지름 약 10~15cm 크기로 얇고 예쁘게 밀거나 토르티야 기계로 눌러서 납작한 타코 모양으로 만든다.

　반죽을 적당량씩 나눠서 오일을 발라 달군 번철에 올리고 타코가 익어서 말랑하고 더 이상 생 반죽 느낌이 나지 않을 때까지 중강 불에 앞뒤로 2~3분씩 굽는다. 나머지를 굽는 동안 티타월로 덮어서 계속 따뜻하고 말랑하도록 보관한다.

　버섯 마늘 볶음을 만들려면 우선 프라이팬에 버섯을 넣고 중간 불에 올려서 마늘과 파프리카 가루, 오레가노, 트러플 오일과 함께 노릇노릇해질 때까지 4~5분간 볶은 다음 소금과 후추로 간을 한다.

　낼 때는 반으로 자른 라임 조각 두 개를 단면이 아래로 가도록 뜨거운 번철에 올려서 거뭇하게 캐러멜화될 때까지 굽는다. 그러면 단맛이 올라와서 타코에 곁들여 뿌려 먹기 좋다. 타코에 완두콩 싹 한 꼬집과 발효 당근, 구운 비트, 페타 치즈와 허브 오일을 넣은 다음 구운 라임 조각을 곁들여서 뿌려 먹도록 한다.

Chapter 12
소금판

멕시코 레스토랑에서 일하던 시절, 주방에서 가장 돋보이는 것은 지글지글 구운 스테이크 파히타 스페셜이었다. 오븐에서 화산처럼 뜨겁게 가열한 무쇠 프라이팬 그릇에 48시간 동안 절인 소고기 스테이크를 집게로 들어서 얹는다. 순식간에 지글지글 쉭쉭거리는 소리를 내면서 지방과 풍미가 터져 나오고, 향신료 가득한 증기 구름이 증기 기관에서 나오는 연기처럼 직원 뒤를 따라간다. 고기가 노릇노릇 익어가는 냄새와 향신료라는 중독성 강한 조합이 솜브레로 모자가 걸린 천장을 가득 채우면, 주변 손님들이 홀린 듯 스페셜 메뉴로 주문을 바꾼다.

음식이라는 극장은 언제나 탐험하고 수용할 가치가 있는 것이라 기억에 깊이 남아서 수 년간 소금판을 요리에 활용해왔다. 아마 열심히 쓸 생각으로 소금판을 구입했다가 가뭄에 콩 나듯 꺼내는 사람이 많겠지만, 사실 소금판은 굉장히 기능적이면서 관심을 집중시키기 좋은 도구다. 여기서 소개하는 아이디어를 통해 소금판을 더 많이 활용할 수 있게 되길 바란다.

소금판이란 무엇인가?

소금판은 히말라야 암염에서 큰 유성 같은 형태로 채굴한 다음 석판이나 사각형 석재, 벽돌, 그릇 등의 모양으로 가공한 것이다. 거의 모든 소금판은 파키스탄에서 생산된다. 이 지역에서 가장 규모가 큰 케와라(Khewra) 광산에서는 매년 수십억 톤의 소금을 생산하고 있다. 이곳 인부는 여전히 오래된 '주방법(柱房法)' 방식을 활용하는데, 소금의 약 50%를 천장 지탱용으로 남겨두는 식이다. 케와라 광산 주변으로 칼라바흐(Kalabagh), 카라크(Karak), 자타(Jatta) 등 번성 중인 소규모 광산이 둘러싸고 있다. 채굴 산업은 환경적으로 의문스러운 부분이 있지만, 소금판을 구입하는 것이 직원의 복지를 보호하기 위해 더욱 노력에 박차를 가하고 있는 지역 경제에 도움이 된다는 점에는 감사하고 있다. 채굴과 관련해서는 지속 가능성에 관한 매우 논쟁적인 문제가 확실히 존재하지만, 소금 자원 자체는 엄청난 양이므로 앞으로 수천 년이 흐른다 하더라도 고갈되지는 않을 것이다. 소금판은 두께가 최소 2.5cm 이상인 것을 구입하고 불투명하면서 유백색을 띠는 것은 피하도록 한다. 분홍색 색조가 조밀하게 박힌 것을 고르는 것이 좋다.

사용하는 법

나는 소금판을 오븐 구이나 바비큐, 그릴 등으로 활용하지만 차갑게 식혀서 가벼운 염지용으로 쓰기도 하고 간을 하지 않은 생 조개를 담아서 인상적인 플레이트처럼 사용하기도 한다. 소금판으로 요리를 할 경우에는 가열 속도를 조절하는 것이 중요하다. 너무 빨리 가열하거나 식히면 내부에 갇힌 수분이 팽창해서 균열이 생길 수 있다. 소금판을 천천히 가열할수록 열이 더 오래 보존된다.

소금판은 가열되기까지 시간이 오래 걸리고, 극한의 열기를 오랫동안 보존하면서 식재료에 다시 방출하기 때문에 너무 빨리 데우거나 식히는 것을 그리 좋아하지 않는다. 피자 스톤이나 무쇠 프라이팬을 다루듯이 관리하자. 소금판을 오븐에 미리 넣고(아직 예열하지 않은 차가운 오븐에 넣는 것이다) 160℃로 30분간 예열한 다음 꺼내서 15분간 식힌다. 오븐 온도를 200℃로 올린 다음 소금판을 다시 넣고 30분 더 가열한다. 소금판을 너무 빨리 가열하거나 식히면 깨질 수 있다.

(상단) 참치 스테이크

어떤 효과가 있을까?

소금판을 올바르게 활용하면 중독성 있는 짠맛과 고소한 풍미를 낼 수 있다. 소금판은 피자스톤이나 튼튼한 무쇠팬처럼 음식을 그 위에서 바로 요리할 수 있는 형태로 제작되어 있다. 또한 드라이에이징이나 염지, 음식을 담아내는 그릇 등으로 활용할 수 있다. 수분이 많은 음식은 마른 음식보다 짠맛을 훨씬 잘 흡수하기 때문에 나는 소고기 카르파치오 같은 얇게 썬 고기나 참치, 관자 같은 생선, 조개류 등을 소금판에 얹어서 냉장고에 넣어둔다. 염지되는 과정을 눈으로 바로 확인할 수 있을 정도로 매우 효과적인 도구다.

가열하면 소금판의 강렬한 열이 당분을 캐러멜화하면서 동시에 단백질을 노릇하게 지지는 역할을 한다. 천천히 고온으로 예열한 소금판으로 요리를 하면 겉면이 노릇노릇하고 바삭하게 지져지면서 소금층이 얇게 입혀진다. 일어날 수 있는 유일한 위험으로는 식재료의 수분이 소금판에 녹아들거나 소금판이 충분히 달궈지지 않는 경우를 꼽을 수 있다. 그러면 소금물이 흥건하게 고이면서 음식에 소금 간이 과하게 배어든다. 따라서 소금판은 자칫 식재료가 너무 천천히 익어서 소금물이 생겨날 위험이 없도록 반드시 수분이 몇 방울만 떨어져도 지글지글 끓을 정도로 뜨겁게 달궈야 한다.

세척 및 보관

소금판은 너무 뜨거울 때 세척해서는 안 된다. 반드시 먼저 식힌 다음 뻣뻣한 설거지 수세미와 뜨거운 물로 닦아내되 소금판에 맛이 배어들 수 있으므로 세제는 사용하지 않는다. 차가운(가열하지 않은) 소금판이나 소금 그릇을 세척할 때도 마찬가지다. 소금판은 자연적으로 항진균성이자 항균성을 띠고 있지만 그래도 산뜻하게 만들어보고 싶다면 레몬 조각으로 문지르면 된다.

우리 집에는 찬장과 제일 윗 선반, 계단 아래 등 곳곳에 소금판과 소금 그릇이 여럿 숨어 있다. 콘월의 기후가 습한데다 우리 집은 해안과 가깝기 때문에 소금판을 건조하게 보관하려면 잘 싸놔야 한다. 소금은 본질적으로 흡습성이 있어서 수분을 끌어당기기 때문에 습도를 최소한으로 유지하는 것이 좋다. 창문턱처럼 건조하고 햇볕이 잘 드는 곳에 보관하거나, 수건으로 싸서 밀봉된 비닐봉지 또는 용기에 보관한다.

(우측) 핑크색 암염 덩어리 위에 올려서
공기 순환이 잘 되도록 드라이에이징 중인 스테이크.

드라이에이징 스테이크

습식 스테이크와 건식 숙성, 즉 드라이에이징 스테이크는 확연히 맛에 차이가 있다. 숙성시킬수록 고소한 흙 향기가 발달한다. 소고기 풍미가 진해져서 익혔을 때는 마치 레어 로스트 비프처럼 거의 야생 육류에 가까운 복합적인 맛이 난다. 조리 과정은 비교적 간단한 편으로, 단순하게 소금만을 사용해서 양질의 고기에서 더욱 진한 맛이 나도록 강화시키는 훌륭한 방법이다.

분량: 2인분

프라임 립아이 스테이크 1개(500g)
히말라야 소금판 1개(약 30 x 20 x 4cm)
간 암염 약간(선택)
올리브 오일 약간
해염과 으깬 흑후추

◇ 허브 마늘 버터 재료

부드러운 실온의 무염 버터 25g
으깬 마늘 1쪽 분량
잎만 따서 굵게 다진 타임 또는 로즈마리
　2줄기 분량
플레이크 해염 한 꼬집. 마무리용 여분
으깬 흑후추 한 꼬집

소금판 위에 철망을 얹고 스테이크를 올린다. 이때 취향에 따라 아주 곱게 간 암염을 아주 얇게 한 층 뿌려도 좋다. 냉장고에 넣는다. 이 단계에서는 스테이크에 가볍게 간이 될 만큼의 소금만 뿌려서 표면에 잔잔하게 삼투 현상이 일어나게 해야 하므로 건식 염지를 할 때처럼 수분을 완전히 끌어낼 만큼 간을 하면 안 된다.

공간이 충분하면 소금판과 철망, 스테이크를 밀폐용기에 담아서 냉장고에 넣는 것이 좋지만 현실적으로 그러기는 힘들 것이다. 나는 주로 냉장고의 채소 보관함을 이용하거나 뚜껑이 있는 대형 플라스틱 용기를 활용한다.

스테이크를 이틀 간격으로 뒤집으면서 소금판에 고인 물기를 깨끗하게 닦아내길 반복한다.

드라이에이징은 최소 10일 이상 진행해야 한다. 14~28일 후에는 스테이크에서 고소한 육향이 발달하기 시작한다. 30~45일 후에는 상당히 진한 쏘는 향이 난다. 그래도 먹을 수 있지만 익숙해지려면 힘든 맛이 느껴질 것이다. 효소가 소고기를 부드럽게 만들고 질감을 변화시키는 과정의 결과물이다.

굽기 30~60분 전에 스테이크를 냉장고에서 꺼낸다. 소형 볼에 버터와 마늘, 허브, 소금, 후추를 잘 섞어서 허브 마늘 버터를 만들어도 좋다. 스테이크에 간을 하고 올리브 오일을 소량 둘러서 골고루 묻힌다.

강렬한 숯불이나 스토브에 뜨겁게 예열한 팬, 또는 번철에 스테이크를 올리고 허브 마늘 버터를 끼얹어가면서 미디엄 레어로 굽는다. 스테이크를 만지면 탄탄하게 느껴지고 표면이 멋지게 노릇노릇 캐러멜화될 때까지 약 15분가량 걸린다. 스테이크를 접시에 옮겨 담고 쿠킹 포일을 덮어서 5~6분간 휴지한 다음 버터가 섞인 육즙을 둘러서 낸다. 식탁에서 플레이크 소금을 조금 뿌리면 아삭아삭한 질감을 더할 수 있다.

소금광

오리 가슴살이나 사슴 고기, 기타 소고기 부위 등도 간단하게 대형 결정화 암염 위에 올려 드라이에이징을 할 수 있다. 트레이에 거칠게 손질한 고기 덩어리를 얹으면 해변가에 군데군데 자리한 바위들처럼 보인다. 중요한 포인트는 공기가 순환될 공간을 확보하고 얹은 고기를 주기적으로 뒤집어주는 것이다. 드라이에이징을 할 때는 숙성시키는 식재료 표면에 수분이 흥건하게 고이지 않도록 공기 순환을 시켜주는 것이 매우 중요하다. 고인 염시액은 심부 현상으로의 가교 역할을 해서 너무 빨리 염시되어 버리고, 과신 현싱 때문에 고기 깊숙한 곳의 세포까지 소금 간이 너무 강하게 되어버릴 위험이 있다. 만일 육뉴 신용 냉싱고를 따노 가시고 있을 경우 안에 결정화 소금을 깔아 놓은 공간을 만들어 두면 고급 부위의 풍미를 간편하게 강화하기 좋다.

지금은 셰프들 사이에서 생선을 드라이에이징하는 것 또한 갈수록 흔해지고 있어서 훌륭한 해산물 메뉴판에 자주 등장하곤 한다. 생선 드라이에이징도 기본적으로 육류 드라이에이징과 같은 규칙을 따른다. 수분을 끌어내서 생선을 숙성시키면서 신선한 상태를 유지하며 천연 풍미를 강화하는 것이다. 그런 다음 조리를 하면 육수나 소스의 풍미를 더욱 빨리 흡수하면서 훨씬 촉촉해진다. 생선도 소고기와 마찬가지로 소금판 위에 올려서 숙성시킬 수 있으며 소금판과 함께 개별적으로 걸어 놓을 수 있는 정육점용 후크를 이용하여 냉장고에 걸어서 공기 중에 노출시킨 채로 천천히 수분을 끌어낼 수도 있다. 내 바람은 언젠가 모든 재료를 드라이에이징할 수 있도록 모든 벽에 소금판 타일을 두른 작은 냉장 저장고를 갖는 것이다. 가능성은 희박하다고 보지만 사람은 꿈을 꾸는 것이 중요하니까.

관자 세비체

깨끗한 물에서 자란 양질의 신선한 조개류, 해산물은 날것인 채로도 먹을 수 있지만 가볍게 염지하면 풍미를 더할 수 있으며, 질감이 탄탄해져서 식감이 좋아진다. 관자를 면도칼로 저민 것처럼 얇게 썰어서 소금판에 올리면 수 분만에 염지가 완료되고, 여기에 라임 조각을 곁들이면 집에서도 멋지게 순식간에 세비체를 만들 수 있다. 나는 여기에 깍둑 썬 오이와 둥글게 송송 썬 고추, 딜을 가미해서 바다 특유의 깔끔한 맛을 강화하곤 한다. 고전적인 마가리타나 데킬라 슬래머 칵테일을 곁들여서 파티의 흥을 끌어올리는 톡 쏘는 메뉴를 완성해 보자.

분량: 2인분

손질한 생 가리비 4개 분량
히말라야 소금판 1개(약 30 x 20 x 2.5cm)
곱게 송송 썬 홍고추 1/2개 분량
깍둑 썬 오이 1큰술
라임 제스트 1개 분량
모양대로 잘라낸 라임 과육 1개 분량
　(절반은 즙을 짜는 용도로 사용한다)
장식용 딜 또는 펜넬 잎

가리비 껍데기를 깨끗하게 씻고 내장을 제거한다. 관자는 흐르는 찬물에 씻어서 흙과 모래를 제거한 다음 키친타월로 물기를 제거한다. 관자를 결의 반대 방향으로 얇게 저민다.

소금판에 저민 관자를 조심스럽게 얹고 실온에서 5~10분간 절인다. 송송 썬 고추와 깍둑 썬 오이, 과육만 잘라낸 라임을 군데군데 얹어서 장식함과 동시에 신선한 풍미가 터져나오도록 한다. 라임 제스트와 신선한 딜 또는 펜넬 이파리를 뿌려서 마무리한다.

소금판째로 바로 식탁에 차리거나 세비체를 깨끗한 가리비 껍데기에 옮겨 담고 라임을 손질할 때 나온 즙을 둘러서 낸다.

사슴고기 타르타르

야생 음식은 일반적인 주방의 규칙으로부터 우리를 해방시킬 수 있다. 조리 방법 면에서 특정한 창조적 자유를 불러 일으키고, 그 자체로 계절성을 요구한다. 나에게 있어서 타르타르 만들기란 거의 리드미컬한 과정이다. 샬롯과 코르니숑, 케이퍼를 곱게 다지고 칼 작업을 이어가 담백한 스테이크나 야생 연어 필레, 사슴고기 안심을 잘게 썰어서 곱게 다진 향신료의 크기에 필적할 정도로 작고 날렵하게 날이 서 있는 다진 고기로 변화시킨다. 염지해서 톡 쏘는 금속성 맛에 파도처럼 밀려오는 짭짤한 풍미, 머스터드의 매운 맛이 뒤섞인 맛의 믹싱 데스크(녹음실에서 음악을 녹음할 때 사용하는 도구 -옮긴이)다. 살짝 절인 고기를 먹는 것은 특별한 경험이다. 날것의 맑은 순수함이 배어 있어 매력적으로 느껴지는 요리다. 나는 이 앙상블의 메인을 장식하는 살짝 절인 메추리알 노른자와 밴드 사운드를 뒷받침하는 발사믹 같은 달콤한 감칠맛 비트를 선사하는 흑마늘을 사랑한다.

분량: 2인분

◇ **타르타르 재료**

사슴고기 스테이크(기름기가 적은 최상급
 고기를 고른다) 400g
히말라야 소금판 1개(약 20 x 10 x 2.5cm)
곱게 깍둑 썬 샬롯 1/2개 분량
곱게 깍둑 썬 코르니숑 4~6개 분량
물기를 제거하고 곱게 다진 소금 절임 또는
 식초 절임 케이퍼 1작은술
곱게 깍둑 썬 흑마늘 1쪽 분량
곱게 다진 차이브 1작은술
타라곤 디종 머스터드 1작은술
트러플 오일 1직은술
셰리 식초 1/2작은술
갓 간 흑후추 한 꼬집
비트 소금(아래 참조) 한 꼬집

◇ **비트 소금 재료**

껍질을 벗기고 간 생 비트 1/2개 분량
플레이크 해염 125g

◇ **서빙용 재료**

메추리알 노른자 2개 분량, 예비용 2개
 (담다가 깨질 경우 대비)
비트 소금(위 참조) 1작은술
루콜라 2줌

먼저 푸드 프로세서에 간 비트와 플레이크 해염을 넣어서 화사한 핑크색을 띨 때까지 짧은 간격으로 갈아 비트 소금을 만든다. 이 레시피에 사용하는 것은 소량이므로 남은 비트 소금은 살균한 밀폐 용기에 넣어서 찬장 등 서늘한 응달에 3개월간 보관할 수 있다. 시간이 지나도 안전하게 식용할 수 있지만 색깔과 풍미는 점점 옅어진다.

서빙용 메추리알 노른자를 염지하려면 소형 볼에 노른자 4개를 넣고 계량한 비트 소금을 얕게 덮이도록 뿌려서 1시간 동안 실온에 절인다. 그러면 나중에 꺼내서 접시에 장식하기에도 적절한 상태가 되며, 간이 완벽하게 되고 은은한 흙 향기에 달콤한 맛이 감돌아 사슴고기에 잘 어울린다.

그동안 타르타르를 만든다. 사슴고기를 결 반대 모양으로 얇게 저민 다음 날카로운 식도를 이용해서 작게 깍둑 썬다. 고기를 손질할 때는 최대한 깔끔하고 정확하게 썰어야 나중에 형체 없이 뭉개지지 않는다. 사슴 고기를 전부 다지고 나면 전체적으로 고른 크기가 되도록 다시 한 번 다듬어 굵게 다진 고기와 같은 모양이 되도록 한다(예를 들어 깍둑 썬 샬롯과 비슷한 크기가 되어야 한다). 소금판에 다진 사슴고기를 펼쳐서 담고 실온에 20~30분간 절인다.

사슴고기를 소금판에서 걷어낸 다음 키친 타월로 두드려서 절이는 중에 발생한 수분을 모두 제거한다.

소형 볼에 샬롯과 피클, 케이퍼, 흑마늘, 차이브, 머스터드, 트러플 오일, 식초를 넣고 거품기로 잘 섞어 드레싱을 만든다. 다진 사슴고기에 드레싱을 둘러서 버무린다. 소금판에서 반쯤 절였기 때문에 사슴고기가 타르타르 드레싱의 수분을 머금으면서 향기로운 풍미가 어우러지게 될 것이다.

타르타르에 으깬 흑후추와 비트 소금을 한 꼬집씩 뿌려서 간을 한다. 간을 많이 할 필요가 없을 수 있으므로 먼저 맛을 보고 진행할 것을 권장한다. 흑후추 대신 야생에서 채집할 수 있는 알렉산더 씨를 사용할 수 있다.

내기 바로 직전에 절인 메추리알 노른자를 흐르는 찬물에 부드럽게 씻어서 소금을 제거한 다음 키친 타월로 두드려 물기를 제거한다(절인 메추리알 노른자 남은 것은 밀폐용기에 담아 냉장고에 1주일간 보관할 수 있다. 샐러드 가니시로 사용해 보자).

접시에 로켓을 한 줌 깐 다음 그 위에 베이킹용 원형 틀을 이용해서 사슴고기 타르타르를 동그랗게 담고 그 위에 절인 메추리알 노른자를 올려서 낸다.

압착한 오이 소금판 절임

얇게 썬 가지나 애호박, 토마토로 만들어도 좋은 레시피다. 묵직한 소금판이 저민 오이를 꾹 누르면서 동시에 간을 한다. 소금 간이 배어든 압착 오이는 물에 푹 담그면 저절로 연한 염지액이 완성되면서 발효되기 좋은 환경이 된다. 채소의 수분을 끌어내면서 풍미를 강화하고 오래 보존하는 시골집 스타일 레시피다.

제철을 맞이한 온갖 과일과 채소를 소금판에 압착해 보자. 오이에 월계수 잎과 딜, 머스터드, 고추, 마늘 조합은 아주 전통적이다. 하지만 조금 더 창의적인 요리를 하고 싶다면 염지 배에 황설탕을 뿌리고 소금판에 누른 다음 버번에 절여 보자. 펜넬 구근을 채칼로 썰어서 소금판에 누른 다음 피클로 만들어 생선에 곁들이거나 톡 쏘는 레물라드를 만들어도 좋다. 재래종 토마토를 소금판에 누른 다음 오래된 빵과 함께 갈면 강렬한 맛의 여름 가스파초가 된다.

분량: 600g

길게 반으로 썬 오이 2개 분량
히말라야 소금판 2개(약 20 x 15 x 5cm)
다진 딜 1큰술
옐로우 머스터드 씨 1/2작은술
말린 칠리 플레이크 1/2작은술
저민 마늘 2쪽 분량
월계수 잎 4장

오이는 길고 얇은 모양으로 고르게 썰어서 소금판 하나에 한 층으로 얹는다. 딜과 머스터드 씨, 칠리 플레이크를 뿌린다. 오이를 올린 사이의 빈틈에 마늘과 월계수 잎을 얹는다.

남은 소금판을 오이 위에 얹는다. 그대로 꾹 눌러 실온에서 1시간 동안 절인 다음 들어내서 오이를 뒤집는다. 다시 소금판을 얹고 꾹 눌러서 1시간 더 절인다.

압착한 오이 소금판 절임은 버거에 넣거나 곱게 다져서 쿠스쿠스에 넣어도 좋고 물에 푹 담가서 자연스럽게 생성된 염지액에 7~10일간 절이면 젖산 발효되어 사워 피클이 된다. 같은 방식으로 양배추를 절여서 살균한 병에 차곡차곡 담고 누름돌을 얹어서 사우어크라우트를 만들 수도 있다(더 자세한 방법은 120~121쪽의 사우어크라우트 레시피 참조). 압착한 오이 소금판 절임은 밀폐용기에 담아서 냉장고에 10일간 보관할 수 있다.

(좌측) 자타르와 플레이크 해염으로 양념해서 쓴맛을 줄이고 수분을 일부 제거한 가지. 저민 가지를 묵직한 소금판 두 개 사이에 끼워 압착한 다음 숯불에 구워서 캐러멜화하여 은은한 단맛을 강화한다.

연어 소금판 구이

소금판에 식재료를 올려서 굽는 방식은 엄청나게 간단한 데다가 음식을 익히면서 강렬한 미네랄 풍미와 간을 바로 가미할 수 있다. 내 조언은 음식이 너무 짜질 수 있으니 소금을 더 뿌리는 일이 없도록 하고 굽기 전에 생선과 채소에 오일을 둘러서 보호하라는 것이다. 두꺼운 소금판은 가열하면 마치 피자 스톤처럼 엄청난 수준의 전도열을 음식에 전달하는데, 생선을 구우려면 우선 예열하는 과정을 거쳐야 한다. 덕분에 생선 조리 시간이 놀라울 정도로 줄어들어서 7~8분 정도면 완전히 익힐 수 있다. 아스파라거스에는 갓 짜낸 레몬 즙을 넉넉히 뿌리는 것이 좋고, 데빌드 홀랜다이즈에는 칠리를 충분히 넣어야 연어구이의 짭짤한 맛을 보완할 수 있다.

분량: 2인분

히말라야 소금판 1개(약 30 x 20 x 4cm)
야생 연어 필레(껍질째) 2장(총 약 400g)
올리브 오일 1큰술
으깬 흑후추 한 꼬집
줄기 토마토(줄기째) 8개
손질한 아스파라거스 줄기 1줌
레몬 즙과 제스트 1개 분량
곱게 다진 파슬리 1작은술
장식용 다진 고수 1큰술

◇ **데빌드 홀랜다이즈 재료**

깍둑 썬 가염 버터 250g
자연 방목 달걀 노른자 4개(대) 분량
다진 마늘 1쪽 분량
디종 머스터드 1/2작은술
레몬 즙 1작은술
핫 칠리 소스 1작은술

소금 덩어리를 차가운 오븐에 넣고 온도를 160℃까지 올린다. 소금 덩어리를 잠깐 꺼낸 다음 15분 뒤에 다시 오븐에 넣고 온도를 200℃까지 올려서 30분 더 가열한다.

그동안 데빌드 홀랜다이즈를 만든다. 버터를 중탕으로 녹인 다음 다른 내열용 대형 볼에 달걀 노른자와 마늘을 넣고 데운 버터를 천천히 넣으면서 거품기로 쉬지 않고 잘 섞는다. 매끄러운 벨벳 같은 질감이 될 때까지 거품기로 휘저은 다음 머스터드와 레몬 즙, 핫소스를 넣어서 섞는다. 다시 중탕에 올려서 소스가 조금 걸쭉해질 때까지 2~3분 더 거품기로 휘젓는다. 불에서 내리고 덮개를 씌워서 생선을 굽는 동안 따뜻한 곳에 보관한다.

연어에 올리브 오일을 약간 두르고 흑후추 한 꼬집으로 간을 한 다음 뜨거운 소금판에 껍질이 아래로 가도록 얹는다. 토마토와 아스파라거스에 나머지 오일과 레몬 즙을 조금 둘러서 버무린다. 아스파라거스 위에 레몬 제스트와 파슬리를 뿌린 다음 토마토와 함께 소금판에 같이 올려서 오븐에 넣고, 생선이 익고 채소가 부드러워질 때까지 7~8분간 굽는다.

오븐에서 꺼내고 아스파라거스 위에 여분의 레몬 즙을 뿌린다. 데빌드 홀랜다이즈를 연어 소금판 구이 위에 두르고 고수를 뿌려서 장식한 다음 뜨거운 소금판째로 식탁에 차린다.

소금판 버거

버거 패티가 노출된 그릴의 강렬한 열기에 갇히면 다진 고기에서 육즙이 너무 빨리 빠져 나가서 너무 퍼석퍼석해지거나, 지방이 화염에 부딪혀서 불꽃이 일어나고 탄내가 밸 위험이 있다. 아래의 레시피를 따르면 그슬린 불향이 사라지는 대신 깔끔하면서 육즙이 촉촉하고 완벽하게 간이 된 버거를 만들 수 있다. 성공 비결은 익으면서 형성되는 소고기 겉면의 소금 크러스트와, 소금판에 바로 얹어서 구운 덕분에 고기가 노릇노릇하게 캐러멜화되면서 배어든 달콤하고 강렬한 감칠맛이다. 뜨거운 소금판에서 발생하는 강력한 복사열이 오븐의 대류열과 동시에 작동하여 패티를 매우 촉촉하게 유지함과 동시에 간을 딱 맞춰준다.

형광색으로 빛나는 주황빛 슬라이스 치즈 한 장을 올린 양질의 수제 소고기 버거 패티는 내 은밀한 즐거움 중 하나다. 고급 미식가용 목초 방목 소고기에 호머 심슨이 좋아할 법한 정크 푸드 향수를 일으키는 치즈를 곁들이는 건 역설 같지만, 적어도 나에게는 딱 맞는 맛이다!

분량: 4인분

히말라야 소금판 1개(약 40 x 20 x 4cm)

◇ **버거 패티 재료**

곱게 깍둑 썬 샬롯 1개 분량
식용유 1큰술, 마무리용 여분
다진 소고기 1kg
너트메그 가루 1/2작은술
깃 긴 흑후추 1/2작은술
해염 한 꼬집(소)
치즈(고다, 에멘탈 또는 버거용 치즈) 4장(선택)

◇ **서빙용 재료**

브리오슈 롤 4개
샐러드 잎채소
딜 오이 피클(126쪽 참조)
케첩 또는 버거 렐리쉬
감자튀김 또는 찹샐러드

차가운 오븐에 소금판을 넣고 온도를 160℃로 맞추고 30분간 예열한다. 오븐에서 소금판을 꺼내고 15분간 식힌 다음 다시 오븐에 넣고 온도를 200℃로 높여서 30분 더 가열한다.

소금판을 예열하는 동안 버거 패티를 만든다. 소형 프라이팬에 오일을 두르고 샬롯을 넣어서 중약 불에 약 15분간 캐러멜화하며 볶은 다음 실온으로 식힌다.

다진 소고기에 캐러멜화한 샬롯을 넣고 너트메그와 후추, 소금으로 간을 해서 잘 섞는다. 4등분해서 손으로 패티 모양으로 빚는다.

소고기 패티에 오일을 약간 두르고 뜨겁게 예열한 소금판에 얹어서 오븐에 5~6분간 굽는다. 패티를 뒤집어서 멋지게 크러스트가 생기고 고기가 캐러멜화될 때까지 5~6분 더 굽는다. 치즈(사용 시)를 올리고 녹을 때까지 2~3분 더 굽는다.

그동안 브리오슈 롤을 반으로 갈라서 가볍게 굽는다. 샐러드용 채소와 피클, 케첩, 렐리쉬, 감자튀김, 찹샐러드를 따로 준비한다.

구운 버거번에 샐러드 채소와 버거 패티를 올리고 피클과 케첩 또는 렐리쉬를 뿌린다. 감자튀김이나 찹샐러드를 곁들여 낸다.

소금 그릇 타라곤 마요

　소금 그릇은 일종의 고대 연금술사의 가마솥과 같아서 모양 잡힌 소금 그릇이 반짝이는 광택과 부드러운 미소를 선보이며 아주 천천히 녹아 안에 담긴 내용물을 변형시키고, 시간이 갈수록 레시피가 쌓인 만큼 내부 곡선이 너욱 깊어만 간다.

　내 생각에는 아마 다시는 다른 그릇으로 마요네즈를 만드는 일이 없을 것 같다. 셰프로서 쇼핑 목록에 오른 재료를 하나 지우고도 음식에 더 깊은 풍미를 더할 수 있는 방법이 있다면 따져볼 필요도 없을 일이니까.

　솔직히 고백하자면 나는 타라곤 마요네즈에 살짝 집착하는 편이다. 머스터드나 마요네즈 또는 홀랜다이즈에 타라곤을 약간 추가하면 그 완벽한 아니스의 가벼운 풍미가 맛을 확 끌어올려 소박한 고전 요리의 수준을 높여 준다. 이 레시피가 소금 그릇을 구입해서 내면의 소금 마법을 발휘하고 싶어지게 만들기를 바란다. 가정의 요리사는 신선한 마요네즈를 직접 만드는 것을 간과하고 넘어가곤 하지만 단순한 프렌치 프라이 한 접시더라도 이 순수한 벨벳 같은 소스에 찍었을 때보다 더 맛있기란 쉽지 않다.

분량: 300g

진한 자연 방목 달걀 노른자 2개 분량
히말라야 소금 그릇 1개(지름 약 15cm)
타라곤 디종 머스터드 1작은술
화이트 와인 식초 1큰술
냉압착 유채씨 오일 300ml
다진 타라곤 1큰술 또는 입맛 따라 조절
마늘 퓨레 1작은술 또는 입맛 따라 조절

　소금 그릇에 달걀 노른자와 머스터드, 식초를 넣고 고운 페이스트 상태가 될 때까지 거품기로 잘 섞는다.

　오일을 천천히 일정하게 부으면서 거품기로 계속 휘저어 유화시킨다. 약 3~4분 후면 마요네즈가 유화되어서 걸쭉해질 것이다. 타라곤과 마늘 퓨레를 입맛에 따라 넣고 잘 섞는다.

　바로 내거나 밀폐용기에 옮겨 담아서 냉장고에 1주일간 보관할 수 있다.

소금광

소금 그릇은 솔직히 하나쯤 가지고 있으면 정말 폼이 나는 도구다. 가능성은 그야말로 무한하다. 드레싱을 만들거나 샐러드를 버무리고 가염 캐러멜을 완성하는 등 다재다능한 믹싱볼로 활용해 보자. 나는 요리에 따로 소금을 가미할 필요 없이, 식재료가 오목한 미네랄 곡선을 그리는 분홍색 표면을 쓸고 지나가면서 입혀지는 깨끗한 소금 한 층에 온전히 기대는 그 단순함을 좋아한다.

Chapter 13

소금 크러스트 구이

소금 크러스트를 깨뜨려 여는 것은 주방에서의 상상력을 자극하는 순간이다. 길쭉하게 썰어 구운 사워도우 토스트를 삶은 반숙 달걀 노른자에 푹 담글 때, 혹은 탄두리 화덕 특유의 진홍빛을 띤 천천히 훈연한 양지머리를 곱게 썰거나 탁탁 타오르는 모닥불 옆에서 작년에 야생에서 수확한 호두를 깨뜨려 깔 때면 모든 감각이 어우러지며 쉽게 찾기 힘들 정도로 대단히 만족스러운 기분이 차오른다. 소금 크러스트 구이는 언제나 이런 감각을 선사한다.

내가 처음으로 소금 크러스트에 익힌 음식을 먹은 것은 10년 전에 촬영한 〈배고픈 선원(The Hungry Sailors)〉이라는 TV시리즈에서 항해 모험을 떠났을 때였다. 내 아버지인 딕 스트로브리지와 함께 목재 보트를 타고 영국 남부 해안을 항해하면서 식재료를 수집해 엄청난 요리를 하는 내용의 쇼였다. 우리는 선박 조리실에서 야생 농어를 통째로 소금 크러스트에 감싸 익힌 다음 갑판에 가지고 올라가 함께 깨뜨려 열었다. 처음으로 소금 크러스트 요리를 시도하면 완벽하게 만들기 쉽지 않지만 그때는 아니었다. 아버지가 말씀하셨듯이 내가 잘해서라기보다는 운이 좋았겠지만, 훌륭한 소금 크러스트 요리였다. 생선은 촉촉하고 결대로 곱게 찢어졌으며, 소금 크러스트 아래에서 눈에 보이지 않는 짭짤한 증기에 가둬져 익은 만큼 기이할 정도로 간이 잘 되어 있었다. 바위처럼 단단한 소금은 구워지면서 결정화된 회반죽처럼 딱딱해졌고, 생선을 감싸면서 오븐에서 격렬하게 부풀어오르지 않도록 반짝이는 방파제가 되어주었다.

소금 크러스트 구이의 원리

소금 크러스트 구이의 원리는 간단하며 그 기록은 기원전 400년경으로 거슬러 올라간다. 본질적으로 이 요리는 소금 반죽으로 식재료를 감싼 다음 굽는 것이다. 농도는 가볍게 거품낸 머랭에서 끈적한 빵 반죽까지 다양하며, 가장 간단한 레시피는 소금에 그냥 물을 충분히 넣어서 축축하게 젖은 모래 같은 상태를 만드는 것이다. 결과물은 결코 실망을 주지 않는다. 딱딱한 황금색 껍질을 깨서 열면 그 아래에서 부드럽고 김이 폴폴 오르는 향기로운 상품이 드러난다.

소금으로 이루어진 보호층은 식재료 주변에 절연층을 형성해서 내부에 수분을 가둔다. 앙 파피요트의 유산지

봉투에 음식을 넣어 조리하는 것과 약간 비슷하지만 그보다 단단한 껍질이다. 그리고 여기에 더해서, 당연하지만 음식에 간을 하는 역할을 한다. 소금이 식재료의 표면에서 용해된 후 삼투압을 통해서 침투하기 시작하기 때문에 음식의 겉부분이 매우 짭짤해진다. 이 때문에 나는 보통 익힌 후 먹기 전에 껍질을 벗길 수 있는 비교적 큼직한 식재료로만 소금 크러스트 구이를 한다.

조리 시간도 중요하다. 소금 크러스트 아래 들어간 식재료가 완전히 익으려면 일반 조리 시에 비해 최소 50%의 시간이 더 필요하다. 소금은 열 전도율이 매우 낮기 때문에 아래 묻힌 음식에게는 효과적인 단열재 역할을 한다. 소금 크러스트 구이는 기본적으로 음식의 열을 차단해서 천천히 고르게 익히는 오븐 속의 오븐 역할을 한다. 우리가 터득해야 할 짭짤하고 느리고 천천히 익히는 궁극적인 조리법이다. 그 결과 천연 육즙이나 채즙이 증발하지 않고 갇혀서, 촉촉하고 즙이 넘치며 영양이 풍부한 요리가 완성된다. 풍미 손실도 적고 재료가 건조해지는 것을 확실하게

방지할 수 있는 방법이므로 생선을 통째로 익히는 데에 흔하게 사용한다. 소금 크러스트 자체는 먹을 수 없다. 시도도 하지 말자. 안타깝게도 이 부분이 소금 요리법을 비싸고 낭비가 심한 레시피로 만든다. 그러니 이 문제를 해결해 보자. 나는 대량의 소금을 사용하고 바로 버리게 되는 전체적인 과정이 과히 사치스럽게 느껴져서, 항상 소금 비율을 줄이고 밀가루나 달걀 흰자로 부피를 늘린다. 사용할 소금을 선택할 때는 식사용 소금 대신 암염이나 고운 플레이크 소금, 작고 아삭아삭한 결정형 소금 등을 권장한다. 식사용 소금은 저렴하지만 풍미 측면에서 요리에 그다지 도움이 되지 않는다.

풍미 더하기

소금 크러스트 구이와 함께라면 상상력이 허용하는 한 다채로운 모험을 할 수 있다. 소금 반죽에 풍미 재료를 추가하면 연극적인 재미를 살려서 눈 앞에 누워 있는 구운 고치를 열면 어떤 음식이 숨어 있을지에 대한 기대감을 불러일으키게 하는 향기 층을 가미할 수 있다.

향기로운 허브와 향신료를 소금에 섞어서 풍미를 내면 차원이 다른 소금 크러스트 구이가 탄생한다. 통생선으로 소금 크러스트 구이를 한다면 오븐에 통닭을 넣어서 로스트 치킨을 할 때처럼 반드시 생선 속에 레몬그라스나 신선한 허브를 채워서 익혀야 한다. 생선 속을 채우면 소라 껍데기 속에서 울려 퍼지는 바닷소리처럼 향기로운 내음이 소금 크러스트를 가득 채우며 퍼진다. 또는 펜넬이나 감귤류, 신선한 허브 줄기 등 얇게 저민 향신료 재료를 평평하게 한 켜 깔고 그 위에 식재료를 올릴 수도 있다. 그런 다음 소금 반죽을 덮어서 꼼꼼하게 씌우는 것이다.

소금 반죽은 새로운 아이디어의 부화를 직접 눈으로 확인할 수 있는 창의성의 번데기라고 할 수 있다. 내면의 소금광을 해방시켜서 오븐 트레이를 통째로 식탁에 차리고 친구, 가족이 바라보는 가운데 활짝 열어 보자.

(상단) 펜넬

비트 소금 크러스트 구이

비트는 특유의 금속성 흙 풍미 덕분에 소금 크러스트 구이를 만들기에 완벽한 재료가 된다. 크러스트의 신선한 소금기가 비트를 찌면서 굽는 동안 수분이 달아나지 않게 한다. 소금 반죽을 깨뜨려 열면 그 안에 들어 있는 비트는 숟가락으로 쉽게 자를 수 있을 정도로 부드러워야 한다.

분량: 4인분

굵은 해수염 1kg
밀가루 4큰술
곱게 푼 달걀 흰자 2개 분량
다진 딜 1큰술(선택)
껍질째 잘 문질러 씻은 생비트 8~12개

오븐을 180°C로 예열하고 베이킹 트레이에 유산지를 한 장 깐다.

그릇에 물 100ml를 계량한다. 대형 볼에 소금과 밀가루, 곱게 푼 달걀 흰자, 계량한 물을 넣어서 잘 섞는다. 다진 딜(사용 시)을 넣고 잘 섞은 다음 필요하면 소금 반죽이 축축한 모래 같은 상태가 되도록 물을 조금 추가해 마저 섞는다.

유산지를 깐 베이킹 트레이에 비트를 서로 빼곡하게 채워서 담는다. 소금 크러스트 반죽을 얹어서 전체적으로 약 2~3cm 두께가 되도록 고르게 다듬는다. 되도록이면 크러스트에 빈틈이 생기지 않도록 한다.

소금 크러스트가 단단해져서 칼등으로 쓸면 꺼끌꺼끌한 소리가 날 때까지 오븐에서 1시간 30분간 굽는다.

그대로 10~15분간 휴지한 다음 깨뜨려서 열어 비트를 꺼낸다. 껍질을 벗기거나 여분의 소금만 가볍게 털어낸다.

비트 소금 크러스트 구이는 얇게 저며서 염소 치즈와 함께 그릴 샌드위치를 만들면 아주 맛있다. 또는 다진 딜과 오렌지 제스트를 섞어서 흙 향기가 터져나오는 짭짤한 코울슬로를 만들어도 좋고, 타히니와 익힌 병아리콩을 섞어 곱게 갈면 화사한 핑크빛 후무스가 완성된다.

야생 농어 소금 크러스트 구이

나는 온갖 종류의 생선을 소금 크러스트로 구워 보았는데, 세상에는 이 방식을 소금 반죽 아래 해산물을 숨겨버리는 일종의 쇼맨십으로 치부하는 경향이 있다. 생선은 거의 소금만 사용해서 반짝반짝 빛나고 수정이 박힌 바위처럼 단단한 크러스트를 이용해서 주로 굽는다. 물론 그렇게 만들어도 비트 소금 크러스트 구이만큼이나 환상적인 요리가 되지만, 나는 셰프로서 생선에는 짭짤한 머랭에 가깝게 만든 더 가벼운 소금 크러스트가 더 잘 어울린다고 생각한다.

이 소금 크러스트는 조리한 후에 큼직큼직한 덩어리로 잘 떨어져나와 쉽게 벗겨낼 수 있기 때문에 딱딱해진 크러스트를 부수느라 해체하면서 생선에 온통 소금 반죽 조각이 떨어지거나 짠맛이 너무 강해질 일이 없다. 농어를 준비했기 때문에 소금 크러스트 반죽에 딜을 섞은 다음 아니스와 감귤류를 넣은 향기로운 허브 매트를 만들어서 그 위에 생선을 얹고, 가벼운 소금 크러스트 아래 쪄지면서 속살에 향이 배어들도록 했다. 전혀 가식적인 요소가 없는 조리법이므로 생선 요리에 대한 두려움을 극복하고 싶은 사람이라면 이것부터 시작해 볼 것을 강력하게 추천한다. 제대로 만들기만 한다면 소금 반죽 덕분에 촉촉하면서 결대로 곱게 찢어지고 은은한 바닷바람 향이 나는 생선이 완성된다.

분량: 2인분

◇ **소금 크러스트 재료**
달걀 흰자 6개 분량
해수염 플레이크 250g
　(다음 장의 사용한 소금 참조)
곱게 다진 딜 1큰술

◇ **농어 소금 크러스트 구이 재료**
얇게 송송 썬 펜넬 1/2개 분량
얇게 송송 썬 핑크 자몽 1/2개 분량
내장과 비늘을 제거한 야생 농어 1마리
　(통, 약 800g)
타라곤 1단

◇ **샐러드 재료**
얇게 송송 썬 펜넬 1/2개 분량
껍질을 벗기고 깍둑 썬 오이 1/2개 분량
발아 씨앗(녹두, 병아리콩과/또는 해바라기 씨
　모둠) 2큰술
과육만 모양대로 잘라낸 핑크 자몽 1/2개 분량
곱게 깍둑 썬 샬롯 1개 분량
트러플 오일 1작은술
화이트 와인 식초 1작은술
해염과 갓 간 검은 후추

오븐을 180℃로 예열한다.

소금 크러스트를 만든다. 볼에 달걀 흰자를 넣고 뻣뻣하게 뿔이 설 때까지 거품을 낸 다음 소금과 딜을 넣어서 철제 주걱이나 얇은 스패출러로 접듯이 섞는다. 이때 거품이 완전히 꺼지지 않도록 주의한다.

베이킹 트레이에 펜넬과 자몽을 깐다. 농어의 뱃속에 타라곤을 채운 다음 펜넬과 자몽 위에 농어를 올린다. 소금 머랭 반죽을 생선 위에 올려서 조심스럽게 빈틈없이 펴 바른다(펜넬과 자몽까지 완전히 가려져야 한다).

소금 크러스트가 만지면 딱딱하게 느껴지고 살짝 노릇해질 때까지 오븐에서 25~30분간 굽는다.

농어를 굽는 동안 대형 볼에 모든 샐러드 재료를 넣고 소금과 후추로 간을 해서 골고루 버무린다.

오븐에서 농어를 꺼낸다. 묵직한 칼의 등쪽으로 두드려서 소금 크러스트를 깬 다음 덩어리로 뜯어낸다.

구운 농어에 톡 쏘는 신선한 맛의 샐러드를 곁들여 낸다.

사용한 소금:

시칠리아 해염

이 농어 레시피에는 트라파니의 시칠리아 해염이 더없이 적합하다. 시칠리아 북서부 해안에서 수확한 소금으로
여름의 태양과 강력한 아프리카 바람으로 수분을 증발시킨다. 염전 상단에 형성되는 작은 소금 결정체는 피오
레 디 살레(Fiore di Sale)라고 부르며, 천연 아이오딘과 마그네슘, 포타슘이 풍부하게 함유되어 있다. 이 고운 알
갱이는 가벼운 소금 크러스트를 만들 때 잘 어울리는데, 달걀 흰자와 아주 잘 결합되어서 쉽게 펴 바를 수 있는
견고한 구조를 만들어내 생선의 풍미가 날아가지 않게 가두면서 생선 표면에서 빠르게 녹아 알맞게 간을 한다.

양고기 소금 크러스트 구이

소금 크러스트 반죽에 감싼 양고기 구이를 처음 만들어본 것은 몇 년 전 겨울, 뜨거운 바위 바닥 위에 올린 지하 오븐에서였다. 당시 나는 투박한 통밀 소금 크러스트 반죽에 다진 쐐기 풀을 다져 넣어서 맛을 냈고, 수 시간 동안 천천히 익힌 양고기에서는 흙 향기와 금속성의 톡 쏘는 맛이 가미된 완전히 매료될 풍미가 느껴졌다. 그 이후로 이 레시피에 푹 빠지고 말았다.

여기서 선보이는 봄철에 어울리는 레시피에서는 야생 타임과 구운 마늘 소금을 넣어서 군침이 도는 맛을 냈고, 갸륵한 산마늘로 양고기를 감싸서 딱딱해진 크러스트를 깨뜨려 환상적으로 촉촉한 고기가 드러날 때 신선한 마늘 향기가 퍼지도록 한다.

분량: 4인분

◇ **양고기 재료**

만능양념장 2큰술(116쪽 참조)
엑스트라 버진 올리브 오일 1큰술
다진 타임 잎 1큰술
으깬 마늘 1큰술
펜넬 씨 1작은술
플레이크 해염 1작은술
으깬 흑후추 1/2작은술
양 다리(뼈째) 1/2개(1.5~2kg)
야생 마늘 잎 1단(대)

◇ **소금 크러스트 반죽 재료**

달걀 흰자 5개 분량
밀가루 700g, 덧가루용 여분
구운 마늘 소금 400g
다진 타임 잎 1큰술

◇ **서빙용 재료**

삶은 햇감자(여기서는 집에서 기른
　아파치(Apache) 감자 사용) 400g
손질해서 찐 깍지콩 120g
삶은 냉동 완두콩 200g
깍둑 썬 가염 버터 55g
다진 민트 1큰술

소형 볼에 만능양념장과 오일, 타임, 마늘, 펜넬 씨, 소금, 후추를 넣어서 잘 섞는다. 이 혼합물을 양 다리에 골고루 잘 바른 다음 접시에 담고 덮개를 씌워서 냉장고에 최소 2시간, 가능하면 하룻밤 동안 재운다.

오븐을 160℃로 예열한다.

이제 거친 소금 크러스트 반죽을 만든다. 볼에 달걀 흰자를 넣고 가볍고 보송보송한 상태가 될 때까지 풀어서 따로 둔다. 다른 볼에 밀가루와 마늘 소금, 타임, 물 250ml를 넣어 섞는다. 달걀 흰자에 밀가루 혼합물을 넣고 천천히 접듯이 섞어서 반죽할 수 있을 정도로 적당히 단단하며 축축한 반죽을 만든다. 필요하면 밀가루를 추가해서 상태를 조절한다. 도마에 덧가루를 뿌리고 반죽을 올려서 밀대로 밀어 양고기를 완전히 감쌀 정도의 넓이로 편다.

재운 양고기를 산마늘로 감싼 다음 소금 반죽 가운데에 얹는다. 반죽을 접어서 양고기를 완전히 감싸 봉한다. 들어올려서 로스팅 트레이에 이음매가 아래로 오도록 얹는다. 오븐에서 소금 크러스트 반죽이 바위처럼 딱딱해지고 짙은 갈색을 띠면서 안쪽의 양고기가 완전히 익을 때까지 4시간 30분~5시간 정도 익힌다. 실제 꼬치고 그리스트에 니바을 내고 조리용 온도계의 탐침을 밀어넣어서 양고기 내부 온도가 60~70℃가 되었는지 확인한다.

꺼내서 20~30분간 휴지한 다음 크러스트를 깨서 열어 완벽하게 간이 된 양고기가 드러나게 한다. 고기가 뼈에서 저절로 떨어질 정도로 부드럽게 익어야 한다. 양고기를 썰어서 버터와 다진 민트를 뿌린 다음 삶거나 찐 채소를 곁들여 낸다.

호박 소금 크러스트 구이

밀짚 또는 건초 구이는 크기가 큰 채소나 통째로 염지한 닭, 고기 덩어리 등을 소금구이할 때 접목하기 적합한 방법이다. 소금 크러스트 반죽을 만들 때 소금으로 색다른 도전을 하기에도 딱 좋다. 보리짚과 해염, 밀가루를 섞으면 옥수수대 같은 느낌이 드는 투박한 건축 자재와 비슷한 모양이 된다. 소금과 밀짚을 섞으면 단열 효과가 뛰어나서 음식이 익기까지 시간이 더 오래 걸리지만 기다릴 만한 가치가 있는 결과물이 나온다.

분량: 4인분

잘 푼 달걀 흰자 4개 분량

해염 250g

밀가루 250g

보리짚 또는 건초 적당량(둥지 모양으로 다듬어서 호박을 완전히 감쌀 수 있을 정도의 분량. 베이킹 트레이에 깔 용도의 여분)

도토리 호박(땅콩호박이나 레드 쿠리(Red Kuri) 호박, 크라운 프린스(Crown Prince) 호박 등으로 대체 가능) 1개(대)

오븐을 160℃로 예열한다. 투박한 소금 크러스트 반죽을 만들려면 우선 대형 볼에 달걀 흰자를 넣고 잘 푼다. 소금과 밀가루를 넣고 접듯이 섞는다. 밀짚 또는 건초를 넣은 다음 물 150ml를 부어서 끈적끈적하게 잘 섞는다.

베이킹 트레이의 바닥에 밀짚 또는 건초를 작게 한 줌 깔고 그 위에 호박을 얹는다. 밀짚 소금 반죽을 얹어서 호박을 빈틈없이 완전히 감싼다.

오븐에 호박을 넣고 4시간 동안 굽는다. 소금 크러스트는 딱딱하고 짙은 갈색을 띠고 안의 호박은 부드럽게 익어야 한다. 꼬챙이로 찔러서 호박이 부드럽게 익었는지 확인한다.

꺼내서 칼로 소금 크러스트를 깨뜨려 연다. 호박 윗부분을 잘라내서 씨를 퍼낸다. 껍질은 먹을 수 없지만 살점은 완벽하게 부드럽게 익어서 먹을 수 있는 상태여야 한다.

호박 소금 크러스트 구이는 퓌 렌틸과 호두 절임, 루콜라 페스토를 곁들여 내거나 밤과 사과를 넣어서 갈아 수프를 만들어도 좋고 훈제 해덕, 콜리플라워와 함께 섞어서 크로켓을 만들 수도 있다.

밀짚 소금 호박 뇨끼

　수제 뇨끼는 집에서 만들기에는 조금 손이 가는 편이지만 개인적으로 그만한 노력을 들일 가치가 있다고 생각한다. 이 레시피에서는 파스타를 삶을 때 물에 평소보다 소금 간을 더 적게 해야 한다. 뇨끼를 빚을 때는 반드시 포크로 눌러서 홈을 만든 다음 조리해야 요리를 완성할 때 소스가 뇨끼에 제대로 달라붙어 버무려진다.

분량: 4인분

호박 소금 크러스트 구이(169쪽 참조)의 과육 400g(씨와 껍질을 제거한 무게)

00 밀가루 200g, 덧가루용 여분

잘 푼 달걀 1개

씨를 제거하고 굵게 다진 로스트한 붉은 피망 (수제 또는 시판 병조림) 1개 분량

굵게 다진 곱슬 케일 1줌 분량

잣 1큰술

레드 페퍼 페스토 1큰술

올리브 오일 적당량

해염과 갓 간 흑후추

서빙용 간 파르메잔 치즈

　호박 소금 크러스트 구이가 식으면 반으로 자른 다음 씨와 껍질을 제거하고 과육만 필요한 만큼 계량한다. 푸드 프로세서에 넣고 밀가루와 달걀을 넣어 1~2분간 간다. 꽤 축축한 반죽 같은 상태가 되어야 한다. 보통의 감자 뇨끼보다 수분이 많은 편이므로 놀라지 말자. 작업하기 편하도록 밀가루 양을 조금 늘려도 괜찮다.

　작업대에 덧가루를 뿌리고 호박 반죽을 올려서 1~2분간 반죽한 다음 랩으로 싼다. 냉장고에 넣어서 1시간 동안 차갑게 식힌다.

　덧가루를 가볍게 뿌린 작업대에 반죽을 얹어서 약 3cm 지름의 줄 모양으로 돌돌 굴린다. 한 입 크기로 송송 썬다. 포크에 덧가루를 뿌리고 뇨끼 반죽을 하나씩 눌러서 홈을 만든다. 이 홈은 나중에 굽고 나서 소스가 뇨끼에 잘 달라붙게 만드는 역할을 한다.

　대형 냄비에 소금 간을 가볍게 한 물을 한소끔 끓인다. 단호박 뇨끼를 전부 넣고 수면 위로 동동 떠오를 때까지 2~3분간 삶는다(냄비가 작으면 적당량씩 나눠서 삶는다).

　그동안 프라이팬에 올리브 오일을 두르고 로스트한 붉은 피망과 케일, 잣, 페스토를 넣어서 중간 불에 1~2분간 익힌다. 그물 국자로 삶은 뇨끼를 건져서 프라이팬에 넣고 뇨끼가 노릇노릇해져서 가장자리가 바삭바삭해지기 시작할 때까지 3~4분간 익힌다. 파르메잔 치즈와 흑후추를 넉넉히 갈아서 뿌려 낸다.

셀러리악 소금 크러스트 구이

외관만 보면 셀러리악은 울퉁불퉁한 옹이투성이의 외계 생물체 같은 피부에, 안그래도 신기하게 생긴 채소의 표면에는 홈과 분화구가 가득하고 흙먼지까지 차 있어서 마치 공상과학 영화에서 막 튀어나온 것 같다. 여기서는 셀러리악 소금 크러스트 구이를 둘러싼 수수께끼를 조명하고, 어째서 이 효과적인 레시피가 뿌리 채소 본연의 풍미를 강화하는지 설명하고자 한다.

숙련된 요리사인 나로서도 셀러리악 껍질을 벗기는 단순 노동을 그다지 선호하지 않으며, 쉽게 산화되는 그 크림색 속살을 변색시키지 않고 조리하는 법을 익히는 데에는 상당한 노력이 필요하다. 섬세한 달콤쌉쌀한 풍미를 가리지 않으면서 고소한 풍미를 강화할 수 있을 정도로 딱 적당한 만큼 소금 간을 능숙하게 하는 것 또한 터득하기 어려운 기술이다. 하지만 셀러리악을 통째로 소금 크러스트 반죽에 감싸 충분히 오래 천천히 구우면, 엄지손가락으로 문지르기만 해도 껍질이 벗겨진다. 그렇게 껍질을 벗겨서 환상적일 정도로 부드럽고 촉촉한 과육이 드러나는 과정 자체가 즐겁게 느껴질 정도다. 목질 풍미가 삼나무를 연상시키는 달콤한 향으로 변하고, 소금 간이 쓴맛을 신기루처럼 부드럽게 다독인다. 모험을 할 가치가 있는 상징적인 소금 반죽 작품이다.

분량: 4인분

달걀 흰자 6개 분량
앵글시 해염 315g
밀가루 100g
껍질을 벗겨서 간 생 홀스래디시 1큰술
셀러리악 1개(중, 약 750g)

오븐을 180℃로 예열한다.

소금 크러스트를 만든다. 볼에 달걀 흰자를 넣고 단단한 뿔이 설 때까지 거품을 낸 다음 소금과 밀가루, 물 5큰술, 홀스래디시를 넣고 접듯이 섞는다.

로스팅 트레이에 소금 크러스트 반죽을 한 덩이 떨어뜨린 다음 그 위에 셀러리악을 조심스럽게 올린다. 나머지 소금 크러스트 반죽을 스패츌러로 빈틈이 없도록 셀러리악에 골고루 바른다.

오븐에서 반죽 안의 셀러리악이 버터처럼 부드럽게 익고(꼬챙이로 찔러서 상태를 확인한다) 크러스트가 바위처럼 단단하고 노릇해질 때까지 4시간 동안 익힌다.

소금 크러스트를 깨뜨려 연 다음 셀러리악의 껍질을 벗긴다. 이 단계에서 그냥 썰어서 내도 좋고 큼직하게 덩어리로 자른 다음 브라운 버터에 백후추 가루를 뿌려서 볶아 낸다. 또는 볶은 샬롯, 채수, 블루 치즈와 함께 곱게 갈아서 크림 같은 수프를 만들어도 좋다.

셀러리악 스카치 에그

전통 레시피를 살짝 비틀어 만든 궁극의 피크닉 메뉴다. 고소하고 달콤하면서 크림처럼 부드럽고 미네랄 풍미가 감도는 짭짤함과 따뜻한 맛이 가득해 우리 가족의 레시피 중에서도 '힐링 메뉴'에 굳건하게 자리잡고 있다. 나라면 아침이든 점심이든 저녁이든 심지어 레스토랑이든 공원 벤치이든 가리지 않고 행복하게 먹을 수 있는 음식이다.

분량: 4인분

껍질을 제거한 셀러리악 소금 크러스트 구이
    (173쪽 참조) 280g

데쳐서 곱게 다진 곱슬 케일 1줌 분량

디종 머스터드 1작은술

다진 세이지 1작은술

밀가루 1~3큰술, 조리용 여분

잘 푼 달걀 2개 분량

곱게 송송 썬 리크 1대 분량

곱게 송송 썬 샬롯 1개 분량

간 새송이버섯 1개(대) 분량

가염 버터 40g

노른자가 진한 달걀 4개(대)

팡코 빵가루 100g

해염과 으깬 흑후추

튀김용 식용유

껍질을 벗긴 셀러리악 과육을 갈아서 볼에 넣고 데친 케일과 머스터드, 세이지, 밀가루 1큰술을 넣는다. 곱게 푼 달걀 2개 분량의 4분의 1 정도를 넣고 잘 섞는다. 따로 둔다.

프라이팬에 버터를 녹여서 리크와 샬롯, 버섯을 넣고 중간 불에서 부드러워질 때까지 4~5분간 볶는다. 소량의 소금과 후추로 간을 한다. 셀러리악 볼에 볶은 채소를 넣고 섞은 다음 절반 분량을 덜어서 푸드 프로세서에 넣고 가볍게 간다. 갈아낸 셀러리악 혼합물을 다시 셀러리악 볼에 넣고 손으로 잘 섞은 다음 간을 맞춘다. 아마 소금 간을 더 할 필요는 거의 없을 것이다.

반죽을 손에 쥐어서 떨어지지 않고 모양을 유지하는지 확인한 다음 필요하면 밀가루나 달걀물을 넣어서 점도를 조절한다. 따로 둔다.

깨지 않은 달걀 4개는 4분간 삶은 다음(반숙 노른자를 좋아하는 내 취향에 맞춘 것이므로 완숙을 좋아한다면 더 오래 삶는다) 흐르는 찬물에 충분히 식힌다. 만질 수 있을 정도로 식으면 껍질을 벗기고 셀러리악 혼합물을 4분의 1 덜어서 달걀 하나를 완전히 감싸 공 모양으로 빚는다. 이 공 모양 반죽에 밀가루를 묻힌 다음 나머지 달걀물에 담가 골고루 묻힌다. 마지막으로 빵가루에 굴려서 골고루 묻힌다. 튀김옷이 두꺼운 것을 좋아한다면 이 밀가루와 달걀물, 빵가루 옷 입히는 과정을 한 번 더 반복한다. 접시에 담아서 냉장고에 넣고 30~40분간 휴지한다.

비닥이 두껍고 속이 깊은 대형 펜에 식용유를 3분의 1 정도 깊이로 넉넉히 붓는다(또는 튀김기를 사용한다). 중간 불에서 튀김 기름이 180℃가 될 때까지 가열한다(또는 작은 빵조각을 넣으면 30초만에 노릇노릇해질 때까지 가열한다. 넣자마자 노릇해지며 색이 날 정도로 온도가 높지 않으면 튀김옷이 기름을 너무 많이 흡수하게 된다). 셀러리악 스코치 에그를 한 번에 한두 개씩 넣고 30초마다 뒤집어가며 노릇노릇하고 바삭바삭해질 때까지 3~4분간 튀긴다. 그물국자로 스코치 에그를 건져서 키친 타월에 얹어 여분의 기름기를 제거한다. 튀김 기름을 다시 가열해서 온도를 맞춘 다음 나머지 스코치 에그 두 개를 넣어서 마저 튀긴다. 따뜻하게 혹은 차갑게 낸다. 그냥 먹어도 맛있고 셀러리악 레물라드나 에일 처트니 등을 간단하게 곁들여도 좋다.

차갑게 낼 때는 밀폐용기에 담아서 냉장 보관한다. 7일까지 보관할 수 있다.

실파 소금 크러스트 구이

제로 웨이스트 셰프인 더글라스 맥마스터가 당근을 퇴비에 굽는 모험을 한 이야기를 처음 읽었을 때 제일 먼저 떠오른 감상은 그가 힙스터 유행의 철저한 희생자가 되어서 부패해가고 있다는 것이었다. 하지만 소금으로 직접 나름대로 레시피를 만들어 보면서, 이는 사실 실험을 거듭하면서 우리가 물려받은 고전적인 규칙 중 일부를 새롭게 고쳐 나가며 주방에서의 자신감을 쌓아 나가기 위한 과정이라는 점을 이해하게 되었다.

이 레시피를 활용해서 고구마 소금 크러스트 구이를 할 때 커피가루를 넣거나 송어 소금 크러스트 구이에 소금과 홍차 가루를 넣고, 왕새우 소금 크러스트 구이를 할 때 감귤류 껍질과 고추씨를 넣는 식으로 적용할 수 있다. 내가 만든 퇴비 후무스에서는 달콤한 향기와 뚜렷한 흙 냄새가 느껴진다. 조금 멋쩍은 기분이 드는 것이, 작가로서 음식의 맛을 설명할 때 '흙 냄새'라는 말을 과용하는 편인데 솔직히 이 요리에서 비로소 최초로 진정한 그 본연의 의미가 느껴지기 때문이다.

이 조합은 칼솟을 통째로 직화에 구워서 로메스코 소스를 곁들여 내는 카탈로니아 전통에서 일부 영감을 받은 것이다. 마무리할 때 여분의 감칠맛을 가미하기 위해서 훈제 소금을 넉넉하게 뿌리고, 아몬드와 피망을 갈아서 소스를 만드는 대신 간단하게 구워서 고소한 엑스트라 버진 올리브 오일을 둘러 낸다. 실파가 없으면 칼솟이나 어린 리크로 대체할 수 있으며, 이럴 경우에는 짭짤한 퇴비 구이로 부드럽고 촉촉하게 익고 나면 그릴에 얹어서 마무리하도록 한다.

분량: 2인분

◇ **실파 재료**

수제 퇴비 또는 토탄이 들어가지 않은 시판
  퇴비 250g
달걀 흰자 5개 분량
섬세한 풍미를 내는 빌 그니 또는
  고운 플레이크 해염 250g
양끝을 다듬은 실파 12대

◇ **서빙과 가니시용 재료**

씨를 제거하고 송송 썬 로스트한 붉은 피망
  (수제 또는 시판 병조림)
훈제 아몬드
훈제 소금
엑스트라 버진 올리브 오일
식용 꽃(선택)

오븐을 200℃로 예열한다.

실파를 익히려면 우선 로스팅 트레이에 퇴비를 펼쳐 담아서 오븐에 10분간 구워 살균한 다음 꺼내서 식힌다. 실파를 유산지를 깐 베이킹 트레이에 구울 때와 같은 온도를 활용하면 된다.

볼에 달걀 흰자를 넣어서 단단하게 뿔이 설 때까지 거품을 낸다. 퇴비와 소금을 넣어서 잘 섞은 다음 베이킹 트레이에 소량 떠서 얹는다. 스패출러로 넓게 펴 바른 다음(실파를 모두 한 켜로 펼쳐 담을 수 있을 정도의 넓이로) 실파를 그 위에 조심스럽게 얹는다. 이때 실파의 겉껍질은 소금과 퇴비가 묻은 후에 벗겨내야 하므로 아직 제거하지 않는다.

나머지 소금 반죽을 실파 위에 올려서 빈틈없이 바른다. 오븐에서 실파가 소금 크러스트 안에서 쪄져 부드러워질 때까지 45분간 굽는다.

오븐에서 꺼낸 다음 만질 수 있을 정도로 식으면 소금 크러스트를 벗겨내고 조리용 솔로 실파에 묻은 소금과 퇴비 찌꺼기를 털어낸다. 실파의 겉껍질을 벗겨낸 다음 그릇에 구운 홍피망과 훈제 아몬드를 수북하게 갈아서 그 위에 실파를 얹는다. 훈제 소금으로 간을 한 다음 엑스트라 버진 올리브 오일을 두른다. 식용 꽃이 있으면 장식해서 낸다. 정원에서 먹으면 제일 맛있는 요리다!

Chapter 14
가향 소금

나는 이 장을 통해서 여러분이 다들 영감을 받아 오늘 당장 직접 가향 소금을 만들어보게 되기를 바란다. 일단 작은 한 단지 분량이라도 만들어보고 나면 이 사소한 소금 공예 하나가 여러분을 새롭고 흥미로운 곳으로 데려가 줄 것이라고 약속할 수 있다.

언젠가는 내가 지금까지 만든 모든 가향 소금을 모아서 ㄱ부터 ㅎ까지 가향 소금과 혼합 향신료만으로 이루어진 색인을 갖춘 후속작을 쓸 수 있기를 바란다. 수 년간 나는 전문 셰프로서 레스토랑과 슈퍼마켓에서 활용할 수 있는 혁신적인 혼합 소금 향신료를 개발하는 일을 해 왔는데, 한 순간도 따분하게 느껴지지 않았다. 소금은 비현실적일 정도로 다재다능하고, 허브나 향신료 외에 깊이를 선사하는 다른 재료를 첨가해서 풍미를 층층이 쌓아나갈 수 있다. 소금에 바닐라 빈 깍지와 설탕을 섞으면 크렘 브륄레만큼이나 가리비 관자와 잘 어울리는 특이한 혼합 양념이 된다. 비트 즙을 소금 결정과 함께 섞어서 오븐에 넣어 건조시키면 놀랍도록 아름다우면서 아릿한 흙과 철분의 맛, 단맛이 느껴지는 소금이 된다. 지금 눈 앞에 어떤 허브가 있는가? 주방에서 집어들 만한 향신료가 있다면? 나는

내 정원에 앉아서 손만 뻗으면 닿을 곳에 로즈메리와 펜넬, 로켓, 루바브, 실파와 함께 어우러져 자라나는 꽃들을 바라보고 있다. 이 모든 강렬한 여름의 풍미를 모아서 소금에 담아낼 수 있다.

섞기

집에서 직접 가향 소금을 만드는 데에는 여러 가지 방법이 있다. 나는 소금에 고추 및 아주 강한 향신료를 섞을 경우에는 대략 20:1의 비율을, 소금에 허브와 감귤류를 섞을 경우에는 10:1의 비율을 이용한다. 그리고 가향 소금을 만들 때는 가능한 고운 플레이크 해염을 사용할 것을 권장한다. 소금 결정의 크기가 작을수록 향신료 및 허브와 골고루 잘 섞여서 간을 더욱 균일하게 할 수 있다. 하지만 정해진 규칙이 있는 것은 아니므로 개인의 취향에 따라 결정하면 된다. 풍미 재료를 많이 넣을수록 음식에 간을 할 때 특유의 맛이 더욱 강렬하게 반영된다. 혼합 향신료가 아니라 가향 소금이므로 양념할 때 너무 많이 사용하면 소태가 된다는 점을 반드시 기억하자.

(좌측) 파프리카 가루와 화이트 와인, 사프란 소금으로 조리한 새우
(상단) 바닐라 소금

가향 소금을 만들려면 볼에 마른 가향 재료와 소금을 넣어서 골고루 퍼지도록 잘 섞으면 된다. 그리고 냄비에 액상 재료를 넣어서 약한 불에 올려 졸이면 걸쭉해지기 시작하면서 끈적끈적한 졸임액, 즉 시럽 상태가 된다. 원래 부피의 약 3분의 1로 줄어들 때까지 졸여서 풍미가 진한 시럽을 만든 다음 소금과 함께 섞는다(단 이때 너무 묽은 상태로 섞거나 과하게 휘저으면 소금이 녹아버리니 주의해야 한다). 이렇게 촉촉한 소금 혼합물을 만드는 것의 단점은 명백하게 수분이 많다는 것이다.

또한 종종 푸드 프로세서를 사용해서 생과일이나 채소, 허브, 기타 특이한 요리 재료를 소금과 함께 갈아 풍미가 가득한 고급 향신료를 만들기도 한다. 이처럼 소금에 수분을 가미했을 경우에는 밀폐용기에 보관하기 전에 소금 혼합물을 건조시키는 것이 중요하다. 나는 베이킹 시트에 펼쳐 담아서 건조기에 넣고 수 시간 동안 말리거나 약 70℃ 정도의 아주 낮은 온도의 오븐에서 건조시킨다. 최상의 결과물을 얻고 싶다면 가향 소금 만들기를 매주 반복하는 주방 작업 루틴으로 삼는 것은 어떨까? 그렇게 하면 끊임없이 새로운 아이디어와 특이한 식재료를 실험할 수 있다. 요리는 즐거워야 하는데, 가향 소금은 새로운 장난감을 손에 넣는 것이나 마찬가지다. 가지고 놀면서 즐겨 보자.

(상단) 고추 소금은 세이지와 함께 호박을 구울 때 양념하기에 딱 좋다.

감귤류 로즈메리 소금

로즈메리 잎을 곱게 다져서 소금과 갈아낸 레몬 제스트, 으깬 흑후추와 섞은 것이다. 그릴에 구운 닭고기에 풍미를 더하거나 아귀꼬리에 입히는 빵가루에 향을 입히고 버섯 피자에 칠리 오일과 함께 뿌리는 식으로 맛을 강화시키는 훌륭한 양념이 된다.

향신료 펜넬 소금

펜넬 잎에 소금과 설탕을 섞고 말려서 으깬 주니퍼 베리와 흑후추, 코리앤더 씨를 섞으면 무지개 송어의 필레와 잘 어울리는 부드러운 염지 재료로 쓰기 좋다.

후추 맛 루콜라 소금

루콜라 잎 넉넉한 한 줌에 루콜라 꽃을 섞어서 소금과 함께 갈면 후추 맛이 나는 녹색 소금이 완성되는데, 포카치아에 양념을 하거나 블루 치즈를 곁들인 사슴 고기 카르파치오에 뿌리기 좋다.

흥미로운 루바브 소금

루바브 소금이라 하면, 음, 솔직히 마음에 드는데 지금까지 한 번도 떠올린 적이 없었다! 과연 달콤하면서 짜릿하게 새콤한 맛까지 동시에 지닌 분홍색 소금을 만들 수 있을까? 그 해답은 '당연히 그렇다'다! 루바브에 생강과 설탕, 레몬 즙, 사과 식초를 약간 넣고 가열해 분홍색 시럽을 만든 다음, 체에 걸러 식힌 후 플레이크 해염과 함께 잘 섞는다. 그릴에 구운 폭찹이나 고등어 구이, 참치 아보카도 세비체에 화사하게 간을 하기 좋고 위스키 루바브 사워 칵테일의 가장자리에 묻혀도 잘 어울린다.

훈제 실파 소금

마지막으로 실파의 등장이다. 186쪽의 숯 소금(태운 리크 재) 레시피를 활용하면 효과가 좋다. 실파를 뜨거운 숯에 올려서 거뭇거뭇하게 구우면 양파속의 향이 나는 숯이 완성된다. 일단 익어서 완전히 타 까맣게 된 실파를 말린 다음 푸드 프로세서 등으로 간다. 이 숯 소금으로 로메스코 소스에 간을 하면 탄 양파 향을 가미할 수 있고, 카프레제 샐러드에 뿌려도 잘 어울린다.

여기서 하고 싶은 말은 거의 모든 식재료를 이용해서 가향 소금을 만들 수 있다는 것이다.

음식물 쓰레기

소금은 훌륭한 방부제이므로 음식물 쓰레기를 줄이고 싶다면 식품 저장실과 향신료 찬장에 보관할 수 있는 가향 소금을 만들어 보자. 말 그대로 쓰레기통에 들어갈 뻔한 남은 식재료는 무엇이든 이용해서 가향 소금을 만들 수 있다. 쉽게 떠올릴 수 있는 구성으로는 사용하고 난 커피 가루에 파프리카 가루와 훈제 고춧가루, 바비큐 향신료를 섞거나 와인을 마시고 병에 남은 찌꺼기로 와인 소금을 만드는 것, 남아서 상태가 시들시들해진 허브, 비트나 당근처럼 구운 뿌리채소 자투리로 팝아트처럼 톡톡 튀는 색상의 소금을 만드는 것 등이 있다. 남은 김치나 크라우트를 건조시켜서 빻으면 요리에 톡 쏘는 젖산의 새콤함이 가미된 감칠맛을 가미할 수 있는 양념 가루가 된다.

계절감

나는 언제나 계절에서 영감을 받는다. 자연에서 채집한 식재료는 색상판처럼 빙글빙글 돌아가는 화려한 색감과 야생 풍미를 선사한다. 엘더플라워와 명이, 가시금작화, 잣 또는 해초로 가향 소금을 만들어보자. 예를 들어서 호박에 세이지 소금, 아스파라거스에 레몬 소금처럼 제철 채소의 맛에 어울리는 가향 소금을 뿌리면 제대로 빛나는 요리를 만들 수 있다.

보관

가향 소금을 포함한 모든 소금은 밀폐용기나 살균한 유리병에 보관해야 하고 기본적으로 어두운 곳에 둔다. 2개월 이상 보관하고 싶다면 첨가한 재료는 반드시 완전히 말려 써야 한다. 나는 1년이 지난 가향 소금도 풍미가 남아 있고 보기에도 예뻐서 잘 사용하지만, 맛에 확실하게 인상을 남기기에는 갓 만든 가향 소금만한 것이 없다.

(좌측) 결국 루바브 소금을 만들고 싶은 욕망을 뿌리칠 수가 없었다. 여기서는 야생 연어를 절이는 용도로 사용했으며, 락 샘파이어와 아스파라거스 그릴 구이를 곁들였다.
(우측 상단) 가시금작화 소금
(우측 중앙) 명이 소금
(우측 하단) 레몬 제스트와 으깬 흑후추, 차이브를 넉넉히 넣고 터메릭 가루를 한 꼬집 가미해 닭고기나 햇감자구이에 사용하기 좋은 엄청나게 맛있는 가향 소금을 만들었다.

숯 소금(태운 리크 재)

만들 수 있는 중 가장 로큰롤다운 맛이 나는 소금으로, 어둡고 신비스러운 맛이 나고 가장 단순한 요리에도 드라마틱한 풍미를 선사한다. 리크 재는 숯 담요를 뚫고 소금의 화사한 짠 맛을 보완할 수 있는 양파속의 쏘는 맛을 선사한다. 순수한 단순함을 지니고 있으며 새하얀 소금 플레이크와 효과적으로 대조적인 느낌을 구현할 수 있어 내가 가장 좋아하는 소금이다.

분량: 약 250g

손질하지 않은 통리크 2대(또는 숯을 만드는
　과정을 건너뛰고 리크 향을 포기한다면
　불활성 숯가루 2큰술)
플레이크 해염 225g

리크를 뜨거운 숯불에 굽거나 숯 위에 바로 올려서 숯가루에 지저분해지도록 굽는다. 자주 조심스럽게 뒤집으면서 전체적으로 거뭇하게 탈 때까지 최소 25~30분 정도 익힌다.

리크를 꺼내서 충분히 식힌 다음 까맣게 탄 제일 바깥쪽 껍질을 벗겨낸다. 남은 리크는 다시 숯불에 태워서 재를 더 얻어낼 수도 있고, 부드러워진 속살을 버터, 파슬리와 함께 먹어도 좋다.

벗겨낸 리크 겉껍질을 해염 1큰술과 함께 절구에 찧거나 푸드 프로세서에 갈아서 고운 가루 상태로 만든다.

리크 재 가루(또는 숯가루)에 나머지 플레이크 해염을 섞어서 화산재처럼 거뭇한 소금을 만든다. 밀폐용기에 담아서 서늘한 응달에 12개월까지 보관할 수 있다. 구운 비트나 채소 꼬치 그릴구이, 군옥수수, 사슴 안심과 꾀꼬리버섯에 곁들여 보자.

(우측) 바질과 방울토마토를 얹은 여름 애호박 브루스케타에 뿌린 숯 소금

흑마늘 소금

줄리어스 시저보다도 로마 같은 맛이 나는 소금이다. 이탈리아로 휴가를 떠났을 때 안치오 해변에서 최초로 카프레제 샐러드를 먹은 기억이 아직도 또렷하게 남아 있는데, 아래 레시피 가 그것을 변주한 것이다. 미뢰를 깨워서 이 가향 소금을 맛보게 해보자.

분량: 약 150g

흑마늘 6쪽
해염(셀 그리 사용. 아래의 사용한 소금 참조)
   140g

푸드 프로세서에 흑마늘과 소금을 넣고 짧은 간격으로 갈아서 골고루 잘 섞이도록 한다.

베이킹 시트에 흑마늘 소금을 펼쳐서 담고 건조기에 넣어서 수 시간 동안 건조시킨다. 또는 유산지를 깐 베이킹 트레이에 펼쳐서 담고 100℃로 예열 한 낮은 온도의 오븐에 30분~1시간 정도 말린다.

식힌 다음 밀폐용기에 담아서 서늘한 응달에 12개월까지 보관할 수 있다.

구운 사슴고기나 오리, 구운 비트, 재래식 토마토에 곁들여 낸다(190쪽의 레시피 참조).

사용한 소금:
셀 그리

이 레시피에 아삭아삭한 셀 그리를 사용한 이유는, 토마토와 버터 같은 연질 치즈(190쪽의 레시피 참조) 에 솔솔 뿌렸을 때 질감이 톡톡 튀면서 그 존재가 느껴지기를 원했기 때문이다. 소금의 조합만으로 오페 라다운 분위기가 느껴지게 하는 조합이다. 흑마늘을 소금 결정과 함께 퓨레처럼 갈아내서 탄 호박색으로 물든 흙빛 테라코타 같은 모습을 완성했지만 그 향은 마치 햇빛에 바랜 벽과 모자이크 타일에 반사되는 회색 아침 햇살처럼 초월적이다.

토마토 마늘 샐러드

잘 익은 토마토를 구워서 나란히 담고 톡 쏘는 맛의 까만 소금을 뿌린 접시에는 무언가 특별한 것이 있다. 유럽의 풍미를 소리 높여 주장하는 맛에는 선과 악에 대한 오래된 전설이 들려오는 듯한 소박한 드라마가 담겨 있다.

친구, 가족과 함께 보내는 긴 여름 저녁까지 내가 제철 음식을 사랑하는 모든 이유가 들어 있는 샐러드로, 이 메뉴를 식탁에 차리는 것은 타오르는 햇불에 불을 붙이고 높이 들어올려서 감칠맛 가득한 만찬의 시작을 알리는 것과 같다. 빵 한 조각과 좋은 레드 와인 한 잔과 함께 즐기는 것을 추천한다.

분량: 4인분

◇ **토마토 재료**

재래 품종 토마토(대)와 줄기 방울토마토 모둠
    약 1kg
엑스트라 버진 올리브 오일 1큰술. 마무리용 여분
흑마늘 소금(189쪽 참조) 1/2작은술
으깬 흑후추 1/2작은술
바질 8~12장
구운 마늘쪽(껍질째) 1통 분량
물기를 제거한 소금 절임 또는 식초 절임
    케이퍼 1큰술

◇ **서빙용 재료**

물기를 제거하고 적당히 뜯은 부라타 또는
    모짜렐라 치즈 1개 분량
바질 위
발사믹 글레이즈 1큰술
흑마늘 소금(189쪽 참조) 작은 한 꼬집
포카치아 또는 구운 치아바타

오븐을 200℃로 예열한다.

큰 토마토는 반으로 잘라서 손질한다. 베이킹 트레이에 모든 토마토를 담는다. 계량한 올리브 오일을 두르고 흑마늘 소금과 흑후추를 뿌려서 간을 한다. 생 바질 잎을 뜯어서 뿌리고 구운 마늘을 쭉 짜서 얹는다. 케이퍼를 넣은 다음 오븐에서 토마토가 부드러워지고 군데군데 그슬릴 때까지 15~20분간 굽는다.

따뜻할 때 부라타나 모짜렐라, 바질 잎을 얹어 낸다. 여분의 올리브 오일과 발사믹 글레이즈를 두르고 흑마늘 소금을 작게 한 꼬집 집어서 뿌린다. 포카치아나 구운 치아바타를 곁들여 낸다.

닭껍질 소금

 닭껍질 소금 한 꼬집이면 대구 한 조각을 완전히 변신시킬 수 있고(194쪽 레시피 참조), 레몬 즙과 함께 아보카도에 뿌리거나 닭고기 케밥에 뿌려서 바비큐를 화려하게 만들 수 있으며 버터 치킨 커리에도 잘 맞는다.

 또한 로스트치킨을 만들고 남은 닭껍질을 활용할 수 있는 훌륭한 제로웨이스트 레시피이기도 하다. 다만 우리 집에서는 껍질이 남는 일이 거의 없어서, 로스트치킨을 썰 때 껍질을 먹지 않고 닭껍질 소금을 만들기 위해 오븐에 넣어서 바삭하게 만들기 위한 닭껍질을 따로 모으려면 엄청난 자제력을 발휘해야 한다.

 온전히 닭껍질만 이용해서 만들 수 있고 나도 종종 그렇게 하지만, 나는 향신료와 양념으로만 구성해서 채식 버전일 때가 많은 호주식 닭껍질 소금도 꽤나 좋아한다.

 섬세하게 구운 닭껍질과 상업적인 맛이 뒤섞여서 죄책감이 들 정도로 만족스러운 천국을 선사한다.

분량: 약 200g

닭껍질 2마리 분량
히말라야 고운 소금 6큰술
닭 육수 가루 2큰술
마늘 가루 2큰술
스위트 파프리카 가루 1큰술
양파 가루 1작은술
백후추 가루 1/2작은술

 오븐을 200℃로 예열한다.

 닭껍질은 유산지 2장 사이에 깐 다음 베이킹 트레이에 올리고 그 위에 다른 베이킹 트레이를 하나 더 얹는다. 오븐에서 노릇노릇하고 바삭바삭해질 때까지 20~22분간 굽는다.

 식힘망에 올려서 식힌다. 식으면 푸드 프로세서에 넣고 히말라야 소금을 포함한 기타 모든 재료를 넣고 곱게 간다. 밀폐용기에 담아서 냉장고에 2~3주일간 보관할 수 있다.

 감자튀김이나 로스트 치킨, 맥앤치즈, 솔트앤페퍼 닭날개 등에 곁들여 낸다.

버터 치킨 소스와 양배추 조림, 아스파라거스를 곁들인 대구

내가 가진 것 중 가장 은근한 서프앤터프(미국에서 고기 요리와 해산물 요리가 같이 나오는 것을 통칭하는 말 - 옮긴이) 요리로, 바다처럼 고요한 모습 아래에 강력한 감칠맛 조미료가 숨어 있다. 닭껍질 소금과 버터, 대구의 우아한 조합이 과일 향 양배추 조림, 부드러운 아스파라거스와 짝을 이루어 혀를 위한 조용한 마법을 보여준다. 한 번 먹어보면 평생 대구에 닭껍질 소금을 뿌리고 싶어지게 될 것이다. 해변을 따라 평화롭게 산책하던 추억을 떠올리게 하는 조합이다.

분량: 2인분

◇ 조린 양배추와 아스파라거스찜 재료
가염 버터 55g
길게 웨지 모양으로 썬 배추 1통 분량
드라이 사과주 125ml
닭껍질 소금(193쪽 참조) 한 꼬집
손질한 아스파라거스 6대

◇ 대구 재료
올리브 오일 1큰술
껍질을 제거한 대구 필레 2장
깍둑 썬 무염 버터 25g
다진 딜 1큰술
닭껍질 소금(193쪽 참조) 한 꼬집

양배추 조림을 만들려면 우선 코팅 프라이팬에 버터를 넣고 녹인 다음 양배추를 넣고 강한 불에 2~3분간 지진다. 사과주를 넣고 뚜껑을 닫은 다음 약한 불에서 15분간 조린다. 간은 내기 직전에 닭껍질 소금으로 한다. 그동안 아스파라거스는 3~4분간 찐다.

양배추가 거의 익으면 대구를 익히기 시작한다. 다른 코팅 프라이팬에 올리브 오일을 두르고 달군 다음 대구 필레를 넣는다. 중강 불에 3분간 구운 다음 뒤집어서 버터와 딜, 닭껍질 소금을 넣고 3분 더 굽는다. 대구는 불투명하고 결대로 잘 찢어지고 버터에 익혀서 촉촉하며 닭껍질 소금에 간이 충분히 된 상태여야 한다.

대구에 양배추 조림과 아스파라거스를 곁들이고 산미가 있는 드라이 사과주 또는 홉과 감귤류 향이 나는 IPA를 차갑게 한 잔 따라 함께 마신다.

트러플 소금

사랑을 담아 요리한 버섯 리소토는 언제나 맛있고 크리미하다. 하지만 트러플 소금을 한 꼬집만 넣으면 영혼에 지어진 나무 위의 집 같은 맛이 탄생한다. 트러플은 아주 소량만으로도 큰 효과를 발휘하며, 앞으로 다가올 계절을 위해 풍미를 보존하는 능력이 있다.

분량: 약 250g

곱게 다진 생 블랙 트러플 1/2개 분량
플레이크 해염(여기서는 플뢰르 드 셀 사용)
　　250g
포르치니 가루 1/2작은술

건조기를 이용해서 트러플 조각을 50~60℃에 약 8시간 정도 건조시킨다. 식힌 다음 플레이크 해염, 포르치니 가루와 함께 섞는다. 소형 푸드 프로세서에 넣고 짧은 간격으로 갈아서 잘게 빻은 트러플이 소금에 골고루 잘 퍼지도록 한다.

밀폐용기에 담아서 서늘한 응달에 두면 12개월 동안 화려한 향기를 유지할 수 있다. 버섯 토스트나 익힌 달걀 요리, 리소토(아래 레시피 참조), 버섯 피자, 신선한 무화과 등과 함께 낸다.

트러플향 버섯 리소토

집처럼 편안한 느낌을 주는 소박한 풍미의 음식이다. 여기에 트러플 소금을 뿌리기만 하면 숲 속 오두막에서의 푸짐한 식사가 갑자기 왕궁 연회의 상석에 차려진 진미가 된다.

분량: 2인분

곱게 긴 파르메잔 치즈 4큰술
트러플 오일 1큰술, 마무리용 여분
깍둑 썬 야생 버섯 175g
곱게 깍둑 썬 샬롯 1개 분량
깍둑 썬 마늘 1쪽 분량
깍둑 썬 말린 포르치니 1큰술
아르보리오 쌀 115g
마살라 와인 50㎖
뜨거운 닭 육수 1L
곱게 다진 차이브 1큰술
트러플 소금(위쪽 참조) 3~4꼬집
으깬 흑후추 2꼬집
송송 썰어서 십자 모양으로 얇게 칼집을 넣은
　　새송이버섯 1개 분량

오븐을 200℃로 예열하고 베이킹 트레이에 유산지를 깐다.

파르메잔 칩을 만들려면 우선 유산지를 깐 베이킹 트레이에 갈아낸 치즈를 동그란 모양으로 수북하게 두 군데 쌓는다(지름 약 10cm 크기). 오븐에서 치즈가 얇게 퍼져 노릇노릇해질 때까지 12분간 굽는다. 베이킹 트레이에 얹은 채로 굳을 때까지 식힌 다음 조심스럽게 유산지에서 벗겨내고 따로 둔다.

그동안 고전적인 버섯 리소토를 만든다. 먼저 팬에 트러플 오일을 두르고 야생 버섯과 샬롯, 마늘을 볶는 것부터 시작한다. 중간 불에서 5~10분간 부드러워질 때까지 볶은 다음 말린 포르치니와 쌀을 넣어서 조금 더 볶고 와인을 붓는다.

리소토 팬 바닥에 붙은 파편을 긁어낸 다음 뜨거운 육수를 한 번에 한 국자씩 넣는다. 쌀이 육수를 완전히 흡수하면 다시 한 국자 넣기를 반복한다. 쌀이 부드럽지만 아직 살짝 씹힐 정도로 익을 때까지 같은 방식으로 육수를 넣으면서 20분간 익힌다. 차이브를 넣고 잘 섞은 다음 트러플 소금과 흑후추를 한 꼬집씩 넣어서 간을 한다.

그동안 코팅 프라이팬에 트러플 오일을 한 바퀴 두르고 송송 썬 새송이버섯을 넣은 다음 트러플 소금과 흑후추를 한 꼬집씩 넣고 지진다. 강한 불에서 노릇노릇해질 때까지 약 8분간 굽는다.

접시에 구운 버섯을 담고 리소토를 올린다. 파르메산 칩으로 장식한다. 마지막으로 트러플 소금을 한 꼬집 뿌려서 마무리한다.

로스트 소금

 수 년 전, 업무를 위해 혼합 향신료를 개발할 때의 과업은 돼지고기 로스트 전문 업체인 그레이트 브리티시 로스트에 도전하는 것이었다. 특별한 날을 대표하는 양념을 만들기 위해서 노력했는데, 시도하기 절대 만만한 일이 아니라서 예전에도 몇 번 실패로 돌아간 적이 있었다. 하지만 지금은 이 소금만큼은 제대로 성공했다는 사실을 알고 있는데, 맨체스터 시에 석탄을 가져가거나 콘월 사람에게 페이스트리를 파는 것처럼 이 레시피를 북쪽에 가져가 그 유명한 요크셔 푸딩 제조업체와 함께 로스트를 만든 적이 있기 때문이다. 그때 그들에게서 승인 도장을 받았다.

 이 양념은 로스트 치킨과 모든 종류의 감자 및 뿌리채소에 정말 잘 어울리며 긴 테이블에 모두 둘러 앉아 노는 종류의 행사에 향수 어린 기억을 불러일으키는 효과가 있다. 내 맛있는 요크셔 푸딩(201쪽 참조)과 함께 먹어볼 것을 추천한다.

분량: 약 100g

플레이크 해염(플뢰르 드 셀드 일 드 레 사용.
　201쪽의 사용한 소금 참조) 70g
껍질을 벗기고 간 생 홀스래디시 1작은술
으깬 흑후추 1작은술
마늘 가루 1/2작은술
양파 가루 1/2작은술
말린 로즈메리 1/2작은술
월계수 잎 가루 1/2작은술
말린 세이지 1/2작은술

볼에 모든 재료를 넣어서 잘 섞는다. 푸드 프로세서에서 짧은 간격으로 곱게 간 다음 밀폐용기에 담는다. 서늘한 응달에서 12개월까지 보관할 수 있다.

요크셔 푸딩

　요크셔 푸딩 반죽을 개량하는 것은 쉽지 않은 일이지만 솔직히 아래 레시피는 온 가족에게 사랑받는 대표적인 음식을 한 단계 발전시키는 데에 성공했다고 생각한다. 소금과 로스트 디너(영국인이 19~20세기에 먹었던 전형적인 일요일 식사로 로스트비프가 주를 이룬다 —옮긴이)에서 영감을 받은 허브 및 향신료가 잘 어우러져서 요크셔 푸딩의 풍미 특징이 잘 두드러지게 하는 탄탄한 배경을 선사한다. 마치 한 가족이 수다를 떨기 위해 저녁 식탁에 앉았을 때 울려 퍼지는 은은한 대화 소리와 같다. 마치 딱 꼬집어서 어느 순간이 대단하다고 말하기는 어렵지만 그 자리에 있지 못하게 될 때는 크게 그리워지는 추억처럼.

분량: 6개(개별용 푸딩은 12개)

달걀 4개
우유(전지유) 200ml
밀가루 140g
로스트 소금(198쪽 참조) 1작은술
조리용 소고기 육즙 또는 식용유

　오븐을 200℃로 예열한다.

　볼에 달걀을 풀어서 거품기로 곱게 푼 다음 우유를 천천히 부으면서 잘 섞는다. 전체적으로 고르게 잘 섞일 때까지 푼 다음 밀가루를 한 번에 한 숟갈씩 넣으면서 거품기로 잘 섞는다. 로스트 소금을 넣고 잘 섞어서 단지에 옮겨 담는다.

　6구짜리 머핀틀 2개(또는 12구짜리 머핀틀 1개)의 모든 홈에 고기 육즙이나 식용유를 1/2작은술씩 넣고 오븐에 3분간 넣어 둔다.

　기름에서 연기가 올라올 정도로 뜨거워지면 오븐에서 꺼내 요크셔 푸딩 반죽을 고르게 나누어 붓는다.

　틀을 다시 오븐에 넣고 푸딩이 노릇노릇하게 부풀 때까지 25분간 굽는다. 굽는 동안 오븐 문을 열면 푸딩이 부풀다가 가라앉을 수 있으니 주의한다. 따뜻하게 내서 궁극적인 로스트 디너를 완성한다.

사용한 소금:
플뢰르 드 셀

나는 로스트 소금을 만들 때 플뢰르 드 셀 드 일 드 레(Fleur de sel de Île de Ré)를 사용한다. 결정이 고우면서도 미네랄의 풍미가 가득하고 강렬한 쓴맛을 지니고 있어 매콤한 맛에서도 풍미가 드러나기 때문이다. 이 레시피를 훈연하고 황설탕을 한 꼬집 첨가하면 훨씬 묵직한 느낌의 바비큐 로스팅 소금이 완성된다. 또는 세이지 대신 말린 타라곤을 넣고 레몬 제스트를 갈아 넣어서 가벼운 풍미를 내거나, 마늘 가루 양을 늘리고 메이스 가루를 한 꼬집 첨가해서 닭고기와 생선에 잘 어울리는 로스트 소금을 만들 수도 있다.

민트 소금

이 싱그러운 민트 소금은 음식에 태양 빛을 머금은 잔디밭의 물결과 같은 풍미를 선사한다. 나는 민트에 펜넬 씨와 레몬 제스트를 섞기도 하지만 이 간단한 레시피야말로 단순함과 다재다능함을 모두 갖추고 있다. 민트 소금은 사계절 내내 싱싱하게 자라나는 정원의 신선한 민트로 언제든지 만들 수 있는 식품 저장고의 필수품이다.

깍둑 썬 캔탈롭 멜론, 블루 치즈와 함께 샐러드를 만들거나 완두콩 퓨레를 곁들인 그릴 관자 구이 위에도 뿌린다. 양고기 커틀릿을 구울 때 뿌려도 좋고(다음 장의 레시피 참조) 페타 치즈와 함께 구운 채소 요리에도 잘 어울린다.

분량: 약 150g

민트 잎 8줄기 분량
해염 결정 140g

푸드 프로세서에 민트와 소금을 넣고 부드러운 녹색을 띨 때까지 간다. 건조기 또는 베이킹 트레이에 담아서 70℃ 정도로 낮은 온도에 아주 천천히 건조시키면 보존 기간이 더 길어지지만, 화사한 녹색은 조금 약해진다. 나는 신선한 채로 밀폐용기에 담아서 서늘한 응달에 2주일간 보관하는 편이다.

소금광

소금과 신선한 허브를 2:1 비율로 섞어서 허브 소금을 만들면 신선한 풍미와 화사한 색상을 구현할 수 있다. 냉장고에 바질이 너무 많이 남았거나 어떻게 처리해야 할지 알 수 없는 허브가 있다면 나만의 허브 소금을 만들어보자. 말린 허브를 이용해서 혼합 향신료를 만들기도 하지만, 풍미의 강도를 높이고 소금 결정에 향기로운 허브 오일을 입히려면 갓 만든 신선한 허브 소금만한 것이 없다.

머스터드 양고기 커틀릿

향기로운 허브 냄새……. 세상에, 봄철의 양은 민트를 얼마나 사랑하는지. 이 풍미 강렬한
허브 소금은 단순한 양고기 커틀릿에 생동감을 불어넣는 확실한 방법이다.

분량: 4인분

양고기 커틀렛 8장(작은 것, 총 약 650g)
민트 소금(앞 장 참조) 1작은술, 여분 한 꼬집
으깬 흑후추 1/2작은술
드라이 사과주 125ml
홀그레인 머스터드 1큰술
꿀 2큰술
무염 버터 55g
껍질째 두들겨 으깬 마늘 4쪽

◇ 서빙용 재료

생 민트를 넣어 버무린 삶은 감자
구운 토마토
그릴에 거뭇하게 구운 어린 리크

양고기에 민트 소금과 흑후추로 앞뒤에 간을 한다. 대형 코팅 프라이팬을
중강 불에 달구고 양고기를 넣어서 지방이 녹아 나오고 노릇노릇해질 때까
지 4~5분간 굽는다. 뒤집어서 2분 더 굽는다.

그동안 소형 냄비에 사과주와 머스터드, 꿀을 넣고 강한 불에 올려서 끈적
끈적해질 때까지 5분간 익힌다. 불에서 내려 따로 둔다.

양고기 팬에 버터와 마늘을 넣고 노릇노릇해지고 보글보글 끓을 때까지 익
히면서 동시에 양고기 또한 앞뒤로 노릇노릇해지도록 1~2분씩 지진다.

조리용 솔로 냄비의 졸인 사과주 양념을 양고기에 바른다. 불에서 내리고
쿠킹 포일을 씌워서 5~10분간 휴지한다.

양고기에 마지막으로 민트 소금 한 꼬집으로 간을 해서 다양한 채소를 곁
들여 낸다.

레드 와인 소금

모든 와인 소금에서는 레시피에 사용한 와인과 소금의 종류에 따라 조금씩 다른 맛이 난다. 기본적인 만드는 법은 모든 음료에 적용할 수 있으니 일단 한 번 만들어본 후에 커피 소금이나 엘디플라워 코디얼 소금 등으로 활용해 보자. 만지면 촉촉하지만 그렇다고 녹지는 않는 젖은 모래 정도의 상태가 될 만큼, 딱 적당한 양의 와인을 넣어서 골고루 잘 섞는 것이 핵심이다. 플레이크보다 결정화 소금을 사용하는 것이 좋다.

이 가향 소금은 순전히 눈과 감에 의존해서 만든다. 시도하는 것을 두려워하지 말자. 이 놀라운 결과물을 한번 맛보면 다시는 와인 병 아래 고인 찌꺼기를 그냥 버리지 않게 될 것이다. 풍미의 강도를 향상시키는 현명한 비결이 있다면, 팬에 먼저 와인을 붓고 중약 불에 올려서 20~30분간 졸여 시럽을 만든 다음 한 김 식혀서 소금과 함께 섞는 것이다.

와인 소금을 만든 다음에는 충분히 시간을 들여서 완전히 건조시킨 다음 밀폐용기에 보관할 것을 권장한다. 과학적인 이유에서라도 레드 와인 소금과 화이트 와인 소금을 각각 따로 만들어서 찬장에 보관하는 것이 좋을 것이라는 점은 따로 언급할 필요도 없을 것이다. 사용할 와인을 고를 때는 맛이 강렬하고 거친 과일 풍미가 살아 있는 풀바디 와인을 찾도록 하자. 개인적인 경험으로는 레드 와인 소금에는 리오하나 키안티, 메를로가, 화이트 와인 소금에는 오크 숙성 샤도네이를 썼을 때 실패가 없었다.

분량: 약 150g

멜롯 150ml
결정화 해염 115g

팬에 와인을 붓고 강한 불에 올려서 살짝 걸쭉한 시럽 상태가 될 때까지 10~15분간 졸인다. 한 김 식힌 다음 소금을 넣어서 조심스럽게 버무려 와인 시럽을 골고루 묻힌다.

베이킹 트레이에 옮겨 담아서 150℃로 예열한 오븐에서 25~30분간 건조시키거나 50℃의 건조기에서 하룻밤 동안 말린다.

식힌 다음 밀폐용기에 담아 서늘한 옹달에서 12개월간 보관할 수 있다.

저민 브레사올라와 익힌 소고기 쇼트립, 초리소, 양고기 구이, 더티 어니언(207쪽의 레시피 참조) 또는 로즈메리 감자 로스트에 곁들여 낸다.

레드 와인 소금을 곁들인 더티 어니언

개인적으로 레드 와인 소금을 곁들인 더티 어니언은 인기 파티 음식이 될 만하다고 생각한다. 만들기 쉽고 보기에도 예쁘고 먹기도 좋은 음식이기 때문이다. 훈제 향이 나는 달콤한 양파에 레드 와인 소금이 풍성한 탄닌과 과일 향을 가미하고, 무염 버터와 파슬리가 서로 다른 두 재료를 하나로 화합시킨다.

분량: 4인분

적양파(껍질째) 8개
무염 버터 85g
곱게 송송 썬 파슬리 4큰술
레드 와인 소금(204쪽 참조) 넉넉한 한 꼬집
식용 꽃(프렌치 마리골드 또는 카렌듈라 등, 선택)

양파는 장작불이나 숯불을 이용해서 껍질째 굽는다. 숯불에 바로 올려 숯가루가 묻어도 상관없고, 그릴 위에 올려도 무방하다. 자주 조심스럽게 돌려가면서 전체적으로 거뭇해질 때까지 25~30분간 굽는다.

양파 속은 부드럽고 즙이 가득한 상태일 것이다. 하나를 반으로 잘라서 새까맣게 탄 껍질 안에 잘 익은 양파 부분만 꺼낸다. 식사용 그릇에 익은 양파를 담고 탄 껍질은 버린다.

팬에 버터와 파슬리를 넣고 약한 불에 천천히 올린 다음 양파에 두른다. 레드 와인 소금으로 넉넉히 간을 한 다음 취향에 따라 식용 꽃으로 장식해 낸다.

붉은 소금

양념 찬장에 매콤한 맛을 추가해 보자. 가끔은 매콤한 맛을 제대로 살리는 것도 중요하다고 생각한다. 붉은 소금은 충분히 맵게 만들어야 손님이 소금을 너무 많이 치지 않아도 그 중독적인 매운맛을 느낄 수 있다. 매콤하게 만들려다가 음식을 너무 짜게 만들 위험이 있는 어중간한 고추 소금보다 해로운 것은 없다. 차라리 극단적으로 매운 붉은 소금을 만들어서 적게 사용하는 것이 훨씬 안전하다. 완벽하게 어른을 위한 소금이므로 어린이의 손이 닿지 않는 곳에 보관하도록 하자.

분량: 약 45g

붉은 알레아 소금(아래의 사용한 소금 참조)
　2큰술
말린 칠리 플레이크 1작은술
말린 훈제 칠리 플레이크 1작은술
케이준 혼합 향신료 1작은술
말린 레드 페퍼 플레이크 1/2작은술

붉은 알레아 소금에 칠리 플레이크 2종과 케이준 혼합 향신료, 레드 페퍼 플레이크를 넣고 잘 섞는다. 사용하는 고춧가루의 종류는 구할 수 있는 것 중 어느 것을 사용해도 좋지만 반드시 제대로 매콤한 맛이 나도록 충분한 양을 넣어야 한다. 밀폐용기에 담아 서늘하고 건조한 곳에서 12개월간 보관할 수 있다.

검보(다음 장 참조)와 익힌 왕새우, 카르니타스, 칠리 콘 카르네에 곁들여 낸다.

사용한 소금:
알레아 소금

내가 좋아하는 붉은 알레아 소금의 고추처럼 깊은 붉은색과 흙 향기가 이 가향 소금에도 환상적인 색을 부여한다. 알레아 소금의 붉은 빛은 비정제 해염에 섞은 하와이 점토(건강에 좋기로 유명한)에 자연적으로 함유되어 있는 산화철 덕분이다.

지미의 점보 검보

수년간 페스티벌에서 운영했던 바비큐 스모크하우스 팝업 레스토랑의 메뉴에서 따온 레시피다. 나를 지미라고 부르는 친구가 딱 한 명 있는데, 이 요리에도 어울리는 이름인 것 같았다. 너그러운 마음으로 친구를 불러서 레드 소금을 활용한 요리와 함께 즐거운 시간을 보내보자.

분량: 4인분

◇ **검보 재료**

깍둑 썬 셀러리 스틱 3대 분량
씨를 제거하고 송송 썬 홍피망 1개 분량
깍둑 썬 샬롯 2개 분량
케이준 혼합 향신료 1큰술
펜넬 씨 1작은술
올리브 오일 2큰술
생 초리소 소시지 4개(총 약 400g)
깍둑 썬 숙성 초리소 55g
껍질을 벗겨 제거하고 깍둑 썬 닭 기슴살
  2개 분량
밀가루 1큰술
과육만 짜낸 구운 통마늘 1통 분량
닭 육수 850ml
핫 소스 2큰술
껍질을 제거한 생 왕새우 175g
붉은 소금(208쪽 참조), 서빙용 여분

◇ **더티 라이스 재료**

바스마티 쌀 280g
국물을 버리고 헹군 통조림 검은콩 225g
  (물기를 제거한 무게)
다진 고수 2큰술
비슷한 양피 튀김 2큰술
붉은 소금(208쪽 참조) 한 꼬집, 또는 취향껏 조절

먼저 냄비에 오일을 두르고 검보의 대표 재료 삼인방인 셀러리와 홍피망, 샬롯을 넣은 다음 케이준 혼합 향신료와 펜넬 씨, 초리소를 넣는다. 중강 불에 노릇노릇해질 때까지 5~10분간 볶은 다음 닭고기와 밀가루, 과육만 짜낸 구운 마늘을 넣는다. 밀가루가 짙은 갈색을 띠어서 끈적한 브라운 루가 될 때까지 볶은 다음 닭 육수와 핫소스를 넣는다.

다시 한소끔 끓인 다음 불 세기를 낮춘다. 뚜껑을 연 채로 걸쭉해질 때까지 15~20분간 보글보글 끓인 다음 새우를 넣는다. 새우가 익을 때까지 5~6분 더 익힌다. 붉은 소금으로 간을 한 다음 여분의 붉은 소금은 식탁에 곁들여 낸다. 검보에는 이미 염지 초리소와 소시지 등이 들어가 있기 때문에 간이 되어 있어서 소금을 많이 치지 않아도 좋다.

그동안 더티 라이스를 만든다. 다른 냄비에 물을 끓인 다음 쌀을 넣고 부드럽고 보송보송하게 잘 익을 때까지 12~15분간 익힌다. 건져서 물을 따라낸 냄비에 다시 넣는다. 검은콩과 고수, 양파 튀김을 넣고 중간 불에 2~3분간 잘 섞어가며 데운다. 레드 소금으로 간을 맞추고 더티 라이스에 1인분당 검보를 한 국자씩 떠 담아서 낸다.

Chapter 15
훈제 소금

훈제 소금은 내 요리 연인이자 내 양념 사랑이다. 나는 열 살 때 아버지와 함께 내 첫 훈제기를 만들었을 때부터 훈제 음식을 좋아했다. 우리는 녹슬고 군데군데 타버린 기름 드럼통과 뒷마당에서 가져온 참나무 부스러기를 이용해서 치즈와 완숙으로 삶은 달걀을 냉훈제하곤 했다.

나에게 있어서 훈제란 어둠 속의 모닥불 한가운데로 친구들을 모으거나 가족 바비큐 그릴로 빼곡하게 사람이 모여들게 만들며, 손에 집게와 맥주를 들고 빈 자리를 찾아 경쟁하게 만드는 원초적인 힘이 있는 존재다. 훈제 음식은 근본적이고 어둡고 나무 향이 진하면서 강렬하다. 나는 한 걸음 더 나아가 훈제 소금은 완전히 다른 영역의 양념 재료라고 주장한다.

훈제의 효과

만일 요리에 훈제 소금을 사용하고 싶다면 인내심과 훈제기가 필요하다. 냉훈제는 15~30℃ 사이에서 하는 것이 제일 좋다. 음식에 비해서 소금을 훈제할 때는 온도 범위가 덜 중요하지만, 그래도 훈제 화합물이 가장 좋은 풍미를 발휘하는 영역이다. 냉훈제는 저장하기 전에 소금을 더 건조시키고 수분을 제거하기 때문에 강렬한 풍미를 낼 수 있다. 소금을 훈제할 때는 항상 오랜 시간을 들여야 하고, 24~48시간 정도 훈제할 때 가장 좋은 맛이 난다.

훈제 맛이 나는 소금에는 와인 향을 가미하는 오크나 사과나무, 메스키트, 벚나무를 사용할 것을 권장한다. 단풍나무나 너도밤나무, 히코리, 올리브 나무를 사용하거나 아예 허브를 첨가해서 독특한 향을 내도 좋다. 어떤 나무를 사용하느냐에 따라 향이 달라진다. 나무의 주요 화합물 세 가지는 셀룰로오스와 헤미셀룰로오스, 리그닌이며 이 셋의 균형이 목재마다 달라지기 때문에 풍미에 미묘한 차이가 생겨난다. 나무는 연소되면서 달콤한 캐러멜 같은 풍미 분자를 방출한다. 리그닌은 훈제 향을 만들어내는 휘발성 향미 화합물인 페놀로 분해되기 때문에 특히 향신료 풍미가 난다. 오크와 히코리는 특히 리그닌 함량이 높아서 결과적으로 소금에 풍미와 훈제 향을 첨가한다.

이러한 방향족 화합물은 소금의 표면에 달라붙는다. 염지한 육류와 생선 표면에는 끈적한 질감의 얇은 막이 생겨서 연기가 달라붙는 데에 도움을 주는데, 소금에도 이런 질감을 주고 싶다면 훈제기에 넣기 전에 아주 살짝 소금을 적시면 된다. 훈제기에서 마르게 되겠지만 그 수분이 소금 플레이크의 표면에 연기가 결합하도록 돕는 역할을 한다. 또한 소금을 얇게 펼쳐 담아서 훈제기에 넣고, 하루가 지나고 나면 잘 뒤섞어주는 것도 잊지 말자.

냉훈제기 고르는 법

냉훈제기는 다양한 크기와 모양이 있어 선택지가 넓다. 또는 아예 직접 훈제기를 만들 수도 있다.

냉훈제의 핵심 조건은 연기는 가둘 수 있지만, 훈제 칩 부스러기나 톱밥, 나무 부스러기 사이로 공기가 약간 흘러서 계속 연소되고 연기가 순환할 수 있는 공간이다(나는 냉훈제를 할 때는 표면적이 크고 불이 더 오래 지속되는 고운 나무 부스러기나 톱밥을 주로 사용하고 온훈제에는 더 큼직한 나무 부스러기나 훈제 칩, 나무 토막 등을 쓴다). 가운데에는 선반이, 아래쪽에는 통로가 있으며 상단에는 드릴로 구멍을 여러 개 뚫은 오래된 위스키 통 등을 사용하면 좋다. 나는 오래된 냉장고와 대형 나무 창고로 만든 냉훈제기도 본 적이 있다. 가능성은 그야말로 무궁무진하다.

철망은 분리되는 제품이어야 세척 및 관리가 간편하다. 낮은 선반에 얼음 트레이를 두면 냉훈제기를 차갑게 유지하는 데에 도움을 주지만 주로 유제품이나 생선을 훈제할 때니 신경써야 할 부분이다. 연기는 소금 바로 아래에서 생성되게 해서 간단한 칸막이 등을 통해 퍼지면서 올라가게 만들어도 좋고, 냉훈제의 경우 별도의 집화실과 훈제실을 연통으로 연결해 연기가 올라가게 하기도 한다. 냉훈제 발연기는 환상적인 도구인데, 이를 통해서 나무 부스러기나 톱밥이 10~12시간에서 그 이상까지 오랫동안 천천히 연소될 수 있다(연기가 사라지지 않게 유지하려면 중간에 나무를 추가한다). 이런 도구가 따로 없다면 나무 부스러기나 톱밥을 커다란 나선형으로 배열해서 한쪽에만 불을 붙여 연기가 오랫동안 유지되도록 한다.

소금을 훈제하는 법

훈제 소금은 거의 그 자체로 하나의 양념 장르를 구축한다. 특유의 훈제 향과 가볍게 물이 든 플레이크가 달걀에서 버터에 이르기까지 온갖 종류의 음식에 정통 훈제 향과 깊은 풍미를 선사한다. 나는 거의 매일 훈제 소금을 사용하는데, 음식에 가장 간단히 대체로운 매력을 가미할 수 있는 소금 활용법이기 때문이다. 마치 메트로놈이 단맛과 향신료, 훈제 향 사이에서 째깍째깍 움직이며 우아한 컨트리 송을 연주하는 것처럼 한 접시의 음식에 움직이는 리듬을 선사하며 레시피에 풍미라는 베이스 라인을 구축하는 것과 같다.

분량: 약 200g

플레이크 해염 200g
나무 톱밥 또는 곱게 깎은 나무 칩 2~4컵

얇은 소형 철제 베이킹 트레이에 쿠킹 포일을 한 장 깔고 소금을 최대한 얇게 펴서 담는다(또는 훈제기 안에 딱 맞는 크기의 고운 스테인리스 스틸 체를 사용한다).

냉훈제기에 소금 트레이를 넣고 톱밥이나 훈제 칩을 채운 냉훈제 발연기(없다면 211쪽의 설명 참조)에 불을 붙인다. 수 시간마다 소금을 잘 휘저어 가면서 24~48시간 정도 훈제한다. 아주 강한 훈제 향이 나는 훈제 소금을 만들고 싶다면 더 해도 좋지만, 최대 14일까지로 한다. 약 12시간 간격으로 냉훈제 발연기의 훈제 칩을 갈아줘서 연기가 천천히 고르게 올라오도록 한다. 소금을 얼마나 오랫동안 훈제할 것인지는 본인의 선택에 달려 있다. 훈제 칩이나 톱밥을 잔뜩 넣고 오랫동안 천천히 훈제할 수도 있고, 짧게 훈제해서 가벼운 향으로 마무리하기도 한다. 개인적으로는 오크나 히코리처럼 강렬한 짙은 색 나무 칩으로 훈제한 소금을 좋아하지만, 해산물 요리와 스크램블드 에그에 사용할 용도로 사과 나무칩으로 가볍게 훈제한 소금도 같이 마련해 둔다. 어느 쪽이 취향인지 확인해 보자.

훈제한 소금은 식힌 다음 밀폐 용기에 담아서 서늘한 응달에 12개월 동안 보관할 수 있다.

훈제 소금은 바비큐 양념 럽을 만들거나 칵테일 글라스의 가장자리에 묻히기에 좋고, 마무리용 소금으로 뿌리면 감칠맛을 한층 더할 수 있다.

위스키 훈제 바비큐 소금

이 훈제 소금은 따뜻하고 피트 향이 나는 모든 것에 대한 내 추억이 담긴 것으로, 아일랜드 출신의 할머니와 함께 〈더 콰이어트 맨〉을 보면서 물 한 방울과 위스키 몇 방울을 담은 앤트림 컷 문양의 크리스털 잔을 대접받았던 시절로 돌아가게 한다. 이 톡 쏘는 훈제 향의 혼합 향신료 해염은 향신료 특유의 달콤한 나무 향이 적당히 다듬어졌고 매우 카우보이스러워서 존 웨인이 부엌에 대뜸 나타나 '말에서 내려 우유를 마시라'고 소리치고 있는 듯한 기분이 들 정도다. 내 바비큐 향신료와 함께 섞어서 구석에 선 낡은 피아노에서 래그타임 블루스가 흘러나오는 정통 서부식 술집다운 분위기를 내기에 제격인 훈제 소금이다. 내면의 빌리 더 키드(권총의 명수인 미국 서부 시대의 무법자 −옮긴이)를 불러내서 위스키 통 파편으로 훈제 소금을 만들어보자.

나는 이 훈제 소금에 플레이크를 사용해서 스테이크에 문지르면 베이컨 부스러기 같은 맛이 나게 했는데, 전통 결정화 소금으로 만들어도 좋다.

분량: 훈제 소금 약 200g, 바비큐 럽 약 125g

◇ 위스키 훈제 해염 재료
위스키 또는 버번 나무통 칩 4~6줌
플레이크 해염 200g

◇ 바비큐 럽 재료
위스키 훈제 해염(위 참조) 4큰술
데메라라 설탕 2큰술
훈제 파프리카 가루 2큰술
양파 가루 1큰술
마늘 가루 1큰술
백후추 가루 1작은술
훈제 칠리 가루 또는 훈제 치폴레 가루 1작은술
갈거나 으깬 코리앤더 씨 1작은술
핫 칠리 가루 1작은술
말린 레드 페퍼 플레이크 1작은술
생강 가루 1작은술
말린 타임 1작은술

냉훈제기에 나무통 칩으로 불을 붙인 다음 내부에 충분히 연기가 차도록 기다린다. 그 사이에 얕은 소형 철제 베이킹 트레이에 쿠킹 포일을 깔고 (또는 훈제기에 딱 맞는 크기의 고운 스테인리스 스틸 체를 사용한다) 플레이크 해염을 얇게 한 층 깐다.

소금을 훈제기에 넣고 수 시간 간격으로 고르게 휘저어서 모든 소금이 연기에 골고루 노출되도록 하면서 8~12시간 동안 훈제한다. 또는 수직 적층형 온훈제기나 케틀 바비큐 그릴, 나무 칩을 활용해서 1~2시간 동안 소금을 온훈제해도 좋다.

훈제가 끝나고 나면 소금을 완전히 식힌 다음 밀폐용기에 담아서 서늘한 곳에 12개월까지 보관할 수 있다. 고등어 필레를 그릴에 구울 때나 스크램블드 에그, 칠리 콘 카르네 등에 사용해보자. 과카몰리나 토마토를 올린 토스트에도 잘 어울린다.

바비큐 럽을 만들려면 위스키 훈제 소금을 필요한 만큼 계량한 다음 소형 볼에 나머지 모든 재료와 함께 잘 섞는다. 그러면 활용도 높은 환상적인 맛의 바비큐 럽이 완성된다. 밀폐용기에 담아서 서늘한 응달에 3개월간 보관할 수 있다. 립이나 옥수수, 닭 날개에 잘 어울리고 스테이크에도 가볍게 뿌려서 구워 보자. 이 바비큐 럽은 고구마 튀김이나 아코디언처럼 곱게 칼집을 넣어서 금색으로 구운 호박에도 잘 어울린다.

해조 훈제 소금

몇 년 전 우리 어머니와 새아버지 롭이 캠핑카를 타고 아우터 헤브리디스 주변을 따라 떠난 환상적인 여행에서 돌아와, 우리 부부에게 아주 특별한 병 하나를 선물해줬다. 비틀린 파도 같은 물결 무늬의 옅은 바다색 유리병에 담긴 해조류 풍미가 듬뿍 나는 장인의 진으로, 보이는 것만큼이나 맛도 좋았다. 그 전까지는 이토록 깨끗한 증류한 음식에 해조를 사용한다는 것은 생각해본 적도 없었다. 그 이후로 나는 해조류 풍미의 음료에 푹 빠지고 말았다. 심지어 최근에는 훈제 덜스(식용 가능한 홍조류의 일종 – 옮긴이)로 향을 낸 럼을 손에 넣었는데, 맛이 탁월해서 해조류를 냉훈제하여 소금에 풍미를 더해보기로 결정했다.

해조 훈제 소금은 잘 보관했다가 바비큐를 할 때나 랍스터를 구울 때, 양고기에 간을 할 때 사용해 보자. 또한 소고기 버거에 감칠맛을 더하기에도 아주 좋은 양념이다.

분량: 약 200g

갓 채집한 해조류(만드는 법 참조) 넉넉한 4줌
플레이크 해염 140g
사과나무 칩 여러 줌(선택)

우선 해조류를 넉넉히 여러 줌 주워 오는 것부터 시작한다. 처음에는 가능하면 다양한 종류를 모으도록 노력하자. 그러다 해조류의 종류에 익숙해지면 강한 트러플 훈제 향을 선사하는 페퍼 덜스에서 뚜렷하게 구운 베이컨 향이 나는 덜스까지 선호하는 특정 훈제 향이 생기게 될 것이다.

바닷물에 둥둥 떠다니는 해조류는 죽은 것이라 건강에 좋지 않을 수 있으니 조수가 낮은 바위에서 자라는 것을 꺾는 것이 좋다. 모든 해조류는 식용 가능하므로 바닷물이 깨끗한 곳에서 수확하기만 하면 안전하게 먹을 수 있다(18~19쪽의 '소금 만들기' 부분의 안내 참조).

채집한 해조류는 집으로 가져와서 햇볕에 수 일간 말리거나 55℃의 건조기 또는 낮은 온도인 50℃로 예열한 오븐에서 하룻밤 동안 건조시킨다. 또는 바람이 잘 통하는 건조대나 건조한 방에 두어서 말릴 수도 있다. 잘 마르고 나면 냉훈제기 또는 케틀 바비큐 그릴의 훈제 칩이나 나무 톱밥 등을 넣는 부분에 넣고 토치나 천연 점화제 등을 이용해서 불을 붙여 소금 훈제를 준비한다. 일단 해조류에서 연기가 충분히 발생하기 시작하면 5~10분 후에 소금을 넣는다.

이때 소금은 반드시 쿠킹 포일을 깐 얇은 소형 철제 베이킹 트레이나 고운 스테인리스 스틸 체에 얇게 한 켜로 깐 다음 냉훈제기나 케틀 바비큐 그릴에 넣어야 한다. 훈제기나 바비큐 그릴의 뚜껑을 닫고 4~8시간 동안 훈제한다(다음 과정 참조). 수 시간 간격으로 해조에 아직 불이 붙어 있는지 확인하자. 콘월의 해조는 꽤 축축한 편이라서 완전히 건조되기까지 시간이 오래 걸리기 때문에 간격을 두고 계속 살펴봐야 한다. 불이 꺼지면 사과나무 칩을 여러 줌 추가해서 연기가 잘 올라오게 만들자. 두어 시간마다 소금을 골고루 휘저어서 모든 플레이크가 연기에 노출되어 전체적으로 고르게 향이 배도록 한다.

소금을 오래 훈제할수록 훈제 향이 뚜렷해지므로 어느 시점을 완성으로 볼 것인가는 순전히 본인의 선택에 달렸다. 나는 해산물 요리를 할 때 해조류의 훈연 향이 은은하게 나는 것을 좋아하므로 보통 4~5시간 정도 훈제한다. 그보다 오래 훈제하면 거의 베이컨이나 육포 수준으로 달콤 끈적한 캐러멜 풍미가 감도는 훈제 향을 느낄 수 있다. 수 시간 간격으로 소금 상태를 확인해서 취향에 맞춰 훈제 시간을 조절한다. 이런 종류의 요리는 상쾌할 정도로 본능에 따르면 되기 때문에 나만의 입맛에 딱 맞는 훈제 소금을 만들 수 있다. 훈제가 끝나면 식힌 다음 밀폐용기에 담아서 서늘한 응달에 12개월간 보관할 수 있다.

그릴에 구운 코스 양상추나 해조류, 아귀, 닭날개, 구운 달고기 등에 사용한다. 너무 맛있어서 솔직히 마음 한켠에서는 나만 알고 싶은 레시피다. 마음껏 즐겨 보자!

훈제 가염 버터

버터맛 금이라는 말이야말로 이 조리법에 어울리는 적절한 표현인 듯하다. 훈제 소금은 나에게 특별한 식재료인데, 직화로 조리하고 훈제하는 것을 워낙 좋아하는 데다가 셰프로서 버터는 모든 음식을 훨씬 맛있게 만든다는 편견을 지니고 있기 때문이다. 갓 만든 신선한 버터로 요리를 하면 진정한 기쁨이 느껴진다. 다음 레시피는 버터를 사랑하는 사람으로 하여금 식재료에 대한 열정을 활활 불태우게 만든다. 버터는 정말 손쉽게 직접 만들 수 있기 때문이다.

분량: 버터 1덩이

◇ 훈제 소금과 마늘 재료
플레이크 해염 115g
통마늘 2통
훈제 칩(오크, 사과나무 또는 벚나무 추천)
　4큰술. 훈연 시간을 늘릴 경우 여분 준비

◇ 훈제 가염버터 재료
더블 크림 1L
훈제 마늘 퓨레 1큰술(만드는 법은 위쪽 참조)
훈제 해염(212쪽 참조) 1/2작은술

소금과 마늘은 훈제 칩을 이용해서 24~48시간 동안 일정한 양의 연기가 지속적으로 발생하도록 하여 1~2일간 냉훈연한다(필요할 경우 주기적으로 훈제 칩을 추가해서 보충한다). 이렇게 하려면 훈제기에서 연기가 피어올랐을 때 쿠킹 포일을 깐 작고 얕은 철제 베이킹 트레이나 고운 스테인리스 스틸 체에 소금을 얇게 펴 담고 훈제기의 선반에 얹는다. 훈연기의 다른 선반에는 통마늘을 넣는다. 훈연하는 동안 소금을 여러 번 뒤섞어서 아래에 깔린 소금이 위로 올라와 전체적으로 고르게 연기를 쐴 수 있도록 한다.

소금과 마늘이 모두 훈제되어 짙은 향이 나면 버터를 만들기 시작한다.

1시간 전에 냉장고에서 크림을 꺼내 둔다. 볼에 크림을 붓고 전기 거품기로 단단하게 뿔이 서도록 거품을 낸 다음 계속해서 버터가 형성될 때까지 친다. 노란색을 띠기 시작하다가 계속해서 휘저으면 스크램블드 에그와 비슷한 질감으로 바뀌기 시작할 것이다. 이 시점이 버터밀크와 고체가 된 유지방이 분리되는 순간이다. 버터밀크는 따라내서 따로 보관한다. 팬케이크에 넣으면 아주 맛있고 닭 날개를 염지할 때도 쓸 수 있다(104쪽의 레시피 참조).

고형 버터를 흐르는 찬물에 헹군 다음 손으로 꼭 찌거나 스패츌러 두 개를 이용해서 버터지방에 남은 버터밀크를 짜낸다. 면포로 버터의 물기를 제거한다.

훈제한 마늘은 얇은 껍질에서 마늘쪽만 짜낸다. 훈제 마늘 과육은 푸드 프로세서로 갈거나 칼로 곱게 다지거나 절구에 찧어 퓨레를 만든다. 이 레시피에 필요한 만큼만 계량하고 나머지는 밀폐용기나 살균한 병에 넣어서 표면이 덮이도록 올리브 오일을 부어 냉장고에 보관한다. 1개월까지 냉장 보관할 수 있다.

갓 만든 버터를 볼에 넣고 계량한 마늘 퓨레와 훈제 소금을 넣어 잘 섞는다. 한 덩어리로 성형하거나 신선한 채로 바로 낸다.

훈제 버터는 밀폐용기에 담아서 냉장고에 14일간 보관할 수 있다. 유산지로 감싸서 냉동고에 넣으면 2개월까지 보관할 수 있다. 냉동한 채로 요리에 사용하거나 해동해서 갓 구운 빵과 함께 식탁에 낸다.

생선 그릴구이에 곁들이거나 사워도우 토스트에 바르면 맛이 좋고 스크램블드 에그나 판체타와 사과주, 타임으로 조리한 홍합 요리에도 잘 어울린다.

훈연 해수

물을 훈제한 액상 조미료는 나에게 너무나 당연한 존재다. 이 훈제 장에 바치는 내 사랑 고백에서도 눈치챘겠지만 나는 훈제와 소금을 특별히 아낀다. 훈제 해수에서 가장 마음에 드는 부분은 하나로 규정지을 수 없는 재료라는 것이다. 한정된 개념 속에 끼워 넣어서 정리해 버릴 수 없다. 사실 아직 아무도 이걸 어떻게 사용해야 하는지 규칙을 작성한 적이 없다는 점이 제일 놀랍다. 염지액부터 칵테일, 마리네이드, 소스, 드레싱 등 여러 곳에 사용할 수 있다.

이 훈제 양념은 아주 활용도가 높고 재미있게 사용할 수 있다. 개인적으로는 핫 토디에 수 방울 떨어뜨리거나 쇼트립에 홀스래디시 소금과 끈적한 맥주 바비큐 글레이즈를 입혀서 천천히 굽기 전에 습식 염지액으로 활용하고 재래종 토마토에 허브 오일, 구운 마늘과 함께 두르는 것을 추천한다.

분량: 약 2L

깨끗한 해수 2L (깨끗한 해수 구하는 법은
　18~19쪽의 '소금 만들기' 참조)
오크 톱밥 또는 훈제 칩

면포를 깐 체에 물을 한 번 천천히 부어서 걸러내 볼에 담는다. 그대로 1~2시간 정도 가만히 두어 불순물을 가라앉힌 다음 얇은 로스팅 트레이에 붓는다.

냉훈제기(없으면 211쪽 참조)에 참나무 톱밥이나 고운 부스러기를 넣어서 불을 붙인다. 로스팅 트레이를 훈제기에 넣어서 24~48시간 동안 냉훈제한다.

훈제 해수는 식힌 다음 밀폐용기나 살균한 유리병에 담아서 냉장고에 1개월까지 보관할 수 있다.

소금광

바닷물을 직접 훈제하는 대신 간단하게 훈제한 해염을 염도 2~3% 정도가 되도록 물에 풀어 사용해도 좋다. 그러면 직접 물을 훈제했을 때보다는 훨씬 약하지만 그래도 아주 은은한 훈제 향이 나는 물을 얻게 된다.

Chapter 16
베이킹

제빵에서 소금은 소량만 사용되지만 그 품질에 막대한 영향을 미친다. 빵을 만들 때 소금은 발효 속도와 구조의 발달(즉 반죽에서 글루텐 단백질이 발달하는 방식)에 필수적인 역할을 하고 풍미를 강화하는 데에 중추적인 기능을 발휘해서 궁극적으로 맛있는 빵이 완성되도록 한다.

발효와 마찬가지로 반죽에 간을 하는 것도 요리에 있어서 완벽한 정확성이 최종 결과물에 큰 차이를 가져다주는 드문 영역 중의 하나다. 정확한 계량은 실로 주의를 기울여서 지킬 가치가 있다. 그래도 나는 개인적으로 눈으로 전체적인 상황을 체크하는 쪽을 선호한다. 지극히 감에 따르는 방식이며 하나의 레시피에 있어서 그 요령을 익히려면 연습이 필요하기 때문에 수 년간 많은 실수를 저질렀다는 점을 기꺼이 고백할 수 있다. 빵에 소금을 너무 적게 넣거나 너무 많이 넣는 것도 마찬가지다. 소금 간은 쉬운 것처럼 보이지만 보통 밀가루 무게의 1.8~2.2%만큼의 소금을 넣는 것이 최적이라고들 한다. 항상 이 비율을 목표로 하면 크게 잘못될 일은 없다.

나는 레시피의 글자를 있는 그대로 따르기보다는 경험과 본능에 의존하는 자칭 촉각 제빵사다. 레시피는 훌륭한 지침이지만 모든 사람이 사용하는 재료가 서로 다르다는 점을 기억하자. 사워도우 발효종의 수화 상태가 조금씩 다를 수 있고 밀가루마다 특징이 있으며 그래야 마땅한데, 특히 재래 곡물이나 통밀 종류는 얼마나 곱게 제분했는가, 수화 능력은 어떠한가에 따라 상당히 다르게 기능한다. 모든 효모도 각 주방의 온도와 습도에 따라 다르게 반응한다. 정말 맛있는 음식을 만들려면 공장에서 찍어낸 레시피 카드보다는 개인적인 관심을 기울여야 한다.

나는 집에서 빵을 구울 때 소금을 저울로 계량하는 대신 눈과 손가락에 의존해서 가늠하고 뿌린다. 자신감을 갖고 일관적으로 소금 간을 하는 법을 익히는 훌륭한 시험장이다. 밀가루와 이스트, 물의 양은 그대로 유지해야 빵을 시험대 삼아 솜씨 좋게 간을 맞추는 법을 연습할 수 있다. 그램 단위로 측정할 수 있는 초소형 주방 저울을 마련하자. 그리고 기본 빵 레시피에 들어가는 소금 양을 계량해 본다. 그런 다음 그 소금을 손가락으로 잡아서 밀가루에 흘리듯이 뿌린 다음, 이스트를 녹인 물을 넣고 반죽을 한다. 그 다음에 빵을 구울 때는 저울은 잊어버리고 나 자신을 믿도록 한다. 나는 이런 식으로 소금 간 하는 법을 사랑하게 되었다. 1년쯤 지나고 나면 저울 없이도 2%의 소금을 계량할 수 있는 노련한 제빵사가 될 것이다.

이 장은 내 책에서 가장 가정적인 부분이다. '어머니의 맛있는 사워도우(225~228쪽 참조)'를 만들어서 소금을 활용해 맛있는 빵 만드는 법을 익히는 법을 즐겨 보자. 소금 한 꼬집은 너무나 자주 간과되곤 하는 성공의 비결이다.

어떤 작용을 하는가

물(보통 제빵에 들어가는 바로 그 물)에 녹어서 수용액을 만들면 소금의 이온이 용매에 의해 분리되어서 철분과 산을 결합하는 기하학적 구조를 깨뜨린다. 이것이 물에 녹은 소금이 나트륨과 염화물, 기타 이온으로 용해될 때 반죽에서 일어나는 현상이다.

소금과 빵에 관련된 과학은 매우 복잡하고 아직도 식품 과학자에게는 이것이 정확히 어떻게 작동하는지가 약간의 수수께끼로 남아 있지만, 제대로 알려진 부분은 수화될 경우 글루텐이 점탄성을 띤다는 것이다. 점탄성은 반죽이 늘어나거나 이완되거나 혼자 흐르거나 원래 모양으로 다시 수축되는 등의 운동성을 말하는데, 밀가루와 수분을 섞어서 주무르면 밀의 단백질이 내부에 가스를 가둘 수 있는 글루텐 구조를 생성한다. 소금은 이 신축성이 있지만 불투과성인 구조의 핵심을 담당한다. 글루텐 구조는 가스를 가두어서 밖으로 흘러나가지 않도록 막는다. 여기 갇힌 가스는 발효를 통해 효모로부터 생성된 이산화탄소로 구워지면서 팽창하여 빵이 부풀고 우리가 익히 알고 좋아하는 그 기공 가득한 질감을 형성하게 한다.

풍미 그 이상의 효과

과거에는 소금이 아주 비쌌기 때문에 제빵에 소금을 넣기 시작한 지는 불과 수백 년도 되지 않았다. 소금의 가장 주된 역할은 빵의 풍미를 강화하는 것이다. 밀가루 무게의 2%에 불과한 소금을 첨가하면 빵맛에 대한 인식이 바뀐다. 단맛을 포함해서 풍미의 전체 스펙트럼을 감상할 수 있는 기회다. 소금이 없다면 빵은 밋밋하고 맛이 느껴지지 않는 무엇인가가 된다.

표백하지 않은 밀가루의 카로티노이드 색소는 빵의 크림 같은 색상과 풍부한 향을 담당한다. 소금은 천연 항산화제이므로 반죽에 넣으면 카로티노이드의 산화를 지연시키고 보존해서 풍미가 더 풍성해진다. 따라서 소금은 반죽을 시작하는 초기 단계에 넣는 것이 가장 좋다. 소금은 발효 중에 당분이 소비되는 속도를 늦추기 때문에 소금 간을 한 반죽을 구우면 잔여당이 남아있을 수 있어 껍질이 훨씬 진하게 노릇노릇해진다. 무염빵의 지표는 창백한 외양과 전체적으로 흐릿한 색의 껍질이다.

무염이냐 가염이냐

소금을 넣지 않은 반죽은 맛이 밋밋하고 빨리 잘 섞이기는 하지만 매우 끈적거리고 반죽할 때 저항감이 거의 없다. 소금을 넣으면 그 즉시 반죽이 더욱 탄탄하고 강해져서 찢어지지 않고 늘어날 수 있게 된다. 흥미롭게도 발효 중에는 소금이 반죽을 더 천천히 팽창하게 만드는데, 가정 제빵사 사이에는 반죽에 소금을 넣으면 이스트를 죽이거나 반응 속도를 늦춰서 빵이 부푸는 과정에 부정적인 영향을 미칠 수 있다는 잘못된 인식이 퍼져 있다. 어느 정도는 진실이기는 한데, 그 영향은 아주 미미하다. 발효 과정은 10% 정도만 늦어지기 때문이다. 실제로 소금은 글루텐 단백질을 강화해서 탄탄하게 만들어 이스트의 발효로 인해 축적된 가스에 대한 저항력을 높인다. 즉 이 때문에 반죽에 소금을 첨가하면 발효 속도가 느려지는 것이다. 소금이 이스트의 발효 능력을 살짝 약화시킨다는 점 또한

아주 미미한 수준의 영향일 뿐이다. 물론 볼에 이스트와 소금을 섞었을 경우에는 너무 오랫동안 그대로 두지 않도록 주의해야 소금이 이스트를 죽이지 않는데, 둘 다 동시에 첨가하고 바로 반죽을 시작하면 소금이 빠르게 녹아서 이온화된다.

어떤 소금을 사용해야 할까?

정답은 '아무거나'. 사실 빵을 만들 때는 어떤 소금을 사용해도 화학적으로 밀 단백질의 구조를 만들어내고 발효를 늦추는 데에 도움을 준다. 하지만 나는 셰프로서 맛 또한 추구하기 때문에 언제나 장인의 소금을 사용한다. 고운 플레이크 해염이나 빻은 히말라야 암염을 사용해서 소금이 더 골고루 고르게 퍼져서 수용액에 빨리 녹아들 수 있도록 하자. 촉촉한 설성화 소금이나 말도 안 되게 밀도가 높은 거친 암염, 셀 그리 등을 빵에 사용하면 아삭아삭한 질감 덕분에 더 천천히 녹기 때문에 반죽에는 크게 도움이 되지 않는다. 요오드와 첨가물이 함유되어 있지 않은 코셔 소금을 제빵에 사용하는 셰프도 많으며, 염화나트륨 이상의 미네랄이 함유되어 있기만 한다면 훌륭한 선택지일 수 있다. 다른 모든 요리와 마찬가지로 내 빵에도 동일한 이론이 적용된다. 노련한 셰프로서 나는 정제된 가공 소금이 아니라 미네랄이 복합적으로 함유된 소금을 이용해서 풍미를 구현하고자 한다.

어머니의 사워도우

　나는 집에서 빵 굽기를 좋아하지만, 어머니가 구운 빵만큼 위로를 주는 존재도 없다. 그래서 우리 어머니 브리짓 스트로브리지 호워드에게 사워도우 레시피를 직접 써 달라고 부탁했다.
　—— 갓 구운 빵의 향기는 그 무엇보다도 집에서 집다운 분위기가 나게 한다. 어린 시절과 가족이 함께 머물던 부엌, 지나간 날을 떠올리게 하는 이미지에는 놀라울 정도로 건전하고 향수를 불러일으키는 무언가가 있다. 가장 생생한 어린 시절의 기억 중 하나는 할머니가 매주 빵을 굽던 것이다. 마치 어제 일어난 일처럼 할머니의 모습이 그려진다. 목덜미 근처에서 핀으로 꽉 동여맨 머리채, 팔꿈치까지 걷어올린 소매, 밀가루가 묻은 손, 그리고 '업무를 위해' 걸친 랩 스타일의 면 점퍼스커트.
　나는 할머니가 노란 1960년대식 포미카 테이블에서 부드러운 흰색 반죽을 치대는 모습을 넋이 나간 채로 바라보았다. 반죽하는 과정은 영원히 계속될 것만 같았고, 반죽을 늘리고 두드리는 동안 할머니는 라디오에서 흘러나오는 음악에 맞춰 휘파람을 불곤 했다. 일단 반죽이 끝나고 발효시킨 후 가스를 빼면 대부분 적당한 크기로 나눠서 0.5파운드짜리 빵틀 4개(내가 기쁘게 물려받아서 아직도 가지고 있는)에 나누어 담았지만, 우리가 놀러 왔을 때에는 손주들을 위해서 반죽을 조금 남겨 작고 둥근 빵 모양으로 빚곤 했다. 가끔은 반죽을 길게 늘려서 땋기도 했는데, 모양 잡는 것을 도울 수 있었기 때문에 내가 제일 좋아하는 빵이기도 했다.
　나의 사워도우 여정은 수 년 전 내 아들 제임스가 그의 강력하고 극도로 활동적인 발효종을 조금 나눠 선물해주면서 시작되었는데, 우리 손자 인디는 사랑스럽게도 이 발효종을 '보글보글 미라'라고 부른다. 성인이 된 후로 여러 번 제빵에 푹 빠진 기간이 있었지만, 한 번도 우리 할머니 빵의 맛과 질감을 재현하는 데에 성공하지는 못했다. 하지만 제임스한테서 영감을 받아 사워도우 빵을 만들어본 이후로는 계속해서 주기적으로 빵을 굽고 있으며, 다시는 가게에서 빵을 사는 것을 상상할 수 없을 정도다.
　세일 처음 구웠던 빵은 새상이었고, 그 다음 빵은 물론 그 다음 빵도 마찬가지였다. 믹을 수는 있었지만 구워낸 덩어리는 마치 팬케이크처럼 보였다. 사워도우 빵을 만드는 방법에 대해서는 사용할 수 있는 밀가루의 종류만큼이나 다양한 레시피와 지침이 있지만, 일단 기본 원칙을 익히고 나면 재료와 시간을 가지고 조율하면서 '나만의' 레시피를 만들 수 있다. 예를 들어서 나는 항상 호밀 발효종을 사용하지만 다른 가루 발효종도 의심의 여지 없이 잘 자랄 것이다. 또한 나는 염소 처리를 하지 않은 물과 스펠트처럼 고대 곡물로 만든 유기농 가루, 히말라야 암염 플레이크 등 내가 구할 수 있는 한 가장 건강에 좋은 재료를 사용할 것을 강조하지만 이는 필수 조건이 아니라 취향에 따른 문제일 뿐이다.

한 번은 소금이 똑 떨어진 적이 있다. 이미 다른 재료를 모두 계량한 상태였기 때문에 없어도 괜찮지 않을까 생각하면서 그냥 반죽을 진행했다. 큰 오판이었다! 발효 속도를 늦추는 소금이 없으니 이스트가 하룻밤 내내 난동을 부렸고, 다음 날 아침 일어나보자 반죽이 볼에서 넘쳐흘러 식탁에 퍼지고 있었다. 작업이 거의 불가능한 상태였고 결과적으로 또 다른 '팬케이크'를 만들고 말았다. 엎친데 덮친 격으로 그 팬케이크빵에서는 마분지 같은 맛이 났다.

어쨌든 아래의 레시피와 만드는 방식은 언제나 나에게 딱 안성맞춤으로 멋진 빵을 선사해줬다. 여러분에게도 잘 맞는 레시피이기를 바란다. 그리고 제임스, 이 레시피를 네 책에 실어줘서 고맙다고 말하고 싶구나.

분량: 빵 1개/4인분

◇ 발효종 활성화 재료
살아 있는 호밀 사워도우 발효종(발효종은
　　　좋은 빵집에서 구입하거나 제임스의
　　　〈장인의 주방〉 레시피로 직접 만들 수 있다)
　　　100g
상온의 물 100g
라이트 호밀가루(도정한 백색) 100g

◇ 사워도우 반죽 재료
상온의 물 350g
아가베 시럽 2큰술(또는 설탕 3큰술)
스펠트 가루(통곡물) 400g
스펠트 가루(도정한 백색) 140g, 덧가루용 여분
플레이크 해염 10g
덧가루용 쌀가루

1단계: 굽기 전전날

1일차 아침:
발효종을 활성화시킨다. 먼저 냉장고에서 발효종을 꺼낸 다음 50g을 덜어내서 대형 그릇 또는 유리볼에 넣는다. 실온의 물 50g과 호밀가루 50g을 넣어서 잘 섞는다. 덮개를 씌워서 실온(약 21℃)에 24시간 동안 숙성시킨다. 나는 주로 해가 드는 창문가에 놓아둔다. 자러 들어갈 즈음이면 두 배로 부풀어서 꽤나 '보글보글'거리고 있을 것이다.

2일차 아침:
절반 분량의 발효종을 버린다. 남은 활성화된 발효종에 실온의 물 나머지 50g과 남은 호밀가루 50g을 넣고 잘 섞은 다음 덮개를 씌워서 늦은 오후~이른 저녁까지 약 6시간 정도 실온에 둔다. 이제 빵을 만들 준비가 완료된 상태다.

2단계: 반죽 섞기

2일차 오후/이른 저녁:
사워도우 반죽을 준비한다. 대형 볼에 실온의 물과 아가베 시럽(또는 설탕), 활성화된 발효종 75g을 넣는다(남은 활성화된 발효종은 다시 냉장고에 넣는다). 주걱 또는 거품기로 잘 섞는다.

스펠트 가루와 소금을 넣는다. 골고루 휘저어서 거친 반죽을 만든다. 휘젓는 시간은 1~2분이 채 걸리지 않으며 나는 이 단계에서는 대니쉬 반죽 거품기(일반 거품기와 달리 독특하게 납작한 고리 모양 와이어로 빵 재료를 섞기에 적절하도록 제작한 제품 −옮긴이)를 사용하지만 일반 나무 주걱을 써도 좋다. 티타월이나 비닐 봉지를 씌워서 실온에 1시간 정도 휴지한다.

1시간 후 볼에 담은 채로 반죽을 잡아 당겨서 접어 넣기를 10회 반복한다. 다시 덮개를 씌워서 실온에 1시간 더 휴지한다. 같은 방식으로 당겨서 접어 넣기를 30분 간격으로 3회 더 반복한다. 덮개를 씌워서 실온에 하룻밤 동안 휴지한다.

3단계: 굽는 날

3일차 아침:

반죽은 하룻밤 동안 부풀어 올랐을 것이다. 나는 아침에 주방에 들어오면 반죽을 일단 냉장고에 1시간 정도 넣어서 성형하기 전에 살짝 탄탄해지도록 한다.

22cm 크기에 8.5cm 깊이의 발효용 바구니 또는 바네톤에 백스펠트가루를 뿌린다. 발효용 바구니가 없으면 유리볼을 사용한다.

플라스틱 스크래퍼를 밀가루에 담갔다 뺀 다음 볼에 담긴 반죽을 긁어내서 덧가루를 뿌린 작업대에 올린다. 반죽의 사방 가장자리를 잡아당겨서 위쪽으로 접어 넣은 다음 뒤집어서 공 모양으로 빚는다. 둥글고 탄탄한 모양이 될 때까지 둥글리며 성형한다(오븐에서 퍼져버리지 않게 하려면 반드시 거쳐야 하는 중요한 과정이다).

플라스틱 스크래퍼를 이용해서 반죽을 퍼내서 덧가루를 뿌린 발효용 바구니/바네톤/볼에 위쪽이 아래로 가도록 넣는다. 발효용 바구니/바네톤/볼을 대형 비닐봉지에 넣거나 물에 살짝 적신 티타월을 씌우고 주방 온도에 따라 1시간~1시간 30분 정도 발효시킨다.

오븐을 230℃로 예열하고 베이킹 트레이를 미리 넣어 같이 달군다. 오븐에 '스팀' 기능이 있으면 사용하고, 없으면 얕은 로스팅 트레이에 끓는 물을 부어서 오븐 바닥에 넣는다.

뜨겁게 달군 베이킹 트레이를 오븐에서 꺼내 쌀가루를 넉넉하게 뿌린다(쌀가루는 다른 가루에 비해 고온에서도 쉽게 타지 않아 덧가루로 쓰기 좋다).

반죽을 뒤집어서 트레이에 얹는다(반죽이 바구니/바네톤/볼에 달라붙는다면 가장자리에 쌀가루를 조금씩 뿌리면 잘 떨어져 나온다). 윗부분에 날카로운 칼로 십자 모양의 칼집을 넣는다.

오븐에서 15분간 구운 다음 온도를 190℃로 낮추고 빵이 짙은 갈색을 띠고 바닥을 두드리면 빈 소리가 날 때까지 30분 더 굽는다. 식힘망에 얹어서 완전히 식힌 다음 두껍게 썬다.

빵 전용 용기에 담아 두거나 실리콘 지퍼백에 담아서 밀봉하면 7일간 보관할 수 있다. 사워도우 빵을 썰어서 구운 다음 치즈와 처트니, 훈제 고등어 파테(83쪽의 레시피 참조)를 곁들이고 호박 수프 한 그릇을 함께 먹어 보자.

기타 아이디어

반죽을 발효용 바구니/바네톤, 볼 등에 넣은 다음 굽기 전에 마지막으로 발효시킬 때 너무 많이 부풀도록 내버려두면 안 된다. 만약에 그랬다가는 오븐에서 더 부풀지 않을 수도 있다.

발효종을 소량 덜어서 비상용으로 냉동 보관해두면 기르던 발효종이 상했을 경우에 사용할 수 있다. 놀라울 정도로 훌륭하게 반응한다!

냉동한 빵은 먹기 직전에 해동한다. 활성화된 발효종 중 버리거나 남은 것이 있다면 크럼펫(236쪽의 레시피 참조), 머핀, 크래커(237쪽의 레시피 참조) 등의 맛있는 음식을 만들 수 있다.

명이 포카치아

포카치아는 다양한 제철 재료를 토핑으로 사용하거나 정원에서 무엇이 자라났는가에 따라 색다른 허브 페스토를 넣어볼 수 있는 환상적인 메뉴다. 그리고 마지막으로 발효시키기 전에 반죽에 소금물을 붓는 깃은 포카치아에 간을 하는 아주 훌륭한 방법이다. 지금까지 여러 해 동안 포카치아를 만들면서 주로 아삭아삭하고 커다란 플레이크 해염을 뿌려서 빵에 간을 했다. 하지만 요즘에는 최종 발효 전에 반죽 위에 소금물을 붓는 사민 노스랏의 리구리아식 포카치아를 선호한다. 소금물이 폭 파인 홈과 가장자리에 고여서 겉을 노릇노릇하고 바삭바삭하게 만들어 주고, 짠맛이 강렬하게 터지는 대신 은근하고 고르게 밀려오는 방법이다. 덕분에 올리브와 케이퍼가 빛을 발하면서 원래 내가 뿌리는 플레이크 해염이 담당했던 짭짤한 풍미의 폭발을 선사할 여유가 생긴다(물론 아래 레시피에서는 질감을 추가하기 위해서 플레이크 소금을 조금 뿌리기는 한다).

두 방식 모두 효과가 좋으므로 어느 쪽을 택할 것인지는 전적으로 본인의 선택이다. 중요한 것은 포카치아는 소금을 좋아하기 때문에 제대로 만들기만 하면 맛이 배어든 빵 한 덩이에 찍어 먹을 고소한 올리브 오일, 발사믹 식초 한 그릇만 곁들이면 소박한 점심 식사로 충분하다는 것이다.

◇ **포카치아 재료**

밀가루 800g
미지근한 물 600ml
올리브 오일 4큰술
꿀 1큰술
이스트 1/2작은술
플레이크 해염 한 꼬집

◇ **야생 마늘 페스토 재료**

엑스트라 버진 올리브 오일 또는 유채씨 오일
  150ml
명이 또는 쐐기풀 잎 150g 또는 넉넉한 한 줌
잣 또는 호박씨 50g
간 파르메잔 치즈 50g
곱게 다진 마늘 1쪽 분량
레몬 즙과 제스트 1/2개 분량
소금 한 꼬집(입맛 따라 조절)

◇ **염지액 재료**

물 1큰술
올리브 오일 1큰술
해염 1작은술

먼저 포카치아 반죽을 만든다. 그릇에 따뜻한 물과 이스트, 꿀을 넣고 거품기로 잘 풀어 섞은 다음 거품이 일 때까지 5~10분간 그대로 둔다. 대형 볼에 가루 재료와 소금을 넣고 골고루 잘 섞는다.

계량한 오일과 이스트 혼합물, 간을 한 밀가루를 잘 섞어서 반죽을 만든다. 골고루 잘 섞은 다음 플라스틱 반죽 스크래퍼로 볼 가장자리에 붙은 반죽까지 싹 훑어내서 한 덩어리로 뭉친다. 잘 치대서 매끄러운 공 모양으로 빚은 다음 랩이나 젖은 티타월을 씌운다. 실온에서 두 배로 부풀 때까지 12시간 동안 발효시킨다.

이제 페스토를 만든다. 푸드 프로세서에 나머지 재료하 모든 재료를 넣고 짧은 간격으로 갈거나 절구에 넣어서 곱게 찧는다. 소금으로 간을 맞춘다. 반죽에 넣기 전까지 따로 둔다. 남은 페스토는 밀폐용기에 담아서 냉장고에 1주일간 보관할 수 있다.

약 20x30cm크기의 코팅 베이킹 트레이에 유산지를 깔고 올리브 오일을 두어 숟갈 두른다.

반죽에 페스토 2큰술을 넣고 조심스럽게 접듯이 섞는다. 볼을 90도로 돌려가면서 한쪽 반죽을 잡아서 반 접어 넣고 돌리기를 반복한다. 총 4번 돌려서 모든 방향으로 접어 넣어 페스토가 골고루 퍼지도록 한 다음(페스토를 넣고 이런 식으로 접으면 반죽에 골고루 잘 퍼진다) 오일을 바른 트레이에 반죽을 올린다. 여분의 오일을 두르고 반죽을 당겨 베이킹 트레이에 가장자리까지 퍼지도록 한다. 다시 덮개를 씌워서 따뜻한 곳에 30분간 발효시킨 다음 다시 쪼그라든 반죽을 잡아 펼친다.

반죽 윗부분을 손가락으로 여러 군데 눌러서 홈이 파이게 한다. 이제 원하는 토핑을 어떻게 올릴 것인지 재미있게 실험할 시간이다. 반죽에 올린 토핑을 가볍게 눌러서 반죽에 반 정도 들어가도록 한다.

물에 소금을 넣고 잘 휘저어서 소금을 녹여 염지액을 만든다. 반죽 위에 부어서 홈에 고이도록 한다. 반죽이 가볍고 보글보글 기포가 다시 생겨날 때까지 45분~1시간 정도 티타월을 씌워서 따뜻한 곳에 최종 발효한다.

반죽을 최종 발효시키는 동안 오븐을 220℃로 예열한다.

포카치아에 플레이크 해염을 조금 더 뿌린다. 오븐에서 윗부분이 노릇노릇해질 때까지 30~35분간 굽는다. 이때 바닥 부분이 맛있게 바삭바삭해졌는지 확인해야 한다.

오븐에서 꺼낸 다음 조리용 솔로 포카치아에 여분의 오일을 발라 빵에 스며들도록 한 다음 베이킹 트레이에 둔 채로 5분간 식혔다가 철망에 옮겨 완전히 식힌다.

썰어서 바로 내거나 유산지에 싸서 지퍼백에 담으면 수 일간 촉촉하게 보관할 수 있다.

뜯어먹는 빵

한 가족의 식사자리에 무정부 상태를 구현하는 내 뜯어먹는 빵 레시피를 소개한다. 이 짭짤한 빵은 내 젊음의 구덩이에 바치는 송가다. 어린 시절, 나는 학교 방학이면 약간 혼란스러운 시간을 보내는 것을 좋아했다. 찢어진 헐렁한 청바지를 입고 진흙투성이의 축제 현장에서 밴드 음악을 듣는 식이다. 식탁 가운데로 손을 뻗어서 이 치즈 빵 한 조각을 뜯어내면 그릇이란 선택에 불과하던 시절로 돌아가는 기분이 든다. 젊었던 시절을 상기시키는 노래를 틀어 놓고 이 빵을 굽고 먹으면서 즐거운 시간을 보내 보자.

케이퍼 베리나 로즈메리를 넣어도 좋고, 가운데에 브리 치즈 대신 부라타 치즈를 한 알 넣고 툭툭 뜯은 신선한 바질을 뿌려도 맛있다. 선을 넘어서 가운데에 세 가지 치즈를 잔뜩 넣어 진하게 만들면 쾌락주의가 가미된 퐁듀처럼 된다.

분량: 빵 1개/4~6인분

◇ 빵 반죽 재료

드라이 액티브 이스트 7g
미지근한 물 300㎖
강력분 500g, 덧가루용 여분
플레이크 해염 1작은술
설탕 한 꼬집
볼용 올리브 오일

◇ 뜯어먹는 빵 재료

옹 브리 또는 까망베르 치즈 1개(약 250g)
윗부분을 세로로 자른 구운 통마늘 2통
타임 줄기 6~8개
광택용 우유
팡코 빵가루 1큰술
레몬 타임 플레이크 해염
  (온라인 구입 또는 수제) 1작은술

베이킹 트레이에 유산지를 깔아서 따로 둔다.

그릇에 이스트와 따뜻한 물을 넣고 거품기로 잘 섞어서 5~10분간 발효시킨다.

대형 볼에 밀가루와 소금, 설탕을 넣어서 섞는다. 거품이 일어난 이스트 혼합물을 부어서 잘 쉬어 반죽을 만든다. 덧가루를 뿌린 작업대에 올려서 10~12분간 치댄다.

한 덩어리로 뭉쳐서 오일을 바른 볼에 넣는다. 젖은 티타월을 씌워서 따뜻한 곳에 두 배로 부풀 때까지 1시간 정도 발효시킨다.

뜯어먹는 빵을 만들려면 먼저 반죽을 두드려서 가스를 제거한 다음 같은 크기로 16등분한다. 공 모양으로 굴려서 빚은 다음, 유산지를 깐 베이킹 트레이에 가운데를 비우고 다이아몬드 모양으로 담는다. 비워둔 가운데에 치즈를 놓고 가운데에 칼집을 넣어 연다. 그 안에 구운 통마늘을 하나 넣는데, 남은 구운 통마늘은 마늘쪽만 짜내 다음 빵 반죽 사이의 빈틈에 끼워 넣는다. 타임 줄기도 군데군데 끼워 넣는다.

조리용 솔로 우유를 골고루 바른 다음 빵가루를 뿌린다. 레몬 타임 플레이크 해염을 뿌려서 마무리한다. 티타월이나 랩을 씌워서 대략 두 배로 부풀 때까지 45~50분간 발효시킨다.

오븐을 200℃로 예열한다.

반죽을 넣고 10분간 굽는다. 온도를 180℃로 낮추고 겉은 노릇노릇하고 속은 보송보송해질 때까지 20~25분 더 굽는다. 치즈도 완벽하게 녹아야 한다.

따뜻할 때 내서 친구와 가족과 함께 나누어 먹는다. 밀폐용기에 담아서 냉장고에 5~7일간 보관할 수 있으며, 먹기 전에 다시 데우는 것이 좋다.

피자 반죽

좋은 피자의 핵심은 정말 뜨거운 오븐에서 좋은 반죽으로 구운 다음, 내가 좋아하는 토핑을 골라서 올리는 것이다. 수백 가지의 다양한 피자 토핑을 만들어 본 사람으로서 영감을 주기 좋은 선택지를 소개한다. 시간을 들여서 피자 반죽만 만들어 두면 나머지는 저절로 알아서 완성될 것이다. 계절감을 살려서 가을에는 블루 치즈를 곁들인 구운 호박과 세이지 밤 피자, 봄에는 명이와 햇감자, 훈제 체다 치즈를 만들어 보자.

분량: 피자 약 6~7판

◇ **피자 반죽 재료**

미지근한 물 600ml

드라이 액티브 이스트 6g

00 밀가루 1kg, 덧가루용 여분

   (또는 덧가루로 세몰리나 사용)

고운 해염 10g

볼용 올리브 오일 1작은술

◇ **조개 피자 재료(피자 1판 기준)**

토마토 소스 2큰술

물기를 제거하고 송송 썬 모짜렐라 치즈 50g

익힌 조개 1줌

곱게 송송 썬 레몬 소금 절임(92쪽 참조)

   4조각 분량

물기를 제거한 소금 절임 또는 식초 절임 케이퍼

   1/2작은술

칠리 오일 1작은술

다진 이탤리언 파슬리 1작은술

◇ **염소 치즈 피자 재료**

캐러멜화한 양파 처트니 2큰술

송송 썬 버섯 50g

만능양념장 1큰술(116쪽 참조)

다진 로즈메리 잎 1작은술

송송 썬 셰브르(염소 치즈) 4~5장

으깬 흑후추 한 꼬집

피자 반죽을 만들려면 우선 대형 볼에 따뜻한 물과 이스트를 넣는다. 거품기로 잘 휘저어서 이스트를 완전히 녹인다. 밀가루를 한두 큰술 넣어서 반죽 같은 상태를 만든다. 이때는 손이나 반죽용 거품기를 사용해서 섞는 것이 가장 좋다.

천천히 나머지 밀가루를 넣어서 잘 섞은 다음 마지막으로 소금을 넣고 섞는다. 한 덩어리로 뭉쳐지면 작업대에 쏟는다. 조금 달라붙는 반죽이므로 필요하면 손에 덧가루를 조금 묻힌다. 반죽이 매끈하고 잘 늘어나는 상태가 될 때까지 약 20분 정도 반죽한다. 손가락으로 찌르면 움푹 패였다가 아주 천천히 다시 올라오는 상태여야 한다. 깨끗한 볼에 반죽을 넣고 젖은 티타월을 씌운 다음 따뜻한 곳에 1시간 정도 휴지한다.

반죽을 볼에서 꺼내서 가볍게 두드려 가스를 제거한다. 조심스럽게 공 모양으로 빚는다. 오일을 바른 깨끗한 볼에 반죽을 넣고 랩을 씌우거나 발효용 밀폐 용기에 넣는다. 냉장고에서 48시간 동안 발효시킨다.

피자를 굽는 날에 반죽을 냉장고에서 꺼낸 다음 약 250g씩 6~7등분해서 공 모양으로 빚는다. 대형 베이킹 시트에 놓고 랩이나 티타월을 씌워서 실온에 약 4시간 정도 휴지한다. 살짝 부풀어오르고 아주 좋은 냄새가 날 것이다.

반죽을 덧가루(또는 세몰리나)를 뿌린 작업대에 올려서 조심스럽게 늘려 피자 모양으로 만든다. 피자 반죽을 하나씩 피자 필에 올리고 원하는 토핑 재료를 얹는다. 얹고 나면 토핑이 무게가 반죽을 누르기 때문에 반죽을 조금 더 늘릴 수 있다.

토핑에 관해서는 우선 소스나 처트니를 국자나 대형 숟가락 뒷면을 이용해서 반죽에 펴 바른다. 이때 동그라미를 그리듯이 둥글게 펴 발라서 자연스럽게 가운데에서 가장자리까지 퍼지도록 한다.

피자에 토핑을 올릴 때는 적게 올릴수록 좋다는 것을 기억해야 한다. 양질의 모짜렐라와 해산물, 신선한 또는 구운 채소를 사용하자. 로즈메리나 타임 등 줄기가 질긴 허브는 굽기 전에 올리고 바질이나 오레가노, 파슬리처럼 섬세한 허브는 오븐에서 꺼낸 다음 올린다.

◇ **토마토 피자 재료**

토마토 소스 2큰술

물기를 제거하고 저민 모짜렐라 50g

얇게 저민 재래종 토마토 1개 분량

매콤한 살사 베르데 4작은술

해염 한 꼬집

뜯은 바질 잎 6~8장 분량

마무리용 루콜라 1줌(선택)

피자를 350℃의 나무 화덕 오븐에 넣고 소형 피자 필로 주기적으로 방향을 돌려가며 1~3분간 굽는다. 가정용 오븐으로 굽는다면 220℃로 예열하고 피자 스톤이나 소금판을 이용해 추가로 열을 보존해서 10~12분간 굽는다.

익은 피자는 꺼내서 가향 오일, 으깬 흑후추, 루콜라 1줌으로 장식해 낸다.

(상단 좌측) 조개 피자
(상단) 염소 치즈 피자
(좌측) 토마토 피자

사워도우 크럼펫

우리 어머니의 사워도우 시리즈 중 또 다른 레시피로, 수 년 전에 어머니에게 줬던 사워도우 발효종을 활용한 수제 크럼펫이다. '보글보글 미라'라고 하는데, 굳이 변명하자면 내가 아니라 내 아들이 붙인 이름이다. 만들기 쉬운 레시피지만 정통 크럼펫처럼 만들기 위해서는 전용 원형 틀을 구입하는 것이 좋다. 처음에 굽기 시작할 때 형태를 유지하는 데에 도움을 줘서 납작하게 퍼지지 않게 한다.

분량: 6개

먹이를 줘서 활성화된 사워도우 스타터
   (226쪽 참조) 250g
설탕 1큰술
해염 1/2작은술
베이킹 소디 1/2작은술
틀용 식용유

◇ 서빙용 재료
무염 버터
꿀
플레이크 해염

지름 9cm 크기의 링 모양 크럼펫 틀이 6개 있으면 제일 좋다.

볼에 사워도우 스타터와 설탕, 소금을 넣어서 잘 섞은 다음 베이킹 소다를 넣어서 마저 섞는다.

키친타월을 이용해서 평평한 번철과 크럼펫 틀에 오일을 가볍게 뿌린다. 번철을 중간 불에 올려서 뜨겁게 달군 다음 크럼펫 틀을 번철 위에 올린다.

반죽을 크럼펫 틀 안에 떠 넣되 상단을 1cm 정도는 비워 놔야 반죽이 부풀면서 넘쳐 흐르지 않는다. 중간 불에서 반죽이 완전히 익어 틀 가장자리에서 떨어져 나올 때까지 3~4분간 굽는다.

크럼펫 틀을 들어내고 크럼펫은 식힘망에 올린다. 식은 크럼펫에 버터를 바르고 꿀과 플레이크 해염을 뿌려 먹는다.

고다 페누그릭 재활용 크래커

내가 고다와 페누그릭의 조합을 처음 접한 것은 6~7년 전의 일이었다. 내 친구 기엘과 그의 가족은 내가 사는 곳에서 수 마일 떨어진 농장에서 콘월식 고다 치즈를 생산한다. 그리고 그의 다양한 치즈는 꿀이나 정향, 트러플, 쿠민 등으로 뛰어난 풍미를 자랑한다. 여기서 개인적으로 가장 좋아하는 맛이 페누그릭 고다. 고소하고 향긋하며 향신료 풍미가 뛰어나고 완벽하게 간이 되어 있다. 셰프가 가지고 놀기에 이상적인 재료다.

이 레시피에서는 덜어낸 사워도우 발효종을 완전히 새롭게 개조해서 더없이 맛있는 크래커로 만드는 법을 보여주고자 한다. 이 덜어낸 사워도우 발효종은 여분의 밀가루와 물, 야생 효모로 이루어져 있으며 집에서 발효종에 먹이를 줄 때는 보통은 그냥 버린다. 내가 보기에도 끔찍한 낭비 같지만 발효종이 언제나 빵을 만들 준비가 되어있도록 건강하고 보글거리는 상태로 유지하는 데에 들어가는 비용이라고 생각하자. 이 레시피는 그 버려지는 사워도우에게 빛나는 순간을 제공한다. 발효 마늘 처트니(129쪽 참조)를 곁들이면 완벽하다.

분량: 크래커 12개

비리는 용도로 덜어낸 사워도우 발효종
　(226쪽 참조) 200g
곱게 간 고다 치즈 2큰술
페누그릭 씨 1작은술
플뢰르 드 셀 1/2작은술

오븐을 200℃로 예열하고 베이킹 트레이에 유산지를 깐다.

팔레트 나이프로 덜어낸 사워도우 발효종을 베이킹 트레이의 유산지에 얇게 펴 바른다. 반드시 고르게 펴 발라야 한다.

갈아낸 고다 치즈와 페누그릭 씨를 골고루 뿌린다. 플레이크 소금을 뿌려서 마무리한다.

오븐에서 가장자리가 바삭바삭해지기 시작할 때까지 12~15분간 굽는다. 꺼내서 베이킹 트레이에 담은 채로 수 분간 식힌 다음 적당한 크기의 조각으로 잘라서 식힘망에 얹어 식힌다. 따뜻하게 혹은 차갑게 낸다.

식은 크래커는 밀폐봉기에 넣어서 24시일간 부산힐 수 있시민 내가 민는 크래커는 그렇게 오래 간 적이 없다. 트레이에 담은 채로 내 마늘 처트니나 후무스를 찍어 비로비로 먹어치우기 때문이다.

카르니타스 타코

헤비급 펀치력으로 가득한 레시피이자 궁극의 편안한 음식이라는 타이틀을 두고 싸우는 음식이다. 성공의 필수 요소는 양념으로, 부드러운 플랫브레드 안에 가득 채운 돼지고기 목살에서 훈제 소금이 사납게 춤추며 풍미의 균형을 이룬다.

분량: 8인분

◇ **훈제 바비큐 양념 재료**

훈제 파프리카 가루 1큰술
훈제 플레이크 해염(212쪽 참조) 1큰술
펜넬 씨 1작은술
말린 안초 칠리 플레이크 1작은술
훈제 마늘 가루 1작은술
말린 오레가노 1작은술
쿠민 씨 1/2작은술

◇ **카르니타스 재료**

통 돼지고기 목살(뼈를 제거한 것) 2kg
훈제 바비큐 양념(위쪽 참조) 2큰술
IPA 맥주 350ml
사과 식초 2큰술
올리브 오일 2큰술
곱게 깍둑 썬 마늘 4쪽 분량
다진 할라페뇨(생 또는 통조림) 2큰술
황설탕 또는 흑설탕 2큰술

◇ **플랫브레드 재료(8장 분량)**

밀가루 200g, 덧가루용 여분
고운 플레이크 해염 한 꼬집
실온의 물 100ml
올리브 오일 1큰술
활성화된 사워도우 발효종(230g) 1큰술(선택)

◇ **서빙과 장식용 재료**

과카몰리
프리홀레스(Frijoles, 콩을 푹 익혀서 으깨 만드는 죽으로 라틴 아메리카 국가의 인기 요리 -옮긴이)
분홍색 양파 피클
짜 먹을 라임 조각

소형 볼에 모든 훈제 바비큐 양념 재료를 넣고 골고루 잘 섞는다. 이 요리에 사용하고 남은 바비큐 양념(또는 대량으로 만들었을 경우)은 밀폐용기에 담아 보관한다(닭고기나 할루미 치즈에 뿌려도 맛있다). 이 양념은 밀폐용기에 담아 찬장에서 3개월까지 보관할 수 있다.

카르니타스를 만들려면 우선 돼지 목살을 큼직한 스테이크 형태로 6등분한 다음 바비큐 양념을 골고루 뿌려서 잘 문지른다. 돼지고기 스테이크를 철망을 깐 트레이에 얹고 냉장고에서 하룻밤 동안 재워 가볍게 건식 염지되면서 훈제 풍미가 배어들도록 한다.

다음 날이 되면 그릇에 맥주와 식초, 오일, 마늘, 할라페뇨, 황설탕을 넣고 거품기로 잘 섞는다. 얕은 그릇에 돼지고기 스테이크를 담고 맥주 마리네이드를 푹 잠기도록 붓는다. 덮개를 씌우고 냉장고에 넣어서 8~12시간 동안 재운다.

오븐을 160℃로 예열한다.

절인 돼지고기 스테이크를 로스팅 팬에 담고 쿠킹 포일을 덮어서 단단히 봉한다. 오븐에 넣고 돼지고기를 숟가락으로 찢을 수 있을 정도로 부드러워질 때까지 5~6시간 정도 익힌다.

그동안 플랫브레드를 준비한다. 소형 볼에 밀가루와 소금을 넣어서 거품기로 잘 섞는다. 대형 볼에 물을 붓고 밀가루 혼합물을 부으면서 포크로 잘 섞는다. 반 정도 섞이면 오일과 사워도우 발효종(사용 시, 풍미를 가미하는 용도)을 넣고 마저 섞는다. 반죽이 한 덩어리로 뭉쳐지면 밀가루를 뿌린 작업대에 올려서 반죽하기 시작한다. 4~5분간 반죽한 다음 랩이나 티타월을 씌우고 실온에서 1시간 정도 휴지한다.

반죽을 8등분해서 공 모양으로 빚은 다음 하나씩 덧가루를 묻힌 밀대로 밀거나 토르티야 프레스로 눌러서 지름 15cm 크기로 둥글넓적하게 만든다.

코팅 프라이팬이나 길이 잘 든 무쇠 프라이팬을 강한 불에 올려서 뜨겁게 달군다. 플랫브레드를 한 번에 하나씩 넣고 강한 불에 앞뒤로 1~2분씩 굽는다. 꺼내서 티타월에 느슨하게 싸서 부드럽고 따뜻하게 보관한 다음 나머지 플랫브레드를 마저 굽는다.

플랫브레드에 과카몰리와 프리홀레스, 카르니타스를 채운다. 분홍색 양파 피클과 다진 고수를 올리고 라임 즙을 뿌려서 먹는다.

Chapter 17
채식

소금은 맛의 건축가다. 기술적으로 정밀하게 맛을 지도화해서, 설계 엔지니어다운 정확도를 가지고 구성 요소가 어떻게 반응할지에 대해 청사진을 그린다. 소금의 도식을 이해하고 그것이 신맛, 쓴맛, 단맛, 감칠맛과 어떤 관계를 구축하는지 알면 풍미의 마천루를 완성할 수 있다. 채식주의자라면 소금에 대해 공부하는 것도 식단을 짜는 데에 필수적인 과정이 된다. 소금은 샘파이어(samphire, 해안가의 바위틈에서 주로 자라는 미나릿과 식물로 짠맛이 난다 −옮긴이)나 해초 이외의 과일이나 채소에는 자연적으로 함유되어 있는 경우가 거의 없기 때문이다.

나는 우리가 더욱 지속 가능한 식물성 식단을 위해서는 먼저 양념을 하는 기술을 다시 배워야 한다고 생각한다. 채소에 간을 하는 것은 바비큐 그릴에 올린 새우에 새하얀 플레이크 소금을 뿌리는 것만큼이나 섹시한 일이 될 수 있다. 숯불에 구운 컬리플라워 스테이크는 립아이 스테이크만큼이나 군침 도는 메뉴가 될 수 있다. 흰색 스팽글 드레스처럼 소금을 입은 자몽은 솔직히 잔망스러워보일 정도다.

___

간수

결정화 탱크나 염전에서 소금을 만들 때 증발 과정의 후반 단계가 되면 염수가 미네랄이 풍부하고 걸쭉한 염분 국물로 변하는데, 이를 간수라고 한다.

간수는 나트륨은 고갈되고 마그네슘과 칼슘, 포타슘 이온은 풍부한 염수로, 두부를 생산할 때 응고제로 사용한다. 또한 콩의 천연 풍미를 보존하고 강화하는 역할을 한다. 간수의 파생물을 이용해서 두부를 만드는 방법은 다양한데(엡섬 소금으로도 만들 수 있다), 염화 마그네슘 플레이크인 간수 가루를 두유에 녹여서 두부처럼 만들기도 한다.

___

식물의 힘

채소는 엄청난 풍미를 가지고 있으며, 소금은 요리를 할 때마다 깜짝 놀랄 만한 방식으로 그 풍미를 증폭시킨다. 소금 간을 하고 소금물에 염지를 하거나 소금 양념에 절이고 발효를 시키고 소금 크러스트 구이를 만들 수도 있지만, 내 생각에 채식 식단에 염분을 더 많이 포함시키는 가장 좋은 방법은 토마토 테스트로 돌아가는 것이다. 생 채소와 익힌 채소, 식탁용 소금과 양질의 미네랄이 풍부한 해염을 이용해서 맛 테스트를 해 보자. 모든 채소에서 그 자체로 가장 진정한 형태의 맛이 난다. 간만 잘 맞춘다면 솔직하고 용감한 모습을 보여준다.

이 장에서는 내가 너무 좋아서 독자 여러분과 공유하고 싶은 식물성 기반 레시피를 소개한다. 소금으로 풍미는 강화하지만 맛을 꾸며내지는 않는 요리다. 작곡은 주재료의 담당이다. 소금이 노래하게 만들자!

(상단) 이 채식 경단에 간단하게 소금을 한 꼬집을 뿌려서 간을 하면 완전히 다른 구운 풍미를 낼 수 있다. 비트의 달콤함과 버섯의 감칠맛, 밤 스터핑이 어우러져서 환상적인 대조를 선사한다.

___

감칠맛의 깊이

나는 제철 음식을 먹는 콘월 지역의 잡식 동물로서 육류와 생선 등 지방을 노릇하게 익히는 과정에서 감칠맛에 빠진다. 비건 요리로는 감칠맛을 선보이기가 꽤 어려운 편이라고 생각하는데, 불가능하지는 않다. 간장이나 채수, 다시마, 다시 국물처럼 소금이 더 많이 들어가는 식재료를 사용해 보자. 포르치니나 트러플, 캐러멜화한 양파, 미소 된장 등의 재료를 더 활용하는 것도 레시피에 감칠맛을 더 하는 훌륭한 방법이다. 나만의 해조 소금(273쪽의 레시피 참조)을 만드는 것부터 시작해서 거의 모든 음식에 사용할 수 있는 절묘하고 강력한 양념을 완성해보자. 나는 심지어 해조류를 넣고 커피 티라미수를 만들어본 적도 있는데, 그 야말로 게임 체인저로 활약했다. 중심을 잡고 채소에 화려 하게 양념을 해 보자. 채식 요리는 확실히 양념으로 음식에 혁명을 일으킬 수 있는 가장 흥미로운 공간이다.

매일 신선한 채소를 수확할 때면 끓어오르는 냄비처럼 기대감이 흘러 넘친다. 예를 들어 오늘 오후 나는 가족 농장 에서 올해의 첫 완두콩과 부드러운 줄기 브로콜리를 땄다. 민트 해조 소금을 만들어서 간을 하고, 은은한 향신료 풍 미가 도는 달(dal) 위에 얹어서 낼 것이다. 이런 만찬 모험 에 대한 생각이 내 속을 윙윙거리는 짜릿한 기대감으로 가 득 채운다.

두부 만드는 법

나에게 있어서 두부란 색이 입혀지기만을 기다리는 빈 캔버스와 같다. 효과를 주고 풍미를
던져서 역동적인 맛을 구현할 수 있는 완벽한 비건 음식이다. 수제 두부를 만드는 것 또한 놀
라울 정도로 쉽지만 제대로 터득하려면 약간의 연습과 기술이 필요하다. 다양한 풍미를 가미
해서 빠르게 볶아서 먹어도 좋고 그릴에 굽거나 훈제를 하는 것도 별미다.

분량: 약 150g짜리 두부 1모

잘 씻은 말린 유기농 대두 350g
간수 플레이크 1큰술 또는 염화마그네슘
   (둘 다 온라인 구입 가능)을 물 3큰술에 녹인 것

대형 볼에 대두를 넣고 찬물을 잠기도록 부어서 하룻밤 동안 불린다.

콩을 건져서 새로운 물 2L와 함께 적당량씩 나누어서 푸드 프로세서에 넣
고 곱게 갈아 거품이 이는 두유를 만든다.

대형 냄비에 두유를 붓고 건더기가 많은 이 국물을 한소끔 끓인다. 바닥에
눌어붙지 않도록 가끔씩 휘저어 준다. 불 세기를 낮추고 뚜껑을 연 채로 15
분간 뭉근하게 익힌다. 면포를 깐 채반이나 체에 데운 두유를 부어서 만질
수 있을 정도로 식을 때까지 그대로 물기를 거른 다음 면포 가장자리를 들어
올려서 콩비지에 남은 물기를 마저 꼭 짜낸다.

짜낸 두유를 다시 깨끗한 냄비에 부어서 끓기 직전까지 가열한다(콩비지는
다른 요리에 사용한다). 불에서 내리고 물에 녹인 분말형 간수 또는 염화마
그네슘을 넣는다. 살 위서어 섞은 나음 넚개를 씌워서 넝어리가 실 때까시
10~15분간 그대로 둔다.

채반 또는 체에 깨끗한 면포를 다시 깔고 덩어리진 연두부를 조심스럽게
붓는다. 그대로 10~15분간 물기를 걸러낸다.

덩어리진 연두부를 두부 틀에 넣고 누름돌이나 통조림 등을 올린다(두부
압착기가 없을 경우). 냉장고에 넣어서 수분이 최대한 빠질 때까지 12~24
시간 정도 둔다.

틀에서 두부를 꺼낸 다음(걸러낸 수분은 제거한다) 밀폐용기에 담아서 냉
장 보관한다. 2주일간 보관할 수 있다.

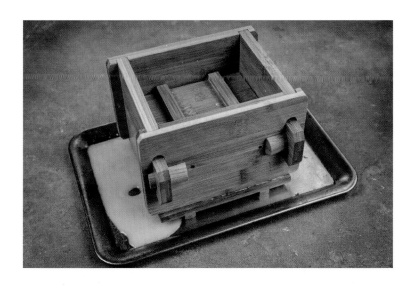

훈제 두부카츠

나한테 절인 훈세 두부와 일반 두부 중에 하나를 고르라고 한다면 한 치도 고민하지 않을 것이다. 간장으로 맛을 낸 두부의 나무 훈제 풍미는 강력한 불향으로 무장한 것이나 다름없다. 저녁 파티에서 큰 인기를 끌고 싶다면 돈가스 소스를 곁들인 훈제 두부만큼 만인의 시선을 집중시키는 메뉴도 없다. 낼 때는 라임 즙을 빠트리지 말자. 가볍고 화사한 산미가 은은한 담배 연기와 멋진 균형을 이룬다.

분량: 2인분

◇ 두부 재료

두부(243쪽 참조) 1모(150g)
참기름 1큰술, 조리용 여분
국간장 1큰술
맛술 1작은술
히코리 훈제 칩 또는 톱밥 1줌

◇ 돈가스 소스 재료

껍질을 벗기고 곱게 깍둑 썬 당근 1개 분량
곱게 깍둑 썬 양파 1개 분량
곱게 깍둑 썬 마늘 6쪽 분량
참기름 2큰술
마일드 커리 파우더 1큰술
밀가루 2큰술
채수 700ml
진간장 1큰술 또는 입맛에 따라 조절
꿀 2작은술
해염과 으깬 흑후수

◇ 서빙용 재료

손질한 통 실파 4~6대
시치미 토가라시(일본산 혼합 7종 향신료)
  한 꼬집
라임 조각 2개

그릇에 두부를 넣고 참기름, 간장, 맛술을 넣어서 골고루 섞은 다음 실온에 1~2시간 정도 절인다. 훈제하기 10~15분 전에 냉훈제기에 히코리 톱밥이나 훈제 칩을 넣고 불을 붙여서 연기가 나게 한다. 두부를 철망에 얹고 훈제기에 넣어서 6~8시간 정도 냉훈제한 다음 꺼낸다.

훈제가 거의 다 될 즈음에 돈가스 소스를 만든다. 프라이팬에 참기름을 두르고 당근과 양파, 마늘을 넣어서 중간 불에 올려 볶는다. 5분 뒤에 커리 파우더를 넣어서 잘 섞은 다음 밀가루를 조금씩 부으면서 잘 섞는다. 1~2분간 볶은 다음 채수를 천천히 부으면서 잘 섞는다.

한소끔 끓인 다음 불 세기를 낮춰서 걸쭉하고 갈색을 띨 때까지 15~20분 정도 뭉근하게 익힌다. 스틱 블렌더 또는 푸드 프로세서로 곱게 간다. 간장이랑 꿀을 넣고, 맛을 봐서 필요하면 간장을 더 넣어서 맛의 균형을 잡는다.

먹기 약 10분 전에 가장자리가 있는 프라이팬을 강한 불에 뜨겁게 달군 다음 실파를 넣어서 주기적으로 뒤집어가며 약 6~7분간 굽고 시치미 토가라시로 간을 한다. 내기 직전에 라임 조각을 프라이팬에 단면이 아래로 가도록 넣어서 2~3분간 노릇노릇하게 지진다.

그와 동시에 코팅 프라이팬에 참기름을 약간 두르고 중간 불에 올려서 달군 다음 훈제 두부를 넣고 중간에 한 번 뒤집으면서 노릇노릇하고 가장자리가 바삭바삭해서서 시작될 때까지 4~5분간 굽는다.

적당한 크기로 저민 다음 그릇에 돈가스 소스를 담고 그 위에 두부를 올린 후 그슬리도록 구운 실파와 시치미 토가라시 한 꼬집, 라임 조각을 곁들여 낸다.

채식 버거

내 채식 버거는 갖은 색과 질감, 향을 조합해서 침이 고일 정도로 맛있는 축제처럼 선보이는 음식이다. 잭프루트에 가미한 훈제 해염이 깊은 향신료 풍미를 강화하고, 첨가한 다른 토핑이 버거에 강렬한 풍미를 층층이 쌓아 올린다.

2인분

◇ **패티 재료**

물기를 제거한 통조림 잭프루트 200g
  (물기를 제거한 무게)
물기를 제거한 통조림 병아리콩 100g
  (물기를 제거한 무게)
곱게 깍둑 썬 양파 1/2개 분량
곱게 깍둑 썬 마늘 1쪽 분량
그램 가루 1큰술, 덧가루용 여분
케이준 혼합 향신료 2작은술
훈제 해염(212쪽 참조) 1/2작은술
팡코 빵가루 55g
튀김용 식용유

◇ **풀드 잭프루트 재료**

물기를 제거한 통조림 잭프루트 200g
  (물기를 제거한 무게)
케이준 혼합 향신료 1큰술
훈제 해염(212쪽 참조) 한 꼬집, 마무리용 여분
올리브 오일 1큰술
바비큐 소스 85g
바삭한 양파 튀김 2큰술

◇ **버거 재료**

반으로 가른 버거 번 2개 분량
스파이스 비건 마요네즈 또는 버거 렐리쉬
샐러드 채소
씨를 제거하고 과육만 파내 으깬 잘 익은
  아보카도 1개 분량
곱게 송송 썬 실파 1대 분량
물기를 제거하고 송송 썬 병조림 할라페뇨
  1줌 분량

푸드 프로세서에 잭프루트와 병아리콩, 양파, 마늘, 그램 가루, 케이준 혼합 향신료, 훈제 소금을 넣고 다진 고기 같은 질감이 될 때까지 짧은 간격으로 돌려 패티 반죽을 만든다.

여분의 그램 가루를 손에 묻힌 다음 패티 반죽을 반으로 나눠서 각각 커다란 패티 모양으로 빚는다. 팡코 빵가루에 굴려서 골고루 묻힌다. 다른 재료를 손질할 동안 냉장고에 넣어서 차갑게 식힌다.

풀드 잭프루트를 만들려면 우선 잭프루트 과육을 썰어서 볼에 넣는다. 케이준 혼합 향신료와 훈제 해염을 넣어서 잘 버무린다.

프라이팬에 올리브 오일을 두르고 달군 다음 잭프루트를 노릇노릇해지기 시작할 때까지 중간 불에 4~5분간 볶은 후 바비큐 소스를 넣는다. 불 세기를 낮추고 뚜껑을 닫는다. 부드럽고 끈적해질 때까지 자주 휘저어가면서 15~20분간 익힌다. 완성되면 포크 두 개로 곱게 결대로 찢어 풀드포크와 비슷한 모습으로 만든다. 맛을 보고 훈제 해염으로 간을 맞춘 다음 바삭한 양파를 넣어서 마무리한다.

프라이팬에 식용유를 소량 두르고 버거 패티를 넣어서 앞뒤로 노릇노릇하고 겉이 단단해질 때까지 중강 불에 약 5~6분간 앞뒤로 굽는다.

버거 번에 향신료 마요네즈나 버거 렐리쉬를 바른 다음 샐러드 채소와 버거 패티, 넉넉한 양의 풀드 잭프루트를 순서대로 얹는다. 으깬 아보카도와 실파, 할라페뇨를 넣어서 완성한다.

소금광

소금 고르기라는 미묘한 예술적 기술을 연습하고 주방에서 다양한 조미료를 접목해 보기에 아주 좋은 레시피다. 나는 일부러 초반의 염지액에는 미네랄이 풍부한 소금을, 그릴에 구울 때는 가향 소금을 썼다. 그리고 마지막으로 아주 아삭아삭한 셀 그리 결정을 한두 꼬집 뿌린다. 평소라면 셀 그리를 마무리용 소금으로 잘 쓰지 않지만 이번만큼은 레시피에 딱 어울렸다. 구운 콜리플라워 특유의 고소한 풍미가 거친 해염과 아주 잘 어울리고, 부드러운 질감 및 향신료를 가미한 벨벳 같은 소스와 대조를 이루는 소금 결정이 아작아작 씹히며 그 두각을 드러낸다.

버팔로 콜리플라워 윙

이 레시피의 주요 소금 공예 과정은 콜리플라워를 익히기 전에 미리 염지하는 것이다. 채소를 염지하면 부드러워져서 그릴에 굽거나 로스트하기에 딱 좋아진다. 밀도가 높은 종류의 채소를 육류처럼 다루기 시작하면 그릴 요리 솜씨가 눈에 띄게 훌륭해진다. 밀도가 높은 채소는 부드러워지기 전에 타버리는 경우가 아주 많고, 특히 당근이나 비트, 고구마 등은 겉은 탔지만 속은 아직 딱딱하고 아삭하기로 악명이 높다.

콜리플라워 염지는 요리 과정의 첫 시작인데, 방법에는 여러 가지가 있다. 차가운 염지액에 채소를 미리 24시간 동안 담가 두거나 굽기 전에 소금물에 데치는 등이다. 시간적 여유만 있다면 나는 언제나 채소를 24~48시간 정도 담가 두는 쪽을 선택하는데, 그러면 은은하게 발효가 시작되어서 살짝 톡 쏘는 젖산 풍미가 강화되기 때문이다. 하지만 두 방법 모두 효과적이다. 소금물에 데칠 경우에는 그 전에 미리 1~2시간 만이라도 채소를 소금물에 담가서 확산 현상이 약간 일어나게 하자. 채소에 속속들이 간이 배도록 하는 것 또한 그냥 겉에만 소금을 뿌려서 표면 삼투 현상에 의존하는 것보다 효과적인, 염지액만의 장점이라 할 수 있다.

분량: 2인분

◇ **염지 콜리플라워 재료**

송이로 나눈 콜리플라워(잎과 심을 제거한 것)
　1개(중) 분량
4% 소금물 (여기서는 셀 그리 사용)
사과 식초 1큰술
설탕 1작은술
월계수 잎 1장
통 흑후추 1작은술
말린 칠리 플레이크 1작은술
유채씨 오일 2큰술
칠리 플레이크 소금 또는 바비큐 소금 한 꼬집

◇ **서빙용 재료**

핫 소스 4큰술
블루 치즈 드레싱 2큰술(선택)
셀 그리(또는 기타 아삭한 결정형 소금)
　한두 꼬집
곱게 송송 썬 실파 2대 분량
씨를 제거하고 곱게 송송 썬 풋고추 1/2개
　분량(선택)
셀러리 4대

냄비에 송이로 나눈 콜리플라워를 넣는다. 냄비에 콜리플라워가 푹 잠길 정도로 물을 부으면서 그 양을 계량한 다음 물 무게의 4%에 해당하는 소금을 계량해서 넣는다(예를 들어 물 500ml를 넣었다면 소금은 20g을 넣어야 한다). 식초와 설탕, 월계수 잎, 향신료를 넣는다. 잘 저어서 소금을 완전히 녹인다. 뚜껑을 닫고 가능한 만큼, 이상적으로는 4~6시간 정도 절인다. 콜리플라워는 오래 절일수록 그릴에 구웠을 때 훨씬 부드러워진다.

이어서 콜리플라워를 절임액에 5~10분 정도 초벌로 데친다. 초벌로 데친 콜리플라워는 채비에 받쳐서 수 분가 수분이 증발되도록 뒀다가, 볼에 넣고 유채씨 오일과 칠리 소금 또는 바비큐 소금을 넣어 잘 섞는다.

뜨겁게 달군 바비큐 그릴에 콜리플라워를 한 층으로 올리거나 유산지를 낀 베이킹 트레이에 한 층으로 담아서 예열한 뜨거운 그릴에 넣고 그슬리기 시작할 때까지 10~15분간 굽는다. 가끔 뒤적여 줘야 한다.

익은 콜리플라워 송이를 핫소스에 버무린 다음 블루 치즈 드레싱(사용 시)을 두르고 셀 그리(또는 아삭한 소금 결정)를 한두 꼬집 뿌려서 낸다. 실파와 풋고추(사용 시)를 뿌려서 장식하고 셀러리 스틱을 곁들여 낸다.

소금 샐러드 스프레이

  잎채소와 샐러드 재료에 가벼운 소금의 맛만 입히는 소금 샐러드 스프레이다. 나는 묵직한 오일과 새콤한 식초에 기대기보다는 액상 소금만으로 간을 해서 단순하게 맛을 입힌 샐러드를 좋아한다. 아주 깨끗하고 단순한 풍미를 느낄 수 있기 때문이다. 모든 장식을 제거한 순수하고 정직한 맛이다. 요리의 기본이나 마찬가지지만 그래도 맛있게 잘 만드는 비결이 몇 가지 있다. 첫째, 맛있는 제철 재료를 다양하게 잘 골라서 갈거나 저미고 껍질을 벗기고 깍둑 썰는 등 서로 다른 모양으로 자른다. 볶은 씨앗이나 견과류를 뿌려서 질감을 추가한다. 소금 스프레이가 샐러드 잎채소에 우아하고 고르게 시폰처럼 얇은 층으로 입혀져서 반짝이도록 뿌리면서 모든 재료를 골고루 버무린다.

  샐러드라는 단어는 원래 쓴 잎채소를 먹기 전에 소금에 절이는 로마인의 습관에서 유래한 것으로, 소금만 약간 치면 아무리 쓴 채소라도 훨씬 맛있게 먹을 수 있다는 것은 정말 놀라운 사실이다.

분량: 4인분

◇ **소금 스프레이 재료**

해염 25g

◇ **찹샐러드 재료**

쪄서 식힌 통 줄기 브로콜리 4~6대

쪄서 식힌 다음 곱게 송송 썬 아스파라거스
    2대 분량

굵게 다진 또는 아이스버그 1개(대) 분량

물기를 제거한 통조림 모둠 콩 250g
    (물기 제거한 무게)

껍질을 제거하고 리본 모양으로 길게 깎은
    당근 1개 분량

송송 썬 셀러리 1대 분량

송송 썬 적양파 1개 분량

곱게 송송 썬 펜넬 1/2통 분량

발아 새싹 채소 1줌

해바라기씨, 호박씨, 아마씨 등 볶은 모둠 씨앗류
    2큰술

물기를 제거한 소금 절임 또는 식초 절임
    케이퍼 1큰술

  먼저 소금 스프레이를 만든다. 단지에 물 100ml와 소금을 넣고 잘 저어 녹인 다음 깨끗한 소형 스프레이 통에 넣는다.

  찹 샐러드를 만들려면 우선 대형 볼에 모든 재료를 넣고 조심스럽게 버무린다.

  간이 골고루 배어들 수 있도록 두어 번 버무릴 때마다 소금 스프레이로 간을 한다. 또는 샐러드에 드레싱을 하지 않은 채로 식탁에 차리고 손님이 직접 소금 스프레이를 뿌릴 수 있도록 한다.

  남은 소금 스프레이는 냉장고에 1주일간 보관할 수 있다.

소금광

소금 스프레이에 오이나 레몬, 신선한 지중해 허브를 넣어 향을 내자. 버려질 수 있는 자투리 음식으로 풍미를 이끌어내는 좋은 방법이다. 오이 껍질이나 레몬 껍질, 허브 줄기를 물에 담가서 실온에 24시간 동안 재운 다음 체에 걸러서 소금을 넣고 녹이면 은은한 향이 나는 물이 완성된다. 이 가향 소금 스프레이는 분무기에 넣어서 냉장고에 최대 1주일간 보관할 수 있다.

Chapter 18

단맛과 짠맛

지금은 오전 7시, 나는 히말라야 소금을 뿌린 부드러운 다크 초콜릿 바를 먹고 있는데, 물론 순전히 연구를 위해서라는 핑계를 대는 중이다. 이 단맛과 짠맛의 조합은 중독성이 있어서 계속 먹고 싶어진다. 탐욕스러운 일부 초콜릿 중독자의 주장이 아니라 과학적으로 생물학적 결정론이 우리의 욕망의 원인이라는 설득력 있는 담론의 일부다. 즉 책상 위에 놓은 가염 캐러멜 초콜릿을 한 입 더 먹는 것은 나의 의지가 나약하기 때문이 아니라 감사해야 마땅한 진화의 결과이자 내 갈망을 탓해야 한다는 뜻이다.

어떤 원리일까?

달면서 짭짤한 음식을 먹으면 두 가지 욕구가 동시에 충족된다. 최근의 연구에 따르면 우리 혀의 미뢰에 있는 단맛 세포인 작은 당 수용체 SGLT1은 나트륨이 존재할 때에만 뇌에 당의 존재를 알린다. 짠맛을 살짝 가미하면 단맛이 더 두드러진다. 당분은 에너지원이고 염분은 생존에 필요불가결한 요소다. 우리는 아직도 신체에 숨겨진 원초적 본능에 의해 단맛과 짠맛을 모두 갈망하도록 미리 구조화되어 있는 상태다.

우리는 당분을 칼로리가 높고 손쉽게 구하는 에너지원으로 인식하고, 찾을 수 있을 때면 섭취하도록 설계되어 있다. 당이 풍부한 과일은 다른 음식이 부족할 때 배고픈 수렵채집인에게 생명줄이 되었을 것이다. 당은 우리기 생존하는 데에 도움이 될 뿐만 아니라 혀에서 감지되면 말 그대로 두뇌에 행복을 전달하고 더 많이 먹고 싶도록 갈망하게 만드는 복잡한 신경 전달 물질인 도파민을 방출시킨다. 또한 다양성에 대한 근본적인 욕구는 인류 조상의 생존에 결정적인 역할을 했을 것이므로 이 또한 소금과 설탕의 조합이 그토록 매혹적으로 느껴지는 이유일 것이다. 이는 우리로 하여금 계속해서 다양한 음식 조합을 추구하게 만든다.

연금술

모순되게 들리겠지만 수박 한 조각에 공기 건조한 짭짤한 햄 한 장을 감싸면 과일 맛이 훨씬 달콤해진다. 초콜릿을 입힌 프레즐, 달콤하고 짭짤한 팝콘, 땅콩 버터와 젤리 샌드위치는 단맛과 짠맛의 만남이 조화로운 풍미를 구현

한다는 증거다. 소금을 섬세하게 사용하면 속이 메스꺼릴 정도로 심하게 단 디저트에 균형 잡힌 풍미의 대조를 선사하고, 은은한 기타 풍미를 날카롭게 강조해서 단맛을 줄일 수 있다. 그와 동시에 설탕은 짠 음식의 맛을 부드럽게 다듬어준다. 두 가지 맛을 잘 어우러지게 만들면 환상적인 균형을 이룰 수 있다. 스칸디나비아 스타일의 부드러운 염지액은 흔히 설탕을 사용해서 맛을 부드럽게 만든 것이다. 설탕은 미네랄이 풍부한 해염의 쓴맛을 적극적으로 완화시킨다.

설탕과 소금은 모두 두뇌 기능을 향상시키고 스트레스를 줄이는 데에 필요한 미네랄 물질이다. 다만 좋은 것도 너무 많이 먹으면 위험해질 수 있으므로 갈망을 조절하는 법을 익히되 풍미를 여러 층으로 쌓으면 더 훌륭한 요리사이자 더 행복한 사람이 되는 데에 도움이 되니 스스로에게 조금 여유를 두도록 하자. 미각의 연금술에 대한 승리 공식은 이러한 감각적인 미각 부분을 관리해서 미세하게 정렬된 완벽한 균형을 찾는 것에 있다.

(맞은편 좌측) 가염 캐러멜, (상단) 팝콘

가염 캐러멜 소스

거의 15년 전에 시작되어서 아직도 사라질 기미가 보이지 않는 이 가염 캐러멜 열풍에 대해서는 수많은 페이스트리 셰프와 쇼콜라티에에게 감사해야 한다. 소금을 살짝 가미하면 황설탕 특유의 캐러멜화된 토피 향이 확 살아난다. 개인적인 의견으로는 카카오와 초콜릿의 맛또한 훨씬 진하고 덜 씁쓸하면서 더욱 균형 잡힌 것처럼 느껴지게 한다.

분량: 500g들이 병 1개

황설탕 175g
더블 크림 250ml
깍둑 썬 무염 버터 55g
플레이크 해염 1작은술

바닥이 묵직한 냄비에 설탕을 넣는다. 물 2큰술을 넣고 잘 저은 다음 중약불에 올려서 녹인다.

불 세기를 높이고 갈색 캐러멜이 될 때까지 4~5분간 익힌다(약 121℃가 되어야 한다).

불에서 내리고 크림과 버터를 넣어서 잘 섞는다. 소금을 넣어서 마저 섞는다.

따뜻하게 내거나 식힌 다음 밀폐된 병 또는 밀폐용기에 담아 냉장 보관한다. 미개봉 상태로 냉장고에 1개월간 보관할 수 있다. 개봉 후에는 냉장 보관하면서 1주일 안에 소비해야 한다. 먹기 전에 냄비에 넣어서 천천히 따뜻하게 데운 다음 낸다.

아이스크림에 곁들이거나 베이크드 치즈케이크에 두르기도 하고, 디저트의 재료로 사용하면 좋다.

가시금작화 가염 초콜릿 트러플

내가 가장 좋아하는 나무는 사작나무, 좋아하는 꽃은 가시금삭화다. 둘 다 그 어떤 라이벌보다도 월등한 점수를 자랑한다. 이곳 콘월에는 '키스는 오직 가시금작화가 피지 않았을 때에만 유행에 뒤떨어진다'는 속담이 있는데, 거의 일 년 내내 꽃이 피기 때문이다. 언제나 풍성하고 향기롭고 화사하고 야생미가 넘치는 가시금작화에서는 달콤한 코코넛과 막 깎은 풀에 꿀을 섞은 듯한 향이 난다. 따뜻한 날에 바람이 불어올 때면 이국적인 향기가 바닐라 하늘을 타고 해안도로 위로 돌풍처럼 밀려와서 눈을 감고 놀라운 향을 들이마시게 만든다. 내가 살아본 중 카리브해 섬에서의 생활에 가장 가까운 곳이다.

분량: 약 24개

◇ 트러플 재료

굵게 다진 70% 다크 초콜릿 225g
더블 크림 50g
가염 캐러멜 소스(255쪽 참조) 200g

◇ 코팅 재료

코코아 파우더 2~3큰술
곱게 송송 썬 가시금작화 꽃 1큰술
플레이크 해염 1작은술
굵게 다진 70% 다크 초콜릿 150g

트러플 반죽을 만든다. 초콜릿을 중탕으로 녹인 다음 더블 크림을 넣어서 잘 섞는다. 벨벳처럼 매끄러워지면 중탕에서 내린 다음 가염 캐러멜 소스를 넣어서 매끄럽고 윤기가 흐를 때까지 천천히 섞는다(너무 많이 휘저으면 분리되니 주의한다). 바로 냉장고에 넣어서 차갑게 굳힌다.

2~3시간이 지나면 트러플 반죽이 굳어서 공 모양으로 성형할 수 있게 된다. 찻숟가락을 이용해서 트러플 반죽을 퍼낸 다음 작은 공 모양으로 빚는다(각각 호두보다 조금 작은 크기가 되어야 한다. 약 24개가 나오도록 분배한다). 접시에 담아서 냉장고에 넣고 30분간 굳힌다.

코팅 재료를 준비한다. 코코아 파우더와 가시금작화, 해염을 잘 섞어서 대리석 판 또는 유산지를 깐 베이킹 트레이에 펼쳐 담는다. 초콜릿은 중탕으로 녹인다.

트러플을 녹인 초콜릿에 담갔다가 바로 짭짤한 가시금작화 코코아 혼합물에 굴려서 골고루 입힌다. 그대로 굳힌다.

밀폐용기에 담아서 냉장고에 보관한다. 그리고 한 번에 모두 먹이치우지 않도록 주의한다. 우리 집에서는 일주일을 가면 다행인 분량이다.

훈제 가염 캐러멜 호박 파이

대서양을 넘나드는 레시피 교환을 논하고 싶을 때 진정한 성공 사례가 되어줄 레시피다. 매년 가을이면 우리 집에서는 호박 파이를 굽는데, 우리 가족이 호박 파이를 새로운 음식 전통으로 마음에 새기게 된 것을 생각하면 아지도 놀랍다. 아마 달콤한 파이 한 조각을 좋아하는 성향을 지닌 내 어린 시절의 미국적 일면 때문일수도 있고, 페이스트리에 집착하는 영국적 성향 때문일수도 있을 것이다. 내 호박 파이에는 단짠에 대한 애정을 가미하고 은은한 훈제 향으로 풍미에 깊이를 더했다. 개인적으로 펌킨 스파이스는 넉넉하게 넣었을 때 가장 효과적이라고 생각한다. 따뜻하고 풍성한 향신료 풍미를 지니고 있어서 소박한 사과 코블러나 천천히 익힌 돼지 어깨살, 세이지와 위스키를 가미한 그라블락스에 양념으로 쓰기 좋고 향신료를 가미한 오리 브레사올라를 염지할 때 넣어도 효과적이다.

분량: 22cm 크기 파이 1개/6~8인분

틀용 무염 버터
껍질과 씨를 제거하고 깍둑 썬 호박 500g
차가운 수제 또는 시판 스위트 쇼트크러스트
　　페이스트리 400g
덧가루용 밀가루
잘 푼 달걀 2개와 추가로 달걀 노른자 1개
더블 크림 250ml
풍미를 강화하고 싶다면 훈제 해염
　　(212쪽 참조)처럼 훈제한 흑설탕 70g
가염 캐러멜 소스(255쪽 참조) 55g
훈제 해염(212쪽 참조) 1/2작은술
시나몬 가루 1작은술
너드메그 가루 1/2작은술
생강 가루 1/2작은술
올스파이스 가루 또는 정향 가루 한 꼬집
월계수 잎 1장(선택)
서빙용 플레이크 해염과 가염 캐러멜 아이스크림

오븐을 180℃로 예열한다. 22cm 크기의 원형 파이 틀에 버터를 바르고 바닥에 유산지를 깐다.

가볍게 소금 간을 한 물을 끓여서 호박을 넣고 부드럽게 으깨질 때까지 20~25분간 삶는다. 건져서 채반 또는 체에 담고 식힌다. 퓨레의 수분을 조절해서 호박 풍미를 강화하는 과정이다.

그동안 가볍게 덧가루를 뿌린 작업대에 페이스트리를 올리고 민 다음 준비한 파이 그릇에 깐다. 가장자리로 늘어진 부분을 깔끔하게 잘라낸 다음 유산지를 얹고 누름돌을 올려서 살짝 노릇해질 때까지 15분간 초벌구이한다. 유산지와 누름돌을 제거하고 다시 오븐에 넣어서 5분 더 구운 다음 꺼내서 따로 둔다.

식은 호박을 푸드 프로세서에 곱게 간다. 다시 고운 체에 밭쳐서 수 분간 여분의 물기를 제거한다.

볼에 호박 퓨레를 넣고 달걀과 노른자, 크림, 설탕, 가염 캐러멜 소스, 훈제 ▮▮, ▮▮ ▮▮▮▮ ▮▮ ▮ ▮▮ ▮ ▮▮▮▮ ▮▮ ▮▮, ▮▮▮ 따라 가운데에 월계수 잎을 한 장 얹어서 여분의 풍미를 가미해도 좋다.

오븐에서 겉이 살짝 굳어서 가볍게 흔들릴 정도로 45분간 굽는다. 꼬챙이로 찔러보면 필링이 거의 묻어나오지 않고 깨끗하게 나오는 상태여야 한다. 오븐에서 꺼내 식혀서 굳힌다.

월계수 잎을 제거하고 파이를 잘라서 플레이크 해염을 뿌린 다음 가염 캐러멜 아이스크림을 곁들여 낸다.

남은 파이는 밀폐용기에 담아서 냉장고에 5일간 보관할 수 있다.

사과 발효시키는 법

발효한 사과는 중간 정도로 드라이한 사과주처럼 날카롭고 톡 쏘는 맛이 느껴진다. 묵직한 꽃 향기를 지니고 있으며, 록 콘서트의 관객석에 어울리는 풍미를 내고 싶어서 향신료도 살짝 가미했다.

분량: 사과 약 4개

껍질과 심을 제거하고 굵게 썬 브램리 사과
　4개 분량
고운 플레이크 해염, 손질한 사과 무게의 3%
꿀 1큰술
시나몬 스틱 2개

손질한 사과의 무게를 잰 다음 총 무게의 3%만큼의 소금을 계량하고, 물에 녹여서 염지액을 만든다. 사과를 병에 넣어서 발효시키는 동안 염지액에 푹 잠기도록 하려면 물을 약 1L 정도는 사용해야 할 것이다. 상태를 봐서 물을 추가해야 한다면 추가하는 물도 3% 농도의 소금물로 만든 후에 넣도록 한다.

소독한 대형 병에 사과와 꿀, 시나몬 스틱을 넣고 염지액을 부어서 사과와 시나몬 스틱이 완전히 잠기도록 한다. 필요하면 사과가 떠오르지 않도록 발효용 누름돌을 넣는다. 뚜껑을 느슨하게 닫아서 발생한 가스가 빠져나갈 수 있도록 한다.

사과를 실온(18~22℃ 사이)에 7~10일간 발효시킨다. 완성될 즈음이면 사과에서 뒷맛에 탄산감이 느껴지고 발효가 느려지기 시작한다. 오랫동안 발효시켜야 최고로 새콤하고 맛있는 사과 풍미를 발달시킬 수 있다.

발효 사과는 바로 먹거나 뚜껑을 단단하게 닫아서 서늘한 응달에 3개월까지 보관할 수 있다. 사과는 발효시키는 동안 계속 활발하게 활동하기 때문에, 천연 효모가 알코올을 생성하기 시작해서 사과주나 식초로 변해버릴 수 있다. 따라서 처음 보관을 시작하고 2~3주일 동안은 며칠 간격으로 가스를 빼 줄 것을 권장한다(뚜껑을 열었다가 다시 단단하게 돌려 닫는 것이다).

발효 사과는 건져내서 소시지 롤빵이나 스터핑 등 모든 종류의 돼지고기 요리에 곁들여서 맛있게 먹을 수 있으며, 관자 그릴 구이나 블랙 푸딩과도 잘 어울리고 새콤달콤하면서 톡 쏘는 타르트 타탱을 만들 수도 있다.

소금 발효 사과 크럼블

우리 아들이 가장 좋아하는 디저트는 엄마가 만들어준 사과 크럼블이다! 그렇다는 것은 우리 집 식탁에 나를 위한 전통 사과 크럼블이 오를 일이 없다는 뜻이지만, 독특한 크럼블을 맛볼 수 있다면 나도 불평할 생각은 없다. 그래서 발효 사과를 이용해 전통 디저트에 오버핏 청바지가 유행하던 90년대의 펑크록 분위기를 불어넣어서 나만의 급진적인 레시피를 완성했다. 신선한 사과보다 당도가 약간 떨어지므로 가염 캐러멜 소스를 넉넉하게 첨가해야 익으면서 단맛의 균형이 맞춰진다.

분량: 대형 크럼블 1개/6인분

◇ **필링 재료**

발효 사과(앞 장 참조) 1회 분량
무염 버터 50g
황설탕 50g
가염 캐러멜 소스(255 참조) 2~4큰술
시나몬 가루 1작은술
생강 가루 1작은술
너트메그 가루 1/2작은술

◇ **크럼블 토핑 재료**

밀가루 250g
깍둑 썬 무염 버터 150g
곱게 다진 호두 85g
데메라라 설탕 100g 마무리용 여분
그래놀라 85g

서빙용 클로티드 크림, 커스터드, 바닐라
 아이스크림

오븐을 180℃로 예열한다.

필링을 만든다. 먼저 발효 사과를 염지액에서 건져낸다. 팬에 버터를 넣고 약한 불에 올려서 녹인 다음 설탕, 가염 캐러멜 소스, 향신료를 넣고 휘저어서 설탕을 잘 녹여 섞는다.

설탕 팬에 발효 사과를 넣고 잘 섞은 다음 대형(25cm 크기) 파이 틀에 담는다.

푸드 프로세서에 모든 크럼블 토핑을 넣고 짧은 간격으로 갈아 섞거나 대형 볼에 넣고 손으로 문질러 섞어 고소한 향이 나는 거친 질감의 크럼블을 만든다. 사과 필링 위에 누렇게 한 켜 깐다. 데메라라 설탕을 뿌려서 마무리한다.

오븐에서 크럼블이 노릇노릇해지고 그 아래 사과가 보글보글 끓을 때까지 20~25분간 굽는다. 따뜻할 때 클로티드 크림과 커스터드 또는 바닐라 아이스크림을 곁들여 낸다.

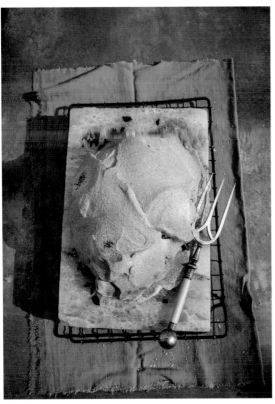

미소 캐러멜을 두른 배 소금 크러스트 구이

데이비드 장의 〈럭키 피치〉 잡지는 시대를 한참 앞서갔다. 지금도 내 서재를 뒤져보면 아직도 주류에 올라서지 못한 트렌드와 놀라울 정도로 혁신적인 음식 아이디어를 찾아볼 수 있을 거라고 생각한다. 그 책에서 한 페이스트리 셰프가 구운 미소 된장을 넣어서 금이 간 파이 (crack pie, 밀크 바의 크리스티나 토시가 만들어낸 파이로 쿠키 크러스트와 달콤한 필링이 들어간다 ─옮긴이)라는 애칭으로 알려진 바나나 파이를 만들었다는 이야기를 처음 읽었던 순간을 생생하게 기억하고 있다. 반드시 직접 만들어 봐야만 하는 이야기였는데, 먹자마자 푹 빠지고 말았다! 캐러멜에 미소를 한 숟갈 넉넉히 넣으면 말도 안 되게 맛있어서 계속 먹고 싶어진다. 건강을 위한 경고 사항이 따라붙어야 하는 레시피다. 중독성이 엄청나니 미소 캐러멜은 적당히 자제하면서 먹도록 하자!

분량: 4인분

◇ **소금 크러스트 재료**

달걀 흰자 4개 분량
고운 히말라야 소금 115g
설탕 50g
시나몬 스틱 2개
팔각 6개
말린 장미 꽃잎 1큰술
히말라야 소금판 1개(약 30x20x4cm 크기, 선택)
배(잘 익은 것, 껍질째) 4개

◇ **미소 캐러멜 재료**

백미소 페이스트 1큰술, 또는 입맛에 따라 조절
가염 캐러멜 소스(255쪽 참조) 85g

◇ **서빙용 재료**

더블 크림
그래뉼라 약 2큰술
펜넬 잎
펜넬, 데이지, 보리지 등 식용꽃(선택)

오븐을 180℃로 예열한다.

소금 크러스트를 만든다. 볼에 달걀 흰자를 넣고 단단하게 거품을 낸다. 소금과 설탕을 넣어서 접듯이 섞는다.

소금판(사용 시) 또는 베이킹 트레이에 시나몬 스틱과 팔각, 장미 꽃잎을 심빌히 심어 있고 그 위에 소심스럽게 배를 올린다. 아래 깔린 향신료가 배를 굽는 사이에 깊은 향이 배어들도록 한다.

스패출러를 이용해서 배 위에 소금 머랭을 펴 발라 완전히 덮이도록 한다. 오븐에서 소금 크러스트가 두드리면 딱딱하게 느껴질 때까지 45~50분간 노릇노릇하게 굽는다.

배를 굽는 동안 미소 캐러멜을 만든다. 소형 냄비에 미소 된장과 가염 캐러멜 소스를 넣고 잘 섞으면서 천천히 따뜻하게 데운다. 맛을 보고 필요하면 여분의 미소를 넣어서 간을 맞춘다. 따뜻히게 보관한다.

배가 다 구워지면 크러스트를 부숴서 연 다음 조리용 솔로 배에 붙은 찌꺼기를 털어낸다. 배를 적당한 크기로 썰어서 각각 디블 그림을 곁들이고 그래놀라를 뿌린 다음 미소 캐러멜을 둘러서 낸다. 필요하면 펜넬 이파리와 식용꽃 두어 개로 장식한다.

가염 캐러멜을 두른 당근 진저브레드

당밀과 캐러멜을 곁들인 짭짤한 진저브레드는 두말할 것 없이 기분을 좋게 만드는 사치스러운 힐링 푸드다. 이 레시피는 수 년 전 사이먼 로건의 미쉐린 스타 레스토랑인 랑클럼에 방문했을 때 맛봤던 디저트인 당근 케이크에 바치는 찬사라고 할 수 있다. 그것만큼 정교하지는 않지만 입에 침이 고이게 했던 요소만큼은 모두 담았다. 당근과 생강의 환상적인 조합에 가미된 단짠의 풍미가 촉촉한 푸딩을 좋은 의미로 퇴폐적으로 만든다.

분량: 슬라이스 12장

◇ **진저브레드 재료**

무염 버터 150g, 틀용 여분
다크 머스커바도 설탕 125g
흑당밀 150g
골든 시럽 200g
생강 가루 1작은술
시나몬 가루 1작은술
베이킹 소다 1작은술
잘 푼 달걀 2개 분량
우유(전지유) 250ml
고운 플레이크 해염 넉넉한 한 꼬집
밀가루 315g
껍질을 벗기고 간 당근 2개(중)

◇ **아이싱과 마무리 재료**

체에 친 슈거파우더 150g
레몬 즙 2큰술
가염 캐러멜 소스(200쪽 참소) 2큰술
펄소금 1/2작은술

오븐을 180℃로 예열한다. 약 20x30cm 크기의 베이킹 틀에 버터를 바르고 유산지를 깐다.

진저브레드를 만들려면 우선 팬에 버터와 설탕, 당밀, 시럽, 생강, 시나몬을 넣고 약한 불에 올려서 주기적으로 휘저어가며 골고루 잘 섞는다.

불에서 내리고 베이킹 소다를 넣어서 잘 섞는다. 잘 푼 달걀물과 우유를 넣어서 섞는다. 이제 소금을 넉넉히 한 꼬집 넣고 잘 섞은 다음 내용물을 대형 볼에 붓는다. 밀가루와 간 당근을 넣어서 뭉친 부분이 없도록 골고루 잘 섞는다.

준비한 틀에 반죽을 붓고 노릇노릇해지고 꼬챙이로 가운데를 찔렀을 때 깨끗하게 나올 때까지 오븐에서 35~40분간 굽는다. 꺼내서 틀째로 한 김 식힌 다음 꺼내서 식힘망에 얹어 완전히 식힌 후 장식한다.

아이싱을 만들려면 소형 볼에 슈거파우더와 레몬 즙을 넣고 골고루 잘 섞어 농도를 조절한다. 숟가락으로 레몬 아이싱을 진저브레드에 골고루 두른 다음 가염 캐러멜 소스를 두른다. 펄소금을 뿌려서 마무리한다. 큼직하게 썰어서 간식 또는 디저트로 먹는다.

남은 진저브레드는 밀폐용기에 담아서 실온에 10일간 보관할 수 있다.

Chapter 19

음료

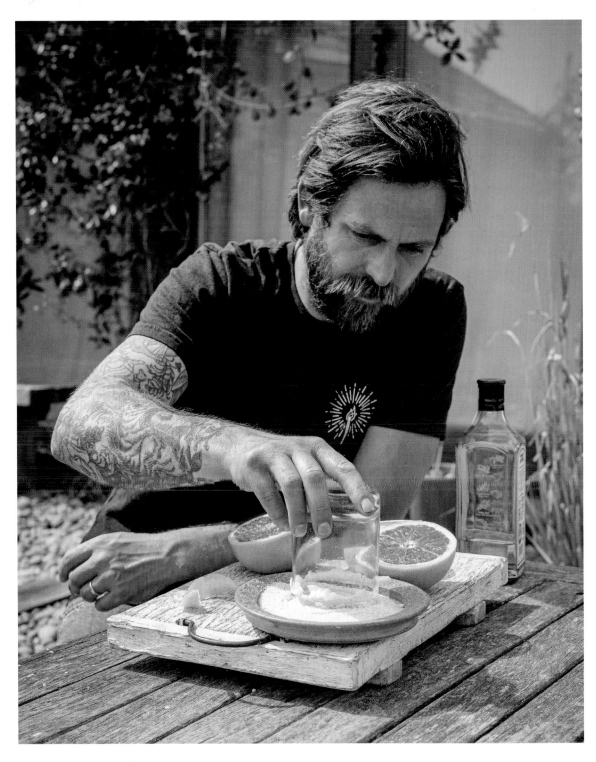

투명성을 위해서라면 모든 종류의 짠 음료에 대한 나의 열정을 고백할 만한 가치가 있다고 생각한다. 나는 운동을 할 때 더 빨리 달리고 더 빨리 회복할 수 있을 것이라는 믿음을 가지고 과일향 이온 음료를 자주 마신다. 그리고 큰 파티가 있을 때면 멋진 데킬라 슬래머 칵테일(리큐어와 비알코올성 탄산 음료를 비슷한 비율로 섞어서 만드는 칵테일 –옮긴이)을 즐긴다. 나의 가장 깊은 죄악을 고백하자면 아동용 물놀이장 전체에 마가리타를 가득 채우고 가장자리에 해염을 빙 둘러 묻힌 적도 한 번 있다. 내 가장 어둡고 소금에 푹 절어 있는 비밀을 폭로했으니 이제 어째서 짭짤한 음료가 내 세상을 그토록 흔들어 놓는지 이유를 말할 때인 것 같다.

이온 음료와 전해질

나트륨은 가장 중요한 전해질이다. 체액을 유지하고 탈수를 방지하는 데에 도움이 된다. 운동하면서 땀을 많이 흘릴수록 탈수나 경련의 위험이 커진다. 따라서 격렬한 운동을 할 경우에는 이렇게 손실된 염분을 보충하는 것이 중요하다. 운동 시에 땀으로 손실된 전해질을 대체할 수 있는 스포츠 음료는 시중에 많이 나와 있다. 그런데 이온 음료의 진정한 뜻은 무엇이며, 집에서 직접 만들고 싶다면 어떻게 해야 할까?

이온 음료의 농도는 우리 혈액과 비슷한 성노의 탄수화물과 남분, 염분을 유지하도록 설계하는 것으로 추정된다. 이온 음료는 손실된 염분을 대체할 뿐만 아니라 탄수화물 수치를 높여서 에너지를 공급하다.

장기간 운동을 계속하려면 수분과 염분, 칼로리를 다른 비율로 공급해야 하는데, 이들은 주기적으로 교체해야 하는 요소이기 때문이다. 가장 유명한 상업용 이온 음료는 원래 당분과 무시해도 될 정도의 양인 소금에 초점을 맞췄다. 그러다 운동 선수를 위한 전해질 성분에 점점 더 집중하면서 과일 향이 나는 달콤한 음료에서 점점 멀어지게 되었다. 이온 음료는 주로 염분, 그리고 포타슘이나 칼슘, 마그네슘 등 복잡한 범위의 염분을 함유하도록 진화했다.

세상에는 다양한 전해질이 함유된 음료가 있지만, 사실 사람마다 필요한 칼로리와 수분, 전해질의 양은 동일하지 않은 것이 현실이다. 만능 제품이나 브랜드란 존재하지 않는다. 땀을 흘리는 속도는 사람마다 다르다. 나트륨 손

실량 또한 땀에 따라 크게 다를 수 있다. 수화 정도 및 전해질 보충을 정말로 맞춤화하고 싶다면 땀 테스트를 통해서 땀으로 얼마나 많은 나트륨이 손실되는지 확인하는 것이 좋다. 짠 음료의 미래는 개인 신체의 필요에 따라 제조하는 맞춤형 음료가 될 것이다!

또한 이온 음료, 즉 등장성(等張性) 음료와 저장성(低張性) 음료 사이에는 중요한 차이점이 있다. 빠른 수분 흡수가 필요할 경우 탄수화물 함량이 약 3%로 낮고(등장성 음료는 6%) 전해질 함량이 훨씬 높은 저장성 스포츠 음료를 마신다. 저장성 음료에는 수분이 더 많아서 탈수나 경련을 방지하기 때문에 지구력이 필요한 일이나 장거리 달리기 등에 더 잘 맞는다.

칵테일의 염분

유리잔 가장자리에 묻힌 소금은 마가리타 칵테일의 맛을 환상적으로 강화시키지만, 우리가 지금까지 소금에 대해 배운 내용을 살펴보면 음식만큼은 아니어도 소금이 많은 액체류의 맛 또한 향상시킨다는 점을 알 수 있다.

소금은 본질적으로 설탕과 아주 잘 어울린다. 소금은 산미를 더욱 잘 인식하게 만들어서 감귤류의 맛을 화사하게 해주지만 하지만 염도가 너무 높아지면 감귤류의 산미 및 기타 날카로운 맛을 억제해버린다. 소금을 한 꼬집만 더 해서 쓴맛을 없애고 풍미의 균형을 근본적으로 바꿔보자.

믹솔로지스트와 바텐더는 수급 감음 한 시럽을 만들고 마치 비터스 몇 방울로 맛을 어우러지게 만드는 것처럼 소금으로 맛을 강화한 칵테일을 선보이기 시작하고 있다. 집에서 재밌게 만들어보고 싶다면 소금과 물을 1:10 비율로 섞은 소금물을 구식 스포이드를 이용해서 감귤류 중심의 칵테일에 한두 방울에서 최대 열 방울까지 비터스처럼 첨가해 보자.

이온 차

이온 음료에 있어서 가장 중요한 것은 타이밍이다. 운동할 때 수분을 보충하고 에너지를 추가적으로 공급하려면 갈증을 느끼기 전에 수제 이온 차를 조금씩 마시는 것이 좋다. 이미 목이 아주 마르다면 살짝 늦었을 가능성이 있다. 나는 예전부터 차를 이용해서 직접 만든 이온 음료, 즉 이온 차를 보트 경주나 테니스 경기에 가지고 다녔고, 내 취향에 맞춰서 조절해가며 만드는 것을 즐긴다. 나는 격렬한 운동을 할 때면 땀을 상당히 많이 흘리는 편이라 예전에는 쥐가 자주 나곤 했다. 그러다 요리를 하면서 소금에 대해 더 잘 이해한 이후 식단에 포함시키기 시작했고, 이제는 전해질을 많이 보충해야겠다고 느끼는 일이 극히 드물다고 말하고 싶다. 이온 차는 배터리를 완전히 충전된 상태로 유지시키는 일종의 보조배터리라고 생각한다.

분량: 1L 병 1개, 약 2인분

콜드브루 녹차 또는 얼그레이 티 350ml
 (나는 음료에 카페인이 조금 들어간 것을
 좋아한다. 차는 커피에 비해 절반 정도의
 카페인이 함유되어 있다)
생 블루베리 140g
레몬 즙 1큰술
메이플 시럽 2작은술 또는 황설탕 30g
곱게 간 페르시안 블루 암염 0.5g 또는
 넉넉한 한 꼬집

전날 차를 콜드브루로 냉침해서 냉장고에 넣어둔 다음, 체에 걸러서 350ml를 계량한다.

푸드 프로세서에 블루베리와 차, 레몬 즙, 메이플 시럽 또는 설탕을 넣어서 짧은 간격으로 간다. 물로 희석해서 총 1L의 이온 차를 완성한다. 갈아낸 암염을 넣고 입맛에 따라 산도와 당도를 조절하되 1~2시간 정도 운동을 할 때 효과적인 음료를 만들기 위해서 되도록이면 위의 비율을 지키도록 하자. 이 이온 차에는 운동 2시간 동안 필요한 분량의 당분과 염분이 함유되어 있다.

깨끗한 병에 담아서 뚜껑을 닫고 냉장고에 3일간 보관할 수 있다.

소금광

차 대신 갓 짜낸 오렌지 주스를 넣으면 당 함량이 높아져 에너지를 많이 공급하여 짧은 운동에 좋다. 고강도 운동을 위한 여분의 연료를 제공하는 수용성 형태의 탄수화물인 말토덱스트린이 함유되어 있는 이온 음료가 되는 것이다.

솔티 도그

이 칵테일은 재료가 너무 단순해서 얼버무릴 수가 없으니 진이나 보드카는 좋은 것을 사용해야 한다.

분량: 1잔

잘 푼 달걀 흰자 1개 분량(선택)

고운 히말라야 소금 또는 고운 플레이크 소금
    2큰술

서빙용 얼음

진 또는 보드카 더블 샷(50ml)

갓 짠 자몽 주스(핑크 자몽 권장. 어떤 종류건
    무방) 3샷(75ml)

장식용 샘파이어 약간

칵테일 글라스의 가장자리를 물이나 곱게 푼 달걀 흰자에 가볍게 적셔서 끈적거리게 한다. 소형 트레이에 히말라야 소금이나 고운 소금 플레이크를 붓고 글라스 가장자리를 가볍게 굴려서 소금을 묻힌다.

글라스에 얼음을 넣는다. 얼음 위에 진 또는 보드카, 자몽 주스를 붓고 작은 샘파이어로 장식한다. 맛있게 마시자!

블러디 메리

비행기에서 블러디 메리를 마셔 본 적이 있다면 염분과 감칠맛에 대한 갈망이 거의 순식간에 만족되는 것을 경험했을 것이다. 우리는 높은 고도를 비행할 때 미각 능력을 최대 30%까지 상실한다. 음식과 음료가 너무 밋밋하게 느껴지기 때문에 메뉴에 감칠맛이 풍부한 선택지를 넣거나 소금을 첨가해서 맛보는 능력을 강화시킨다.

나는 예전에 항공사와 협력해서, 소금만 잔뜩 넣지 않고도 풍미를 전달할 수 있는 레시피를 개발하는 일을 한 적이 있다. 감칠맛이 풍부한 재료와 허브, 향신료가 내 비밀 병기였다.

토마토 주스는 제트 엔진 수준의 맛내기 저력을 지닌 완벽한 음료의 예시다. 바로 그 때문에 비행기에서 그렇게 자주 주문이 들어오는 것이다.

분량: 가향 토마토 주스 약 725ml/칵테일 4잔

◇ **가향 토마토 주스 재료**

토마토 주스 700ml
레몬 즙 1큰술
깍둑 썬 통조림 할라페뇨 1작은술
황설탕 1작은술
껍질을 벗기고 갓 간 신선한 홀스래디시
　1/2작은술(선택)
으깬 흑후추 한 꼬집
타바스코 소스 약간, 또는 입맛 따라 조절
우스터 소스 약간, 또는 입맛 따라 조절

◇ **블러디 메리 칵테일 재료(분량: 4잔)**

◇ **셀러리 소금 재료**

해염 2큰술
셀러리 씨 가루 1작은술
말린 칠리 플레이크 1작은술

◇ **칵테일 재료**

잔 장식용 레몬 조각
서빙용 얼음
가향 토마토 주스(위 참조) 1회 분량(725ml)
보드카 더블 샷 4개(200ml)
셀러리 4대
깎아서 꼰 레몬 필 트위스트 4개

먼저 향신료 토마토 주스를 만든다. 대형 믹서기에 토마토 주스와 기타 재료를 넣고 곱게 갈면서 타바스코 소스를 한 방울씩 추가해서 원하는 정도로 매콤한 맛이 나도록 조절한다. 마지막으로 우스터 소스를 약간 둘러서 감칠맛을 조절한다. 단지에 부어서 마시기 전까지 냉장고에 차갑게 보관한다.

셀러리 소금을 만들려면 절구에 소금과 셀러리 씨앗 가루, 칠리 플레이크를 넣고 빻는다. 만든 소금은 볼에 부어서 칵테일 잔의 가장자리에 묻힐 수 있도록 준비한다.

칵테일 잔을 냉동실에 10~15분간 넣어서 차갑게 식힌 다음 가장자리에 레몬 조각을 문지른다. 칵테일 잔 가장자리를 셀러리 소금에 담그거나 묻힌다(차갑게 식힌 다음에 레몬 즙을 묻히면 소금이 비교적 잘 묻어난다).

잔에 얼음을 넣는다. 향신료 토마토 주스와 보드카를 붓고 휘저을 수 있는 셀러리 스틱과 돌돌 꼰 레몬 껍질을 올려서 장식한다. 차갑고 매콤하게 내야 맛있는 칵테일이다.

소금광

셀러리 소금(위쪽 참조)은 찬장에 다른 가향 소금과 함께 보관해 두면 아주 유용한 식재료다. 대량으로 만들면 밀폐한 병에 담아 서늘한 응달에서 12개월까지 보관할 수 있다. 마요네즈를 넣은 감자 샐러드나 완숙으로 삶은 달걀, 랍스터 핫도그, 해시 브라운에 뿌리거나 닭고기에 문지르는 럽으로 활용해 보자.

해조류 소금을 뿌린 바다 진토닉

나의 고향, 나의 콘월에서 영감을 받은 칵테일이다. 고향 바다의 풍미를 겹겹이 쌓아 완성
했다.

분량: 칵테일 1잔

◇ **바다 스프리츠 재료(분량: 약 100ml)**

플레이크 해염 3g

코리앤더 씨, 말린 주니퍼 베리, 펜넬 씨,
  핑크 페퍼 등 원하는 향신료 1큰술(선택)

◇ **해조류 소금 재료(분량: 소형 냄비 1개)**

말린 플레이크 해조류 1큰술

고운 플레이크 해염 1큰술

◇ **칵테일 재료(분량: 1잔)**

저민 오이 2장

해조류 소금(위 참조) 한 꼬집

서빙용 얼음

장인의 진(또는 비알코올성 허브 증류수)
  더블 샷(50ml)

토닉 워터 150ml

장식용 신선한 해조류 한 죽기

먼저 이 칵테일을 위한 분무용 염수를 준비한다. 소형 팬에 물 100ml와
소금을 넣고 중간 불에 올려서 소금을 녹인다. 모험을 하고 싶다면 이 시점
에 원하는 모든 향신료를 넣는다. 불에서 내리고 그대로 1~2시간 정도 식힌
다. 체에 걸러서 깨끗한 스프레이 병에 담는다. 이대로 냉장고에서 1주일간
보관할 수 있다. 이 스프리츠는 샐러드에 양념을 하거나 양고기를 그릴에 구
울 때 뿌리거나 두부용 마리네이드에 넣으면 좋다.

소형 볼에 모든 해조류 소금 재료를 넣어서 잘 섞는다.

칵테일을 준비한다. 슬라이스한 오이를 키친 타월에 얹는다. 해조류 소금
을 한 꼬집 뿌린다(남은 해조류 소금은 밀폐용기에 담아서 보관한다).
15~20분간 절인다. 소금이 수분을 끌어내서 오이의 풍미가 강화되어 칵테
일의 풍미가 희석되지 않는다.

칵테일 글라스에 얼음을 넣는다. 진(또는 식물성 리큐르)과 토닉 워터를
부어서 휘젓는다. 해조류 한 줄기와 소금을 뿌린 오이 슬라이스로 장식한
다. 해조류로 간을 한 오이가 토닉 워터의 쌉쌀한 맛을 줄이고 칵테일에 바
다 풍미와 톡 쏘는 감칠맛을 선사한다.

분무용 염수를 분무기에 담아서 글라스의 가장자리에 가볍게 뿌려 낸다.

토스트 소금을 곁들인 훈제 도디

아마 이 책에 이 음료를 싣기로 한 것은 승흥석으로 아일랜드에 방문했을 때, 장작불 주변에 모여서 아버지의 어린 시절 재미있는 이야기를 듣던 우리 가족의 즐거운 기억에서 비롯된 선택이었을 것이다. 물론 핫 토디 자체가 두말할 것 없이 기분이 좋아지게 하는 음료이기 때문이기도 하다. 나에게 있어서 위스키와 오렌지, 정향과 달콤한 꿀의 조합은 거의 완벽에 가깝다. 이것보다 더 좋아하는 것은 몇 개 없는데, 그중 하나가 토스트다.

훈제 향이 물씬 풍기는 편안한 담요 같은 이 칵테일은 내가 가장 좋아하는 두 가지 풍미를 섞은 것이니 그 복합성과 아늑함을 동시에 만끽할 수 있기를 바란다. 뜨거운 물 대신 정산소종 홍차를 이용해서 콜드브루 스모크하우스 아이스티처럼 만들어도 아주 잘 어울린다. 여름에 홍차를 온더락으로 마시는 즐거움을 누려보자!

분량: 핫 토디 1잔

◇ **토스트 소금 재료**

빵 1장
고운 훈제 해염(212쪽 참조) 1큰술
황설탕 1작은술

◇ **핫 토디 재료**

슬라이스한 오렌지 1장
위스키 50ml
꿀 1작은술
정향 3~4개를 박은 슬라이스한 오렌지 1장
로즈메리 줄기
시나몬 스틱 1개

우선 토스트 소금을 만든다. 앞뒤로 아주 진하게 노릇노릇해져서 타기 시작할 때까지 빵을 구운 다음 칼로 표면의 탄 부분을 긁어낸다. 남은 빵 부분은 가염버터를 발라서 먹거나 빵가루를 내서 다른 요리에 사용할 수 있다. 이 레시피에는 표면의 탄 부분만을 사용한다. 향신료 전용 그라인더에 탄 빵가루와 훈제 소금, 설탕을 넣어서 잘 갈아 섞는다.

핫 토디용으로 내열 글라스를 준비한다. 오렌지 조각으로 글라스 가장자리를 문지른 다음 토스트 소금에 담가 묻힌다.

핫 토디를 만들려면 우선 소형 팬에 물 240ml를 넣고 거의 끓기 직전까지 가열한다(또는 주전자로 한소끔 팔팔 끓인 다음 한 김 식힌 물을 사용한다). 준비한 글라스에 뜨거운 물을 붓고 위스키와 꿀, 정향을 박은 오렌지 조각을 넣는다. 로즈메리 한 줄기와 시나몬 스틱을 장식용으로 꽂는다. 잘 저어서 꿀을 녹인 다음 1분간 향이 우러나도록 둔다. 내기 식선에 로즈메리 줄기에 (토치를 이용해서) 조심스럽게 불을 붙여 짭짤한 토스트 훈제 향 가장자리에 어울리는 출링한 향이 피지도록 한다.

죽염을 뿌린 수박 마가리타

짭짤한 수박 마가리타를 만들면서는 도쿄의 밤하늘과 네온에 미친 것 같은 분위기의 정수를 담아내고 싶었다. 거뭇하게 그슬리도록 구운 과일과 달콤한 시럽 또는 꿀, 화사한 증류주의 조합은 가히 중독적이다. 죽염은 칵테일에 식물 특유의 풀 향기를 더한다. 죽염에서는 바다에서 내리쬐는 강렬한 햇살이 가득한 하늘에, 반짝이는 그림자를 드리우는 이파리 그늘 아래를 거니는 것과 같은 건조하고 먼지 가득하며 풋풋한 맛이 느껴진다. 강렬한 맛의 장인의 소금과 함께 토치를 꺼내서 색다른 매력이 가득한 마가리타를 만들어 보자.

분량: 칵테일 4잔

◇ **칵테일 재료**

껍질과 씨를 제거하고 깍둑 썬 수박 1/2통 분량
설탕 2작은술(선택)
데킬라 125ml
트리플 섹 75ml
라임 즙 2개 분량
아가베 시럽 2작은술

◇ **가니시 재료**

녹색 죽염(온라인에서 구입) 또는 라임 제스트와
　해염을 동량으로 섞은 것 1큰술
설탕 1작은술
밥으로 자른 라임 1개 분량
가장자리 징식용으로 작게 슬라이스한 수박 4개

칵테일을 만들려면 먼저 깍둑 썬 수박을 베이킹 트레이에 올리고 토치로 가볍게 그슬리거나, 예열한 뜨거운 그릴에 넣어서 2~3분간 그슬리도록 굽는다. 이때 설탕을 조금 뿌려서 구우면 훨씬 색이 빨리 난다. 가장자리가 타면서 캐러멜화되면 식힌 다음 덮개를 씌우지 않은 채 트레이째로 냉동실에 넣어 얼린다.

다음날 먼저 장식을 만든다. 작은 그릇에 죽염(또는 라임 제스트와 소금을 섞은 것)과 설탕을 넣고 잘 섞는다. 반으로 자른 라임을 이용해서 칵테일 글라스 네 개의 가장자리를 문지른 다음 죽염 그릇에 담갔다 뺀다. 소금을 묻힌 잔은 옆에 따로 둔다. 수박을 썰어서 위와 같은 방식으로 그슬린 다음 식힌다.

푸드 프로세서에 구워 얼려 둔 수박과 데킬라, 트리플 섹, 라임 즙, 아가베 시럽을 넣어서 짧은 간격으로 간다. 준비한 글라스에 수박 마가리타를 붓고 구운 수박 조각으로 장식해 낸다.

감사의 말

H.S.에게 감사의 키스를—

이 책을 내 아내 홀리에게 바칩니다. 당신의 사랑과 지지, 조언, 격려에 깊은 감사를 보냅니다.
또한 이 책이 나올 수 있게 도와준 여러 중요한 분에게도 진심으로 감사를 드립니다.

나에게 호박 수프에 딱 맞는 소금 한 꼬집을 알려준 인디애나와 피핀, 아리에티에게도 감사합니다. 맛있는 사워도우 레시피를 공유해주고 저서인 〈꿀벌과 함께 춤을(Dancing with Bees)〉 책 출간 파티에 저를 초대해 첼시 그린 퍼블리싱을 소개해준 우리 어머니 브리짓 스트로브릿지에게도 감사를 전합니다. 또한 제가 이 책의 여러 사진에 사용한 맛있는 채소를 키워준 새아버지 롭에게도 감사하다고 말하고 싶습니다. 저를 샤토에 초대해서 TV 프로그램을 통해 여러 가향 소금을 소개할 수 있도록 만찬을 요리할 수 있게 도와준 아버지 딕 스트로브리지와 새어머니 안젤라에게도 감사를 전합니다.

여러 해 동안 소금광을 위한 귀중한 지식을 공유해 준 코니시 씨 솔트의 필립 탠스웰에게도 감사를 전합니다. 좋은 친구인 해리와 사라는 힘들었던 촬영날에 기꺼이 주방을 빌려주면서 제가 요리를 하고 있는 멋진 사진도 여럿 찍어주었죠. 해리가 촬영을 더 많이 했으면 좋았을 텐데요! 소호 에이전시의 문학 에이전트 줄리안에게도 이 출판 계약을 성사시키고, 아이디어를 구체화해서 더 많은 독자층의 관심을 끌 수 있게 도와주어 감사하다는 말을 전합니다.

다음으로 이 프로젝트를 믿고 내가 소금에 대한 이야기를 다시 정리할 수 있도록 신뢰해 준 첼시 그린 퍼블리싱의 매트 하슬럼과 무나 레얄에게 더없이 큰 감사를 전하고 싶습니다. 여러분의 지지와 자신감이 저에게 큰 힘이 되었고, 여러분과 함께 일하는 것이 정말 즐거웠습니다. 언젠가 다시 일할 날이 오기를 바랍니다. 다만 그때는 우리 집이 공사 중이 아니기를요. 그리고 편집본 단계에서 모든 세부적인 내용을 이해할 수 있도록 모든 문의 사항을 처리해 준 앤 쉬즈비 덕분에 잘 정리된 책을 낼 수 있었습니다. 우리 동네 근처의 숨겨진 자그마한 만에서 제 사진을 멋지게 찍어주고, 이 책을 처음 계획하기 시작했을 때 특별한 계절 맞춤형 사진을 찍어준 포토그래퍼 존 허쉬에게도 큰 감사를 드립니다. 조만간 또 같이 작업할 수 있기를 기대합니다. 환상적인 풍경 사진 워크숍을 열어준 로스 호디노트, 촬영용 판을 일부 제작해준 우드로우 스튜디오, 최고의 조리기구를 제공한 르 크루제에게도 감사를 전합니다.

그리고 정원 작업실에서 제가 원고를 쓰고 촬영을 하는 동안 장모님 잰을 위해 집을 짓느라 바빴던 제와 길룸에게도 감사를 전하고 싶습니다. 여러분의 긍정적인 에너지와 노고 덕분에 비록 조금 시끄럽기는 했지만 훨씬 외롭지 않게 작업할 수 있었습니다.

또한 저에게 요리에 쓸 수 있는 양질의 재료를 보내준 스트로브리지의 모든 거래처들, 특히 오션 피시의 빅토리아 타운젠트에게 감사를 전하고 싶습니다. 좋은 재료가 있으면 레시피를 손쉽게 개발할 수 있는데, 요리하기 좋은 최고의 음식과 음료가 존재하는 콘월에 산다는 것은 정말 행운이 아닐 수 없습니다.

마지막으로 시간을 내서 이 책을 읽어준 독자 여러분께 감사를 드립니다. 재미있게 읽으셨기를!
건배, 제임스.

글
제임스 스트로브리지는

콘월의 셰프이자 포토그래퍼, 지속 가능한 생활 전문가이자 〈완벽 채소 요리책〉, 〈장인의 주방〉, 〈실용서인 자급자족 생활(더 스트로브리지와 함께)〉 등의 요리책을 펴낸 작가다. 〈샤모로의 탈출〉(채널 4), 〈도개교 위의 스트로브리지〉(BBC), 〈배고픈 섬원〉(ITV) 등의 TV 프로그램에 출연한 바 있다.

번역
정연주는

푸드 에디터. 성균관대학교 법학과를 졸업하고 사법시험 준비 중 진정 원하는 일은 '요리하는 작가'임을 깨닫고 방향을 수정했다. 이후 르 코르동 블루에서 프랑스 요리를 전공하고, 푸드 매거진 에디터로 일했다. 현재 프리랜서 푸드 에디터이자 바른번역 소속 푸드 전문 번역가로 활동하고 있다. 『용감한 구르메의 미식 라이브러리』, 『빵도 익어야 맛있습니다』, 『프랑스 쿡북』 등을 옮겼고 『온갖 날의 미식 여행』, 『근 손실은 곧 빵 손실이니까』를 썼다. 캠핑 요리 뉴스레터 [캠핑차캉스 푸드 라이프]를 매주 발행하고 있다.

색인

기울임꼴 글자는 사진 페이지를 뜻한다

레시피 색인

소금과 시즈닝의 예술

1판 1쇄 발행 2024년 7월 12일

저   자 | 제임스 스트로브리지
역   자 | 정연주
발 행 인 | 김길수
발 행 처 | ㈜영진닷컴
주   소 | ㈜08507 서울 금천구 가산디지털1로 128
            STX-V타워 4층 401호
등   록 | 2007. 4. 27. 제16-4189호

©2024. ㈜영진닷컴

ISBN | 978-89-314-6936-3

YoungJin.com Y.
영진닷컴